DIGITAL
CONSTRUCTION

"十三五"国家重点图书出版规划项目
中国工程院重点咨询项目（2019-XZ-029）
国家重点研发计划项目（2017YFC0805500）
上海市经信委专项资金项目（沪J-2018-27）

国家出版基金项目
NATIONAL PUBLICATION FOUNDATION

丛书编委会主任｜丁烈云

数字建造｜施工卷

数字化施工
Digitalized Construction

龚　剑　房霆宸｜著
Jian Gong, Tingchen Fang

中国建筑工业出版社

图书在版编目（CIP）数据

数字化施工 / 龚剑，房霆宸著. — 北京：中国建筑工业出版社，2018.12（2023.4重印）

（数字建造）

ISBN 978-7-112-23189-8

Ⅰ.①数… Ⅱ.①龚… ②房… Ⅲ.①数字化技术－建筑施工－技术 Ⅳ.①TU74-39

中国版本图书馆CIP数据核字（2019）第010740号

《数字化施工》作为《数字建造》丛书的重要组成部分，聚焦基础性研究、前瞻性研究和理念创新，探索了建筑施工全过程的数字化建造技术前沿发展与应用方式；聚焦技术拓展与指导工程实践，实现了数字化技术对重大工程建设的引导和借鉴。全书共分为11章，主要内容包括数字化施工发展、数字化施工的模型分析方法、空间环境要素的数字化控制方法、建筑部件数字化加工与拼装技术、数字化全过程虚拟及仿真建造技术、数字化施工过程实时控制建造技术、模架装备数字化制造及智能化安全控制技术、大型施工机械数字化施工安全控制技术、施工现场人员安全状态的智能控制技术、数字化施工集成管理技术、数字化建造协同管理平台等。

总 策 划：沈元勤

责任编辑：赵晓菲 朱晓瑜

责任校对：姜小莲

书籍设计：锋尚设计

数字建造 ｜ 施工卷

数字化施工

龚 剑 房霆宸 著

*

中国建筑工业出版社出版、发行（北京海淀三里河路9号）

各地新华书店、建筑书店经销

北京锋尚制版有限公司制版

北京中科印刷有限公司印刷

*

开本：787毫米×1092毫米 1/16 印张：27¾ 字数：507千字

2019年12月第一版 2023年4月第三次印刷

定价：198.00元

ISBN 978 – 7 – 112 – 23189 – 8

（33268）

《数字建造》丛书编委会

丛书序言

伴随着工业化进程，以及新型城镇化战略的推进，我国城市建设日新月异，重大工程不断刷新纪录，"中国制造、中国创造、中国建造共同发力，继续改变着中国的面貌"。

建设行业具备过去难以想象的良好发展基础和条件，但也面临着许多前所未有的困难和挑战，如工程的质量安全、生态环境、企业效益等问题。建设行业处于转型升级新的历史起点，迫切需要实现高质量发展，不仅需要改变发展方式，从粗放式的规模速度型转向精细化的质量效率型，提供更高品质的工程产品；还需要转变发展动力，从主要依靠资源和低成本劳动力等要素投入转向创新驱动，提升我国建设企业参与全球竞争的能力。

现代信息技术蓬勃发展，深刻地改变了人类社会生产和生活方式。尤其是近年来兴起的人工智能、物联网、区块链等新一代信息技术，与传统行业融合逐渐深入，推动传统产业朝着数字化、网络化和智能化方向变革。建设行业也不例外，信息技术正逐渐成为推动产业变革的重要力量。工程建造正在迈进数字建造，乃至智能建造的新发展阶段。站在建设行业发展的新起点，系统研究数字建造理论与关键技术，为促进我国建设行业转型升级、实现高质量发展提供重要的理论和技术支撑，显得尤为关键和必要。

数字建造理论和技术在国内外都属于前沿研究热点，受到产学研各界的广泛关注。我们欣喜地看到国内有一批致力于数字建造理论研究和技术应用的学者、专家，坚持问题导向，面向我国重大工程建设需求，在理论体系建构与技术创新等方面取得了一系列丰硕成果，并成功应用于大型工程建设中，创造了显著的经济和社会效益。现在，由丁烈云院士领衔，邀请国内数字建造领域的相关专家学者，共同研讨、组织策划《数字建造》丛书，系统梳理和阐述数字建造理论框架和技术体系，总结数字建造在工程建设中的实践应用。这是一件非常有意义的工作，而且恰逢其时。

丛书涵盖了数字建造理论框架，以及工程全生命周期中的关键数字技术和应用。其内容包括对数字建造发展趋势的深刻分析，以及对数字建造内涵的系统阐述；全面探讨了数字化设计、数字化施工和智能化运维等关键技术及应用；还介绍了北京大兴国际机场、凤凰中心、上海中心大厦和上海主题乐园四个工程实践，全方位展示了数字建造技术在工程建设项目中的具体应用过程和效果。

丛书内容既有理论体系的建构，也有关键技术的解析，还有具体应用的总结，内容丰富。丛书编写者中既有从事理论研究的学者，也有从事工程实践的专家，都取得了数字建造理论研究和技术应用的丰富成果，保证了丛书内容的前沿性和权威性。丛书是对当前数字建造理论研究和技术应用的系统总结，是数字建造研究领域具有开创性的成果。相信本丛书的出版，对推动数字建造理论与技术的研究和应用，深化信息技术与工程建造的进一步融合，促进建筑产业变革，实现中国建造高质量发展将发挥重要影响。

期待丛书促进产生更加丰富的数字建造研究和应用成果。

中国工程院院士

2019年12月9日

丛书前言

我国是制造大国，也是建造大国，高速工业化进程造就大制造，高速城镇化进程引发大建造。同城镇化必然伴随着工业化一样，大建造与大制造有着必然的联系，建造为制造提供基础设施，制造为建造提供先进建造装备。

改革开放以来，我国的工程建造取得了巨大成就，阿卡迪全球建筑资产财富指数表明，中国建筑资产规模已超过美国成为全球建筑规模最大的国家。有多个领域居世界第一，如超高层建筑、桥梁工程、隧道工程、地铁工程等，高铁更是一张靓丽的名片。

尽管我国是建造大国，但是还不是建造强国。碎片化、粗放式的建造方式带来一系列问题，如产品性能欠佳、资源浪费较大、安全问题突出、环境污染严重和生产效率较低等。同时，社会经济发展的新需求使得工程建造活动日趋复杂。建设行业亟待转型升级。

以物联网、大数据、云计算、人工智能为代表的新一代信息技术，正在催生新一轮的产业革命。电子商务颠覆了传统的商业模式，社交网络使传统的通信出版行业备感压力，无人驾驶让人们憧憬智能交通的未来，区块链正在重塑金融行业，特别是以智能制造为核心的制造业变革席卷全球，成为竞争焦点，如德国的工业4.0、美国的工业互联网、英国的高价值制造、日本的工业价值网络以及中国制造2025战略，等等。随着数字技术的快速发展与广泛应用，人们的生产和生活方式正在发生颠覆性改变。

就全球范围来看，工程建造领域的数字化水平仍然处于较低阶段。根据麦肯锡发布的调查报告，在涉及的22个行业中，工程建造领域的数字化水平远远落后于制造行业，仅仅高于农牧业，排在全球国民经济各行业的倒数第二位。一方面，由于工程产品个性化特征，在信息化的进程中难度高，挑战大；另一方面，也预示着建设行业的数字化进程有着广阔的前景和发展空间。

一些国家政府及其业界正在审视工程建造发展的现实，反思工程建造面临的问题，探索行业发展的数字化未来，抢占工程建造数字化高地。如颁布建筑业数字化创新发展路线图，推出以BIM为核心的产品集成解决方案和高效的工程软件，开发各种工程智能机器人，搭建面向工程建造的服务云平台，以及向居家养老、智慧社区等产业链高端拓展等等。同时，工程建造数字化的巨大市场空间也吸引众多风险资本，以及来自其他行业的跨界创新。

我国建设行业要把握新一轮科技革命的历史机遇，将现代信息技术与工程建造深度融合，以绿色化为建造目标、工业化为产业路径、智能化为技术支撑，提升建设行业的建造和管理水平，从粗放式、碎片化的建造方式向精细化、集成化的建造方式转型升级，实现工程建造高质量发展。

然而，有关数字建造的内涵、技术体系、对学科发展和产业变革有什么影响，如何应用数字技术解决工程实际问题，迫切需要在总结有关数字建造的理论研究和工程建设实践成果的基础上，建立较为完整的数字建造理论与技术体系，形成系列出版物，供业界人员参考。

在时任中国建筑工业出版社沈元勤社长的推动和支持下，确定了《数字建造》丛书主题以及各册作者，成立了专家委员会、编委会，该丛书被列入"十三五"国家重点图书出版计划。特别是以钱七虎院士为组长的专家组各位院士专家，就该丛书的定位、框架等重要问题，进行了论证和咨询，提出了宝贵的指导意见。

数字建造是一个全新的选题，需要在研究的基础上形成书稿。相关研究得到中国工程院和国家自然科学基金委的大力支持，中国工程院分别将"数字建造框架体系"和"中国建造2035"列入咨询项目和重点咨询项目，国家自然科学基金委批准立项"数字建造模式下的工程项目管理理论与方法研究"重点项目和其他相关项目。因此，《数字建造》丛书也是中国工程院战略咨询成果和国家自然科学基金资助项目成果。

《数字建造》丛书分为导论、设计卷、施工卷、运营维护卷和实践卷，共12册。丛书系统阐述数字建造框架体系以及建筑产业变革的趋势，并从建筑数字化设计、工程结构参数化设计、工程数字化施工、建筑机器人、建筑结构安全监测与智能评估、长大跨桥梁健康监测与大数据分析、建筑工程数字化运维服务等多个方面对数字建造在工程设计、施工、运维全过程中的相关技术与管理问题进行全面系统研究。丛书还通过北京大兴国际机场、凤凰中心、上海中心大厦和上海主题乐园四个典型工程实践，探讨数字建造技术的具体应用。

《数字建造》丛书的作者和编委有来自清华大学、华中科技大学、同济大学、东南大学、大连理工大学、香港科技大学、香港理工大学等著名高校的知名教授，也有中国建筑集团、上海建工集团、北京市建筑设计研究院等企业的知名专家。从2016年3月至今，经过诸位作者近4年的辛勤耕耘，丛书终于问世与众。

衷心感谢以钱七虎院士为组长的专家组各位院士、专家给予的悉心指导，感谢各位编委、各位作者和各位编辑的辛勤付出，感谢胡文瑞院士、丁士昭教授、沈元勤编审、赵晓菲主任的支持和帮助。

将现代信息技术与工程建造结合，促进建筑业转型升级，任重道远，需要不断深入研究和探索，希望《数字建造》丛书能够起到抛砖引玉作用。欢迎大家批评指正。

《数字建造》丛书编委会主任

2019年11月于武昌喻家山

本书前言

当前，世界新一轮科技革命和产业变革正在孕育中，数字化技术与工程建设的深度融合发展具有广阔的前景和潜能，使工程建设行业创新驱动转型升级的进程跨入了快速通道，深刻影响和改变着建筑领域，给建筑业的发展带来了显著的效益，使规划设计、工程施工、运营管理等工程建设过程的效率得到了极大的提高。

放眼世界，数字化已成为世界科技创新前沿的关键词，美国、德国、法国和英国等发达国家高度重视数字化发展，已将其放在了国家战略层面，期间数字化地球、数字化城市、数字化制造、数字化建造等概念不断提出，内涵不断完善，这标志着人类正大步迈入数字化时代。纵观我国，党和国家高度关注和重视数字化战略发展，"数字中国"、《国家信息化发展战略纲要》等一系列国家层面的数字化战略极大地促进了我国制造业和建造业的数字化发展，数字化在工程建设领域的应用与发展正风生水起，深刻改变着我们工程建设的传统模式。

改革开放40年来，我国建筑工程建造实践成绩卓著，但理论相对滞后于工程实践，不断完善建筑工程建造技术理论体系，是提升施工综合能力的关键所在。数字化技术在工程建设领域的应用，可以很好地驱动施工技术理论体系创新，改变传统建造模式，全面提升工程建造水平。然而数字化施工是一门多学科交叉的系统工程，需要政府、高等院校、科研机构、企业等各方的通力协作，采用产学研用的联动发展方式是数字化施工发展的关键。《数字化施工》作为《数字建造》丛书的重要组成部分，通过聚焦基础性研究、前瞻性开拓和理念创新，探索了建筑施工全过程数字化建造技术前沿发展与应用方式；通过聚焦技术拓展和指导工程实践，实现了数字化技术对重大工程建设的引导和借鉴。希望通过本书的编写，倡导数字化建造技术发展，以热点数字化技术实现对建筑施工全过程的服务，全面提升工程项目的建设效率，助推数字化建造技术的持续性发展。

同时，通过借鉴工业智能制造的先进技术思路和方法，积极探索实施绿色化、工业化和信息化三位一体协调融合发展的数字化之路，实现对传统产业的技术改造和升级，加快我国建筑业的转型发展，助力我国由建造大国向建造强国的转变。

谨以此书献礼我国改革开放40周年。本书可为土木建筑领域从事设计、施工、运维的工程技术人员、管理人员使用，也可供大专院校相关专业的老师和学生参考，对从事土木建筑领域信息技术研究的科技人员同样具有参考价值。

在本书撰写过程中，朱毅敏、龙莉波、张铭、陈晓明、张勤、朱祥明、吴杰、连珍等人为本书提供了大量有益的素材；林海、黄玉林、吴小建、贾宝荣、夏巨伟、崔满、马跃强、潘峰、盛林峰、周涛、余芳强、顾国明、陈峰军、李鑫奎、许永和、刘淳等人为本书的资料整理做了大量的工作，作者对以上人员给予的大力帮助表示诚挚的感谢。

囿于作者的知识所限，书中难免会有不当或错误之处，在此衷心希望各位读者给予批评指正。

著者

2018年12月

目录│Contents

第 7 章　模架装备数字化制造及智能化安全控制技术

第 8 章　大型施工机械数字化施工安全控制技术

第 1 章

数字化施工发展

数字化施工主要是指运用数字化技术辅助工程建造，通过人与信息终端交互进行，主要体现在表达、分析、计算、模拟、监测、控制及其全过程的连续信息流的构建。数字化施工的本质在于以数字化技术为基础，驱使工程组织形式和建造过程的演变，最终实现工程建造过程和产品的变革。从外延上讲，数字化施工是以数字信息为代表的新技术与信息驱动下的工程建设方式转移，包括组织形式、管理模式、建造过程等全方位的变迁。数字化施工将使工程施工模式从根本上发生改变。

在全球新一轮科技革命和产业变革中，数字化与工程建设的深度融合发展具有广阔的前景和无限潜能，数字化施工的出现更使工程建设行业创新驱动转型升级的进程跨入快速通道。近年来，随着信息化技术、工业化技术和社会科学技术的快速发展，以及计算机辅助施工、工业化建造、制造设计加工制作一体化系统和数控加工系统等前沿技术的不断完善，极大地促进了数字化施工的发展。数字化施工正带动着工业制造业等跨学科专业与建筑业的深度融合发展，将不断促进建筑在形式及空间上的突破与创新，大幅提升工程建设效率，使得工程管理的水平和手段发生革命性的变化。

1.1 数字化施工发展现状

国外关于数字化施工的研究较早，早在20世纪90年代初，美国、德国、英国、日本等发达国家就开始了数字化施工研究，主要以基于信息化技术提升工业化施工水平研究为主，致力于解决建筑部品设计与制造之间的鸿沟。1998年，美国副总统戈尔做了《数字地球：21世纪理解我们星球的方式》报告。"数字地球"的概念首次在报告中被提出，其后数字城市、数字人体、数字战争、数字农业、数字施工等概念不断出现，标志着人类正在大步迈入数字化时代，自此掀开了数字化施工研究的新篇章。2000年后，随着三维可视化技术、虚拟现实技术、建模技术、快速成形技术、计算机辅助施工技术等的发展，数字化施工得到进一步发展。届时，主要以信息化技术集成、虚拟化仿真建造、数字化协同管理、智能化生产加工、精益化施工建造为主开展研究，旨在解决建筑设计与建造之间的鸿沟，基于工业化、信息化理念促进建筑施工的转型发展。近年来，随着BIM技术、计算机软硬件设施、工业化建造技术、智能化控制技术等的快速发展，数字化施工进入了快速发展通道，主要以在计算机上实现建筑全生命周期可视化虚拟建造、数字化施工建造与管理等方面的研究为主，旨在打通数字化施工的各个环节，实现全产业链数字化施工。其中，德国和英国更是将数字化发展放到了国家战略层面。2010年7月，德国发布《德国2020高技术战略》报告，将工业4.0确立为本国十大未来项目之一，并明确提出工业生产的数字化就是"工业4.0"。作为世界领先的工业强国，德国在基础设施建设和建筑施工国际标准方面占据主导地位，其在建筑规划和工程建造技术领域享誉世界。2013年德国政府成立了"大型建筑项目改革委员会"，并以"先虚拟建造，再实体建造"的10点计划作为总方针，极大地促进了数字化施工技术的发展。BIM、物联网等数字化建造技术被应用于相关基础设施施工试点项目中，结果表明，工程建造速度更快，施工效率更高，建造成本更少。德国在试点项目中获取了成功的经验，并计划让数字化相关技术成为2020年大规模基础建设项目的行业标准。2017年3月，英国发布《英国数字战略》，从国家战略层面对英国如何推进数字转型做出全面的部署，数字化施工得到了前所未有的发展机遇。2018年英国国家建筑协会（NBS）发布第8份BIM年度报告《国家BIM报告2018》，寄希望以降低工程建造和后续运维成本，并缩短工程建设周期。英国数字建造团队也在组建和加强，并整体式地向前推进。英国业已成立数字建造中心，同时组建了英国BIM行业联盟，也在为行业中实施、推行工程数字化施工而做出持续努力。德国和英国也凭借着其强大的工业化和信息化施工技术能力，将现场施工的工艺、设备、管理与数字化进行了有机融合，引领了全球数字化施工的发展。

我国数字化施工发展较晚，但发展迅速，并得到了国家和社会各行各业的高度重视。党的十八大以来，以习近平总书记为核心的党中央高瞻远瞩，提出新时代国家信息化发展的新战略——建设数字中国。中国政府加强顶层设计、总体布局，高度重视数字化发展，大力推进国民经济和社会信息化，驱动引领经济高质量发展的新动力。2015年5月，我国政府颁布的《中国制造2025》更是将数字化放在了"通过三步走实现制造强国的战略目标"的第一步关键位置，数字化制造战略的实施极大地促进了我国数字化施工的发展。2016年国务院发布《"十三五"国家信息化规划》将"数字中国建设取得显著成效"作为我国信息化发展的总目标。以数字化驱动建筑业发展，发挥后发优势，实现社会生产力的跨越式发展。2017年10月8日，习近平总书记在中共中央政治局第二次集体学习时强调要"审时度势、精心谋划、超前布局、力争主动，实施国家大数据战略，加快建设数字中国"，使大数据在各项工作中发挥更大作用。2017年10月18日，党的十九大报告中将"数字中国"作为了"加快建设创新型国家"的一个关键词。2017年12月，麦肯锡中国数字经济研究报告显示：中国已是全球数字技术领域的领头羊，且未来潜力巨大；中国的行业数字化与发达经济体相比仍有差距，但正迎头赶上；预计到2030年，在数字化理念和技术的推动下将有可能转变与创造10%～45%的行业收入。数字化已成为时代发展的热点，具有无穷的潜力，深刻影响和改变着各行各业。随着"互联网+"行动计划以及新一代人工智能发展规划等政策相继发布，智能设备和信息技术被逐步引入工业生产领域，并被应用于工程建造行业。近年来，数字化施工技术在工程建设领域的应用风生水起，其中以上海中心大厦、上海迪士尼工程、嘉闵高架为代表的一批重大工程首次在工程建设全过程成功应用了数字化施工技术，给建筑业的发展革新创造了较大的效益，显著提高规划设计、工程施工、运营管理乃至整个工程的质量和管理效率，深刻影响和改变着建筑业的发展。

上海中心大厦工程不拘泥于传统工艺，率先将数字化施工技术应用于建筑全寿命周期。信息化、数据化、模型参数化等先进手段的运用，使得一体化深化设计、一体化加工制作和一体化施工管理初见成效，体现了信息化管理新模式优越性。数字化施工技术得到普遍采用，主要包括施工场地规划、逆作法桩柱位置调控、承压水环境影响、基坑施工环境影响及可视化监控、大体积混凝土裂缝监控、钢结构加工及焊接机器人、机电安装构件加工、玻璃幕墙设计及加工、模架装备模块化设计及可视化控制、材料采购管理及物流跟踪、项目协同管理等方面。数字化的工程管理方法，提高了工效，解决了难题，丰富了现代工程管理内涵，成为践行数字化施工的典范工程。

上海迪士尼工程综合运用了三维可视化技术、基于BIM的深化设计、基于BIM的辅助施工、4D模拟、三维激光扫描技术、数字化进度优化、基于BIM的材料采购与管理、基于BIM的工程量统计、3D打印和雕刻技术等数字化技术，可以说数字化技术在本工程的众多项目均得到不同程度的应用。除此之外，本工程率先研发和应用了基于BIM的工程项目协同平台、无纸化协同管理平台和面向施工信息数据集成管理的绿色施工九宫格APP系统，通过信息共享与协同管理，突破结构力学仿真、施工工艺模拟、信息化监测和评估技术、项目经济管理、信息管理技术，实现了绿色建造全过程的三维可视化管理、实时监测与评估、智能化控制，将我国数字化施工技术综合应用水平推向一个新的高度。

嘉闵高架工程率先研发了基于BIM和二维码技术的预制工程信息管理平台系统，实现了预制构件从订单管理、原材料进厂、钢筋数字化加工、预制构件生产、物流管理的全过程信息化、标准化管理，成为践行绿色化、工业化和信息化三位一体协调发展的典型案例。

数字化施工深刻改变着世界，把握信息化技术带给行业的变革时机，强化数字化施工理念与工程建设技术的研究与应用，挖掘数字化施工的优势，从解决具体问题开始，脚踏实地地开展工作，在解决问题过程中实现数字建造技术的升级，将数字化施工的功效与优势落到实处；提高工程建造的绿色环境效应、资源利用率和可持续发展能力；提升工程建造的质量和施工工效；实现用户的个性需求与社会的共性需求融合发展；提升交付工程产品的科技含量和功能属性，实现工程建造全生命周期的增值；是每一位工程师的使命，也是促进我国工程建设事业更好、更快发展的关键。

1.2 数字化施工发展必要性

为了响应国家号召，落实"数字中国"战略，各省市纷纷提出了推进面向未来的智慧城市建设目标，以提升城市的数字化、网络化、智能化水平，积极倡导和支持数字化产业发展。建筑业作为国民经济的支柱行业，推进数字化与建筑业的深度交叉融合发展，大力促进工程建设领域数字化施工应用和推广具有十分必要的意义。通过数字化技术革新和引领传统建筑行业转型发展，深化和集成推广工程建设领域数字化施工技术和应用，培育工程建设领域发展的新动能，是国家和地方政府积极倡导的发展方向。

当前数字化施工取得了一系列富有高科技含量的创新成果，较大地促进和带动了互联网、物联网、信息化、大数据等产业的发展，但同时仍面临着制约其进一步产业化、协同化发展的诸多问题。首先，全产业链数字化施工技术集成少、工程应用案例少。工程建设的数字化施工涵盖结构施工、设备安装、装饰装修、运维管理、平台构建等众多环节。但从整个建筑行业来看，相关专项工程建造数字技术的应用和工程案例多，而针对数字化施工关键共性技术、数字化施工集成管控平台构建、全产业链数字化施工技术体系等方面的系统工程应用案例少，实践经验不足，产业的联动效应、聚集效应和辐射效应还未形成。其次，系统高效的数字化施工协同管理平台开发不足。工程建设全生命周期涉及原材料、产品加工、工程设计、工程施工、工程管理等众多环节，参与单位、部门、人员多而杂，不同工种工作协同难度大、复杂性强。但目前缺乏数字化施工协同机制和协同管理平台研究，使得设计、施工、运维等环节的数字流和信息不能有效交互。建立集模型、流程、设备资源、制造、现场施工数字化及管理于一体的符合大型建设集团产业化发展的数字化施工技术协同管理平台，使施工的各个环节均达到数字化、精细化、标准化、模块化，以解决数字化施工过程中的各种问题是当务之急。因此，从技术层面角度看，数字化施工的发展对于整合工程建设技术资源，形成综合优势，推进建筑产业快速发展具有重大的意义。

工程实践表明，积极发展数字化施工能够改变工程建设的传统建造模式，实现工程建造由劳动密集型向科技密集型转型升级，大幅度提高劳动生产率、生产工效以及资源利用率，最大程度地降低工程建造对环境的影响，实现绿色建造、精益建造。数字化施工的推行能够革新工程建设施工现场安全管控模式，实现对施工现场人员、机械设备和环境等状态的全方位立体化安全监控，摒弃工程建设中严重依赖于人的安全管控模式，大大提升工程建造的安全保障能力，极大地夯实城市公共安全能力建设。数字化施工的高效应用还将实现用户的个性需求与社会的共性需求融合发展，提升交付工程产品的科技含量和功能属性，实现工程建设全生命周期的增值。综上所述，数字化施工发展将驱动未来工程建设领域创新转型发展，引领工程建筑行业管理转型升级，提升各地基础创新能力，促进各地区域经济的高效、稳定、健康发展，为国家经济发展提供有效的动力支撑，具有重大的战略意义。

1.3 数字化施工发展趋势

数字化施工是建筑业发展的必然。面对数字化技术带给行业的变革时机，切准数字化施工技术发展方向，以热点数字化技术实现对建筑全生命周期的服务，通过借鉴工业智能制造的先进技术思路和方法，积极探索实施绿色化、工业化和信息化三位一体协调融合发展数字化之路，实现传统产业的技术改造和升级，推动产业变革，必将从根本上加快我国建筑业的转型发展。

1.3.1 虚拟化发展趋势

虚拟建造本身是一门新兴学科，是基于计算机图形学、计算机仿真技术、人机接口技术、多媒体技术以及传感技术发展而成的交叉学科，综合集成与应用这些领域知识。虚拟建造的核心与关键技术包括虚拟现实技术、仿真技术、建模技术和优化技术。在工程施工之前对施工全过程进行仿真模拟，包括结构施工过程力学仿真、施工工艺模拟、虚拟建造系统建设等方面，并在施工过程中采用有效的手段实时监测和评估其安全状况，可以很好地动态分析、优化和控制整个施工过程。与此同时，基于虚拟建造技术，在施工前通过大量的计算机模拟和评估，充分暴露出施工过程可能出现的各种问题，并经过优化有针对性地加以解决，为施工方案的确定和调整提供依据，可以实现施工建造的综合效益最优。

虚拟建造技术在建筑施工中的应用是一个巨大而繁重的系统性工程，局限于虚拟建造技术目前的发展水平、技术和成本问题，以及由于建筑业发展现状的限制，虚拟建造技术尚未形成体系，但从长远来看，虚拟建造必是数字建造发展的趋势之一。虚拟建造的发展，可以首先立足关键点技术应用，以点带面，逐步实现技术集成，进而构建出完整的虚拟体系。此外，随着计算机硬件设施和各种软件技术的快速发展，尤其是超高速仿真计算机、超高速通信网络、高分辨显示系统、高精度传感器、智能化虚拟仿真软件等相关软硬件设施的发展都将进一步推动虚拟建造技术的发展。虚拟建造技术应用与发展将显著提高建筑业生产力水平，从根本上改变现行的施工模式，对建筑业的发展产生深远的影响。

1.3.2 智能化发展趋势

数字化施工发展的必然趋势是智能化。智能建造技术是在工程建造过程的各个环节融入人工智能，通过模拟人类专家的智能活动，取代或延伸建造过程中的部分脑力劳动。在工程建造过程中，系统能自动检测其运行状态，在收到外界干扰或内部数字流时能自动调整其参数，以达到最佳状态和最具自组织能力，并充分利用信息化技术，实现建筑部品加工或工程建造过程的智能化。例如在工程施工过程中，建筑机器人工作基本模式是通过与设计信息（特别是BIM模型）集成，对接设计几何信息与机器人加工运动方式和轨迹，实现机器人预制加工指令的转译与输出。建筑机器人的应用可以大大提高工效、保证质量和降低成本。再如，一种可以直接穿在身上或整合到衣服、配件上的便携式智能穿戴设备，将成为建筑工人的重要单兵装备。其通过借助软件支持以及数据交互、云端交互来实现强大的功能，与施工环境紧密结合，给建筑施工方式带来很大变革。除此之外，具有接入互联网能力的智能终端设备，通过搭载各种操作系统应用于施工过程，根据用户需求定制各种功能，实时查阅图纸、施工方案，三维展示设计模型，VR交底，辅助安全质量管理，使得施工管理水平显著提升。目前，施工现场的移动智能终端正在向实用化、集成化方向发展，是智能建造技术平台向生产一线延伸的重要工具。

1.3.3 产业化发展趋势

产业化是数字化施工的发展趋势之一，以连续数字信息流为主线贯穿数字化施工全过程，实现数字化与工业化的融合发展，打造数字化施工产业链是数字建造产业化发展的关键。基于数字化与工业化融合发展理念，建立建筑部品全生命周期的基础数据库，集成建筑部品的设计流程、工艺规划流程、制造流程等，综合运用计算机技术、虚拟现实技术、仿真技术、网络技术和人机工程技术等相关技术，在工厂里实现建筑部品的仿真、分析、实验、优化、生产加工、检测等一体化流水制造，并逐步往上下游延伸，构建数字建造产业链。同时依托工厂化制造的高效率、低成本、高质量的生产优势，以及充分发挥产业链的资源整合和协同优势，实现模型数字化、设计数字化、流程数字化、设备资源数字化、制造数字化、建造数字化，使数字建造的各个环节均达到数字化、精细化、标准化、模块化，可以很好地从整体上解决数字化施工过程中的各种问题，实现综合最优。

数字化施工产业化发展是一个体系问题，也是一个体制机制问题。不仅需要决策层的重视，从解决具体问题做起，从打通关键环节着手，构建数字化施工产业链的四柱八梁。还需要政府、业主、企业、研究机构各方的通力协作，以政策为导向，以企业为主体，以项目为载体，以连续数字信息流为主线，制定相关政策法规，强化顶层设计，完善配套体制机制建设，促进产业联动发展，促进数字化施工产业链的建设与发展。数字化施工产业化作为数字建造发展的趋势，将使建筑业从建筑部品研发、设计、制造、管理到现场施工建造的模式和理念发生根本上的革新，实现我国建筑业的创新转型发展。

1.3.4 协同化发展趋势

数字化施工涉及结构、环境、机械、电子工程、暖通、给水排水等多个学科领域。从收到客户需求，到完成设计方案交底给施工单位进行施工建造，再到项目运行维护管理，业主、设计单位、施工单位、监理单位、供应商等不同单位或部门都不同程度地参与其中，在此过程中资源整合问题、沟通理解程度、工作协调效率、工作标准问题等在很大程度上影响和制约着工程建造的效率和质量。

构建统一的协同管理平台，对工程项目中的数据存储、沟通交流、进度计划、质量监控、成本控制等进行统一的协作管理，使参建各方在平台上浏览图纸、模型、方案、施工模拟、施工进度、质量监控、成本投入等，获取自己需要的相关资料、图纸、模型。同时基于此平台，各参建方针对相应的问题在模型、图纸、方案等上面进行沟通、讨论、批注等操作，平台会自动记录所有人员的操作，不仅做到同步更新，而且有据可循。协同化平台的建立，可以有效促进工程项目的业主、监理、设计、施工、分包商等各参与方的高效沟通和协同开展工作，让各参与方如同亲临工程现场，将管理者从办公桌上解脱出来，大大降低了沟通成本，提高了沟通效率、工作协同度和工程管理水平。

数字化施工协同化发展是一个系统化工程，对于所涉及的各个单位而言，信息互联互通、数据整合共享、工作协同联动是重点。在信息互联互通方面，要加强顶层设计，构建信息交互体系，集中管理工程项目全过程中产生的各类信息，如三维模型、图纸、合同、文档等。在数据整合共享方面，要统一数据交互标准、统一建模标准、实现模型轻量化，充分整合和共享建筑项目信息在规划、设计、建造和运行维护全过程中各类数据资源，无损传递，使建筑项目的所有参与方在项目整个生命期内都能够在模型中操作信息和在信息中操作模型，协同开展工作，从而实现建筑全生命期得到高效的管理。在工作协同方面，通过协同管理平台以连续数据流为主线将项目各参与方联系起来，在平台上进行项目设计、施工管理、文档流转、产品展示，所有的模型数据和设计、施工的全过程信息都保存在网络云端服务器内，并对信息进行动态的记录、追溯、分析，及时沟通协作，减少工程建设"错、缺、漏、碰"现象的发生，减少建筑全生命期的资源浪费，提高工程管理水平，确保高质量建造完成。

综上，数字化施工是一门跨专业、跨部门的技术体系，数字化施工的发展需要社会各行各业的通力协作。在发展模式方面，需要有决策层的重视，通过强化顶层设计、整合与共享各类资源、统一质量标准体系、统一工作流程，打造出工程设计、生产、施工、运维等数字化施工完整的产业链，才能从根本上实现数字建造的健康科学的发展。在技术创新方面，需要充分发挥和利用信息技术的科学计算优势，从环境适用性、材料性能、结构功能属性出发，面向共性和个性用户需求，对建筑全生命周期的各类信息进行分析、规范、重组、融合；同时，基于一体化连续数字流，利用互联网、物联网以及数控切割（激光切割等）、数控加工（CNC数控机床等）、快速原型技术（3D打印等）、逆向技术（激光扫描等）、机械手等数字化施工技术与装备，实现程序控制完成与数字设计一致的高精度、高效率、高品质的绿色环保建造与运营服务。

第 2 章

数字化施工的模型分析方法

2.1 概述

数字化模型是数字化施工的基础，数字化施工需围绕数字化模型开展各项工作，因此，模型及模型分析方法对于数字化施工至关重要。模型一般指工程实体在虚拟数字化平台上的体现，包括但不限于物体的数值模型、物理模型以及参数模型等。具体到工程实际中，数值模型一般指基于数值分析理论建立的与结构力学特性相关的模型，如有限元模型、离散元模型；物理模型指用三维软件建立的与力学特性无关但能反映结构外形特征、材料特征等物理特性的模型，如结构的BIM模型；而参数化模型指与结构相关的各类数据、参数构建而成的模型，如进度/成本管理模型、监测数据模型等。与上述模型相匹配的分析方法即可称之为模型分析方法，涵盖模型建立方法和模型应用方法。

本章将对数字化模型分析方法进行研究和表述，其中，针对数值模型给出基于数值分析理论的模型分析方法；针对物理模型分别给出基于三维数字化模型的模型分析方法、基于三维扫描的模型分析方法、基于地理信息数据的模型分析方法；针对参数化模型分别给出基于关键多维度的模型分析方法以及物联网技术在模型分析中的应用等。

2.2 基于数值分析理论的模型分析方法

基于数值分析理论的模型分析方法是对工程结构进行力学分析和安全性评估的主要方法，随着近年来各类商业性数值分析软件和开源数值分析求解器的不断涌现，数值分析模型在建筑施工行业中得到了前所未有的应用和发展，在解决各类工程质量和安全问题上体现出了巨大的价值。该方法主要是针对施工结构进行模型建立，施加各类外界作用和边界条件，并根据结构在施工全过程的建造演变进行同步分析模拟，求解后可得到关于结构内力和变形的详尽信息，供项目决策使用。

2.2.1 模型分析方法分类及原理

针对不同的分析对象，需进行数学意义上的抽象，进而建立相应的数学模型，并配合采用配套的数值分析方法，因此，分析方法由分析对象确定。根据分析对象的连续性和非连续性特征，可将数值分析方法划分为连续性方法和非连续性方法。

连续性方法主要指我们较为常用的有限单元法、有限差分法以及近年来逐步开始使用的边界单元法和无单元法；而非连续性方法主要包括离散元法、流形元法。其中有限单元法是在当今工程技术发展和结构分析中获得最广泛应用的数值方法，其支持非线性计算特性使得在岩土和地下工程也能得到大量应用；边界元法、无单元法以及有限差分法重点解决了施工过程中的大变形分析问题，但由于其偏重于科学研究的原因，在实际工程中应用较少；基于非连续力学的离散元、流形元法，使得对施工中不连续介质（如岩石）的模拟和分析成为现实，为工程结构分析提供了另一套解决思路，目前应用以离散元法为主。本节将对数字化施工中最常使用的有限单元法和离散元法进行介绍。

1. 有限单元法

有限单元法发展到今天，已经成为求解各类施工问题的有力工具，并已经被工程科技人员所熟悉。其思想就是将工程实体离散为若干个连续单元，单元之间通过节点连接为整体，用于模拟工程实体；单元与单元之间的连接只有节点，其单元边是不关联的，但连接必须满足变形协调条件，无裂缝且不会重叠；当节点和单元组成的模型受到外力作用和约束限制时将发生变形，组成单元亦将随之发生连续变形，其特征表现为节点位移；外力作用和约束限制在单元之间的传递只能通过节点力进行传递，而节点力可作为单元上的受力；以节点位移作为未知量，以节点力为已知量，假设函数近似表示单元内部位移的分布规律，再利用数学理论中的变分法等，可建立以节点位移为未知量的力学方程，表征节点力和位移间的力学关系；通过大量方程的求解，即可得到整个模型的位移自由度。有限单元方法所得到的结果不是准确解，而是近似解，其精度随着单元划分数量的增加而提升，可满足多数实际工程的需要。目前工程建设中较为常见的有限单元商用分析软件包括ANASYS、ABAQUS、PLAXIS、MIDAS等。

2. 离散元法

离散元法起源于分子动力学，最初用于岩石力学的研究。其基本思想是把研究对象分离为刚性元素的集合，使每个元素满足牛顿第二定律，用中心差分的方法求解各元素的运动方程，得到研究对象的整体运动形态。它适用于模拟离散颗粒组合体在准静态或动态条件下的变形及破坏过程，常应用于岩石、土力学、脆性材料加工、粉体压实、散体颗粒输送等领域。离散元法也可用于建筑结构失稳分析中，用以揭示建筑结构在动态条件下的破坏过程。常用的离散元商业软件包括ITASCA公司的UDEC、PFC以及Thornton版GRANULE等。

2.2.2 基于有限元分析的模型分析方法

要建立一个有限元模型并进行数字化施工模拟分析，一般要进行以下几步工作：

（1）建立模型的有限元网格。该步骤是将物理系统抽象转化为由实体单元、板壳单元或线单元所组成的网格模型，该模型与分析对象的主要受力构件组成相一致，次要受力构件或不受力构件可通过荷载、主要受力构件附属的形式呈现。有限元网格的建立与工程人员对分析对象的力学认识息息相关，其最终形态取决于工程人员试图获得的计算结果信息。

（2）定义单元特性、材料参数、荷载参数等。基于已建立完成的有限元网格，赋予模型相应的参数，以使模型能够尽可能真实地表达分析对象的特征和外界荷载扰动。

（3）定义边界条件和初始状态。其中边界条件指对应于分析对象真实约束的在模型中必须进行设定的有限元网格边界，可分为真实边界和人工边界。真实边界是模型在现实状况中实际存在的边界，以各类限制节点变位的约束形式呈现；人工边界是用户为了使模拟计算收敛而假定的边界，如将三维分析对象降维至二维网格模型时，被忽略的维度上应当设置为固定约束。初始条件指对模型进行初始平衡状态分析的限定条件，一般对应于分析对象的建成状态。

（4）进行有限元网格模型的初始平衡状态计算。计算的目的是使模型在初始状态、边界条件、各类材料荷载参数作用下，其最终计算结果符合设计预期；如不符合，需对模型进行优化改动。

（5）进行施工阶段模拟分析。基于已有的有限元网格模型，建立施工分阶段的有限元网格模型；一般指通过模型中增减单元、变动荷载、变动约束等，分别反馈每个重要工况对应的网格模型；将前一施工阶段的模型分析结果作为后一施工阶段的模型的输入，从而实现施工阶段的时程分析。

2.2.3 基于离散元分析的模型分析方法

相较于有限元分析，离散元分析的一般步骤将会有所差异，其基本步骤如下：

（1）建立离散元颗粒模型。常见的包括球颗粒模型、椭圆颗粒模型以及球—柱颗粒模型等，一般可通过先建立三维几何模型再随机生成产生颗粒的形式进行。其中，球颗粒是最容易产生的三维颗粒，而后两种模型由于形状不规则，导致接触计算时间延长。

（2）建立接触力计算模型。计算颗粒之间的接触，主要指法向接触和切向接触，分别与法向速度和切向速度相关。接触的判断方法一般可分为两个步骤，首先判断单个颗粒的潜在的相邻颗粒个数，然后进行该颗粒与相邻颗粒是否真实接触的判断。在判断接触并给出接触模型后，计算法向接触力和切向接触力，形成接触力计算模型。

（3）计算边界作用。考虑边界对颗粒运动的影响，计算模型的边界作用。

（4）建立颗粒运动方程。在颗粒自重、颗粒接触力（包括法向、切向）、边界作用的基础上，建立当前阶段颗粒的运动方程，求得加速度等特征量。

（5）选择时间步长进行迭代计算。根据数值计算的稳定性要求，选择临界时间步长值，并设定计算时间步长，计算时间步长应小于临界时间步长值。按照时间步长进行迭代往复计算，不断更新颗粒的速度、加速度、位移等，最终得到离散元分析结果。

2.3 基于三维数字化模型的模型分析方法

2.3.1 三维数字化模型的建立方法

基于三维数字化模型的模型分析方法其核心内容在于分析模型的内外部空间关系，分析方法主要通过BIM技术来实现。在三维数字化模型应用过程中，由BIM技术构建的数字化模型是最基础的操作对象，所有的数字化信息都应存储和反馈到BIM数字化模型中去，且所有的操作和应用都应在BIM数字化模型基础上进行。

按照三维数字化模型的最佳构建流程要求，在工程结构设计阶段，应由设计单位直接建立三维BIM模型，并在施工出图后，将设计阶段用的最终BIM模型交付给施工单位，设计阶段用BIM模型应至少包含规划、建筑、结构、安装、装饰等设计内容；在工程施工阶段，施工单位在该模型基础上，应进行施工过程中各类信息的录入和添加工作，包括进度、质量、安全等措施和开工、方案、实施、验收、竣工等各类资料，并将完善后的整体模型交付给甲方和运维管理方使用；在工程运维阶段，业主和运维管理方可通过模型检索设计和施工阶段的各类信息，并在模型上集成各类运维资料数据，执行和完成各类运维工作计划。只有通过设计、施工、运维三阶段连续的模型构建和维护，方可基于三维数字化模型分析方法，构建真正有价值的数字化管理模式。但是，在实际工程应用过程中，往往存在BIM模型独立应用的情况，如设计单位出图使用的阶段性BIM模型、施工单位为现场管理需求所建立的施工用BIM模型以及运维单位所采用的轻量级模型等，在独立应用过程中，各阶段信息无法得到有效传递，使得三维数字化模型分析方法无法得到有效利用，进而大大降低了BIM技术的应用水平。

模型的质量直接决定BIM应用的优劣，无论以上哪种渠道的模型，都需要在BIM建模规则和操作标准上事先达成统一的约定，以执行手册的形式确定下来，在建模过程中贯彻执行，建模完成后严格审核。这是目前主要采用的一种解决方案，在各单位模型标准化集成方面有较好的作用。

在模型界面划分方面，以超高层建筑建模为例，其建模规则可以模型区域和界面划分方式进行设定。其中建筑、结构、机电的建模区域可拆分为主楼、裙房、地下结构等，其中机电还包括市政管线；建筑总图的建模区域可拆分为道路、室外总体设计、绿化等。在建模区域的基础上，建筑可按照楼层进行界面划分；结构可按照楼层中的钢结构、混凝土结构、剪力墙等主要结构项进行划分；机电一般可按照楼层或施工缝进行界面划分；而总图多数按照区域进行界面划分。

在模型质量控制方面，需遵循的基本建模原则有如下几方面：

1. 基本原则

模型应尽量采用设计方给定的设计模型，在设计模型基础上进行模型信息的深入集成。在无法得到设计模型的情况下，可根据设计给定的二维图纸进行翻模操作，需严格确保模型与设计图纸相一致。

在项目各个阶段（如方案、扩初、深化、施工、竣工等阶段），模型需不断进行信息集成和更新操作。对设计阶段的模型进行修改，要兼顾界面划分的要求，如将建筑主体结构中从下到上的剪力墙按照楼层进行分割，并进行材料设定、编号设定等。横向构件需根据界面划分输入其起止坐标，墙板柱梁的搭接、重合关系需要根据实际施工状况进行输入建模。结构上的洞口、边界等需要根据实际情况建立，并考虑设计图纸的要求。

模型中如需进行工程量统计计算，可参考《建设工程工程量清单计价规范》GB 50500及附录进行工程量信息的输入和核算。

2. 精细度

建立模型需要考虑计算性能、建模工作量和准确性的平衡。出于工程量计算要求，模型建立要求精确到构件级别。对柱、梁、墙、板、基础、楼梯、门窗、开洞、空间、区域、楼面、饰面等基本构件需要在模型内体现。

建筑具体做法和细节，如防水、隔热、油漆、面层等，在属性参数内输入。

对于细部金属构件、园林绿化等项目不需要计算几何体积、面积的附属对象，可以不建立三维细部模型，但必须将对象名称和型号反应在对象属性中。

2.3.2　基于三维数字化模型的分析方法

在传统的二维CAD深化设计方式中，由于建筑、结构、机电等各个专业相对独立，导致信息沟通不畅。同时，传统的二维CAD技术下建筑模型过度依赖于深化设计人员的大脑，对于复杂的建筑，由于人脑的局限性，不可避免会出现各专业之间的错、漏、碰、缺等问题。项目规模越大，设备系统越多，专业交错越复杂，碰撞冲突也就越容易出现，返工的可能性也就越大。而利用BIM技术，通过搭建钢结构、幕墙、机电等各专业的BIM可视化模型，进行综合的协同设计，一方面可以对原二维图纸进行审查，发现可能存在的错误；另一方面能在虚拟的三维环境下方便地发现各专业构件之间的空间关系是否存在碰撞冲突，方便及时地对这些问题进行设计调整与优化，保证了后续施工的"零碰撞"。

运用BIM开展深化设计协同工作的主要内容为碰撞检查，其中碰撞又分为实体碰撞和间隙碰撞两种，一般将实体碰撞称为硬碰撞，而将间隙碰撞称为软碰撞。比如，在楼层中架设风管，如果在设计中出现了交叉，而实际安装中又不能交叉，那么设计就是错误的，这就属于实体碰撞；而当风管并排架设时，即使风管未发生直接碰撞，但考虑到安装要求以及可能存在的保温间隙、通风间隙、走其他管道预留间隙要求等，风管之间必须预留一定间距，如果间距较小或较大，则反映设计问题，这属于间隙碰撞。

此处以钢结构与幕墙为例来具体说明跨专业深化设计中的碰撞检查工作。

1.　钢结构、幕墙各自模型的建立

钢结构和幕墙工程分包单位按照各自专业的承包范围和工作界面，建立本专业的BIM三维模型，将传统的二维图纸相关信息反映到三维模型中，如图2-1、图2-2所示。

2.　各专业系统内空间碰撞的逐点检查

在钢结构与幕墙各自的专业系统内，对发生空间干涉的"硬碰撞"以及工艺操作空间的"软碰撞"进行检查梳理，如图2-3、图2-4所示。通过与本专业的设计人员沟通，解决本专业内的碰撞问题。首先保证各自专业内存在的问题都已清理，再为进一步的不同专业系统的对接打下基础。

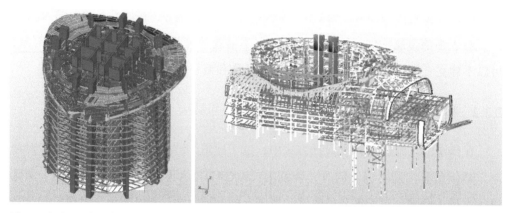

图2-1 主楼区间与裙房的钢结构模型示例

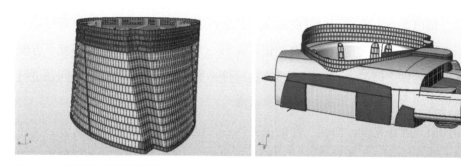

图2-2 主楼区间与裙房的幕墙模型示例

图2-3 钢结构空间碰撞检查示例

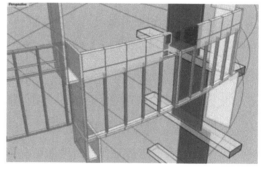

图2-4 幕墙空间碰撞检查示例

3. 钢结构、幕墙的系统对接与沟通协调

将已完全解决本专业内部问题后的钢结构BIM模型与幕墙BIM模型进行合模，统一到整体模型中，检查两个专业之间的交界面处理与系统空间问题，及时对出现的矛盾进行沟通处理，保证将存在的问题在施工前得到解决，如图2-5、图2-6所示。

图2-5　内幕墙与钢结构碰撞检查示例　　　图2-6　裙房幕墙与钢结构碰撞检查示例

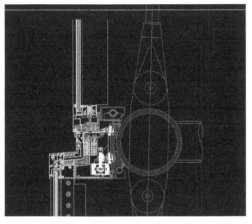 

图2-7　散热翅片与外幕墙、钢环梁空间协调示例　　图2-8　塔冠擦窗机轨道与钢结构协调示例

4. 钢结构、幕墙与其他专业系统对接检查

在工程建造中，主要包含钢结构与土建、钢结构与幕墙、钢结构幕墙与机电管线、装饰工程、擦窗机、航空障碍灯、LED、风力发电设备、卫星天线等多个专业的协调与沟通。典型的钢结构幕墙与其他专业系统的对接检查与沟通协调示例如图2-7、图2-8所示。

2.4　基于关键多维度的模型分析方法

在普通的三维几何模型和力学模型基础上，充分考虑时间效应、经济成本控制、自然环境效应等关键维度效应的影响，通过基于关键多维度的模型分析方法对工程项目进行分析研究，实现工程项目相关信息的详尽数字化表达，可以很好地分析和优化施工方案、提高施工效率、减少安全风险、指导施工工作开展。

多维模型是用于描述工程建设项目的一种多维空间方法，也就是扩展空间三维（x, y, z）到N维空间（x, y, z, t, …, n）的空间分析方法，最早是在三维模型的基础上发展起来的。传统的三维模型是由线、弧、圆等表示，属于在几何空间范围内对建筑物进行形态上的模拟，已不能满足不断发展的建筑模拟分析需求，实现模型与关键维度的集成已成为模型分析方法的必然。

2.4.1　基于时间效应的4D模型分析方法

工程项目管理过程中，施工进度管理会受到资金、资源、气候等各种现实条件的制约，是施工进度管理的难点。在三维几何模型的基础上，给建筑模型附加上时间因素属性信息生成4D模型，在四维空间中分析、优化和强化工程进度管理，可以有效地实现工期如期完成。其具体建模分析时，首先对工程项目进行WBS分解，分解到施工作业最底层的工作包；其次在WBS分解结构上，制定多级进度计划方案，并细化到每个工作包所需的时间周期和前置条件；最后将工作包与进度计划一一对应起来，并进行统筹优化调整，基于此给建筑模型附加上时间属性信息生成4D模型。基于时间效应的4D模型的建立可以在可视化环境中动态直观地模拟工程建造过程，提前进行施工进度控制预演，及时调整、优化施工进度管理方案，提高工程管理效率。

2.4.2　基于经济成本控制的5D模型分析方法

经济成本控制是实现工程管理经济效益和确保各项施工作业顺利进行的关键。实际工程建设过程中，由于工程项目各参与方之间的信息交流不畅通而导致工程费用不断增加的现象时有发生。在四维模型的基础上，附加上经济成本控制属性信息生成5D模型，可以很好地实现信息交流的共享机制和经济成本的协同分析机制。目前市场上使用较多的是采用工程量清单计费方式来建模计算费用。具体建模分析时，首先将建筑构件等基本元素从模型中抽象出来，计算其工程量；再将基本元素与价格及资源一一对应；之后基于模型系统中央数据库中的独立费用计算层根据工程计费规则计算得出费用清单。如计算构成建筑实体的工程费用，可以基于WBS分解结构将工程项目细分到最小的基本单元，然后将基本单元与模型系统中央数据库中的单价一一对应，计算得出基本单元费用，之后逐层汇总叠加得到建筑实体的工程费用。同理，在计算施工过程中阶段性建筑实体工程费用时，基于4D模型的时间属性，动态获取某一时刻的模型，基于WBS分解结构的基本单元，计算得出该时刻的工程费用。基于经济成本控制的5D模型分析方法可以有效加强项目各参与方的信息交流，实现工程项目经济成本控制的精细化管理，显著提高工程建设过程中经济管理水平。

2.4.3　基于环境效应的多维模型分析方法

建筑的环境效应是由建筑物本身属性及其周边环境因素共同作用决定的，在施工前可将环境效应附加到建筑模型信息上，形成集成环境维度的新模型。通过对模型中建筑和周边环境相互作用的模拟分析，可以很好地评估和预测二者交互作用对建筑和环境产生的各类效应，为工程建造提供指导。其主要分析原理是基于建立的三维模型，通过对模型的相关空间几何属性信息、时间效应属性信息、成本造价属性信息、材料属性信息、功能分区属性信息等相关关键要素信息进行处理和格式转换，导入专业的环境分析软件，在计算机中模拟建筑的环境效应，方便快捷地得到不同阶段的施工现场建筑环境分析结果。如针对施工作业的承压水减压降水环境影响分析，将建立的建筑模型通过处理和格式转换后导入环境效应分析软件，分析和判断地下水的渗流及其与土体变形作用效应，可以很好地指导基坑工程降水设计、降水方案优化、预测预报基坑降水对周边环境的影响，将承压水减压降水对周边环境的影响降到最低。再如将建筑模型导入环境分析软件，基于大数据库将建筑所在地的规律性气候信息附加在建筑模型上，模拟分析不同气候条件对施工作业的影响，提前发现施工方案的不足并制定有针对性的预防措施。基于环境效应的多维模型分析方法应用，既可以判断施工作业对周边环境的影响，也可以分析判断不同环境因素对施工作业的影响，有效地优化施工方案和指导施工作业。

2.4.4　基于附加关键要素的多维模型分析方法

多维模型分析方法是一个抽象的概念，其核心功能是建立中央数据库和集成多维要素信息，并使工程项目各方方便地检索获取。在3D模型的基础上，综合考虑时间效应、施工进度、质量控制、安全控制、合同管理、成本造价、自然环境等因素生成5D模型、6D模型乃至N维模型，实现建筑模型与附加关键要素属性的多维度一体化集成管理，是多维模型分析方法发展的关键。目前，关于多维建模分析方法尚未形成统一的定义，但均是在已有BIM模型的基础上，不断进行其他关键要素属性和信息的扩展，并将信息统一集成存储在中央数据库中加以实现。在关键要素维度属性和信息集成方面，首先需要将抽象对象具体化，使其能够以模型方式呈现；其次通过分析、监测、录入等方式，获取到具体化对象的相应数据信息；最后基于数据处理和存储技术，在三维模型二次开发基础上，将数据信息与模型相集成。在中央数据库利用方面，基于中央数据库、检索技术、可视化技术等，可衍生出各种关联性较高的视图，进而可根据用户要求输出预定结果。

基于关键多维度的模型分析方法，可以从根本上解决工程项目相关信息交互过程中存在的信息断层和信息孤岛问题，实现在计算机上对建筑建造全过程的仿真模拟，更好地指导现场施工作业的开展。

2.5 基于物联网和云计算的模型分析方法

物联网技术和云计算技术是构建监测数据模型的基础，在目前工程项目中大范围开展安全监控、质量监控的背景下，发挥着越来越重要的作用。其中，物联网技术是构建监测数据模型的前提，解决了模型的输入问题；而云计算技术为构建和使用监测数据模型提供了硬件平台的支撑，降低了模型分析的成本，使大型监测数据模型的建立成为可能。

2.5.1 基于物联网的模型分析方法

物联网是物物相连的互联网，是在互联网基础上延伸和扩展的网络，让所有能够被独立寻址的普通物理对象实现互联互通的网络。通过物联网技术可对施工过程进行监测，形成监测数据模型，譬如对施工现场$PM_{2.5}$等环境因素监测、大体积混凝土浇筑过程温度监测、钢平台整体模架装备施工安全监测、基坑变形与基坑支护监测、地下水位变化监测等。在传统的工程监测中，将监测数据汇集到信息采集设备中，使用单机软件进行数据处理，最后形成监测结果，形成监测报告；而应用物联网技术，采用大量无线传感器实时监测施工安全，通过传感网络即时将大量传感器数据推送到服务器中，在服务器中建立整体性的监测数据模型，并通过模型分析、数据比对技术等，大幅减少数据收集、整理、处理、统计的人力与时间消耗。

一般而言，基于物联网的模型分析方法的流程包括：数据采集、数据传输、数据集成、数据分析等步骤。

1. 数据采集

传感器是把自然界里的各种量，如声、光、温度等，转化为可测量的电信号的元件，是物联网的神经末梢。在建筑施工中传感器的主要功能是从施工现场采集构件内力、变形以及环境$PM_{2.5}$浓度、风速风向、温湿度等信息，反映施工中各种施工生产要素及其状态。比如压力传感器主要用于基坑开挖和边坡支护的监测；温度传感器主要用于大体积混凝土浇筑、蓄热养护、冬期施工、冻结法施工等情况。近年来在数据采集方面，受限于施工现场的复杂环境，信号传输线缆难于安装且容易遭到施工破坏，已经逐渐开始采用无线传感器设备。无线传感器设备不只包括传感器部件，而且集成了电池、单片机微型处理器和无线传输元件、信号收发天线等，能够对感知的信息进行分析处理和网络传输。无线传感器节点如图2-9所示。

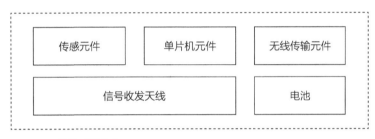

图2-9 无线传感器节点

2. 数据传输

目前常用的物联网数据传输方式可以归纳为有线传输、无线低速网络传输以及窄带物联网技术等。

其中，有线传输是指设备之间直接用物理的线路连接。在施工现场，有线传输的物联网所用的连接线缆敷设繁琐，难以在施工过程中保护线路，较其他传输方式有不稳定与不灵活的缺点，仅在使用不支持无线连接的传感器及设备时，短距离使用有线传输的方式。

低速网络传输协议主要有蓝牙、红外、Zigbee等。蓝牙是比较典型的短距离无线电通信技术，广泛用在移动设备、个人计算机和无线外围设备上，相比WIFI，其速率、范围、带宽要求、功耗都相对较低，是实现轻量级互联的一种手段。Zigbee技术是一种短距离、低功耗的无线通信技术，其主要特点在于能够形成自组织的网络系统，在通信范围内的所有芯片均能够实现信息传递，并以广播的形式进行散发式信息传递。

3. 数据集成

通过在数据库中建立物联网传感器与BIM中的监测对象形成对应关系，可建立监测数据模型，实现工程本体与监测数据的集成和相互关联。集成过程中主要考虑数据格式选择、精度协调等问题，可采用关系数据库方式进行BIM和监测数据的存储和集成，数据库中每个构件存储在数据库中的一张表中。为确保数据驱动模型更新、变化等功能的实现，在建模阶段需要赋予每个独立构件一个唯一识别编码，用以快速定位查询相应构件。所有传感器存储在一张数据库表中，明确传感器的名称、类型、当前数值、阈值以及关联的构件唯一编码等信息。通过传感器的构件编码与BIM中构件建立关联，支持在BIM中查看选中构件关联的传感器的信息，如图2-10所示。另外用一张数据记录表存储所有传感器获得的所有历史数据信息，建立BIM中构件与传感器和监测数据的对应关系。

在构建监测数据模型前，需要对集成的数据进行异常处理。物联网的应用会产生海量的监测数据，每天数据量甚至能达到十几GB。这些绝大部分是对后期数据分析有用的数据，但也有一部分属于噪声数据，如数据测量缺失、异常的误差、重复数据等。如果不能有效地对这些数据进行处理，很多异常数据将不能有效辨识，缺失信息将不能有效弥补，给后续数据处理带来很大的误差，正常信息不能

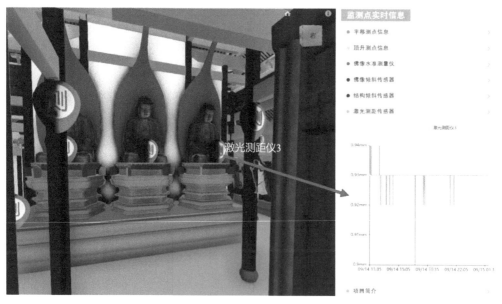

图2-10　监测数据与工程本体模型的数据集成

得到有效利用。异常数据处理包含两方面的内容：首先是异常数据检测，即找出异常信息并确定异常信息所在位置，根据需要将异常数据保存到专门的数据库中或直接进行剔除；其次是异常数据修正，即通过插值等方法，参考数据异常点前后的数据，完成该异常数据点的修正，确保采集信息不缺失，保持原始采集数据的连续性。

4. 数据分析

对于安全相关的监测结果，要求对于超出阈值的传感数据第一时间发出报警信息。通常的处理方式为设置警告范围和危险范围两个阈值，同时设定恰当的超限时间。如果监测值在超限时间段内连续超出警告阈值，则触发警告通知，提醒相关人员检查对应部位。如果监测值在超限时间段内连续超出危险阈值，则发出危险通知，启动应急措施。应简化数据处理流程，提高数据分析实时性，同时选择适当的方法识别错误数据和超阈值数据，以期对于超阈值情况，杜绝漏报同时减少误报。譬如应用物联网技术对超高层钢平台模架装备施工过程的立柱倾角、桁架水平度等进行远侧监控和分析，展示每个倾角传感器的当前数值以及所处的区间，包括X方向倾斜角度和Y方向倾斜角度。如图2-11所示，若处于黄色区间，表示三级预警；处于红色区间，表示二级预警；若达到最大值，表示一级预警。通过曲线展示选中的多个水准传感器的最近2h监测数据，以及是否超出阈值。查看水准传感器的预警信息。

物联网监测数据分析方法还可根据获得的监测数据进行离线分析，包括工作时间分析、工作效率分析等。譬如，在某项目主体结构平移顶升远程监控技术中，通过数据分析假设顶推油缸压力≥1MPa为有效工作时间，当油缸压力<1MPa的时间为非工作时间，根据有效工作时间和总工作时间对比可分析工作效率。分析发现有效工作时间为172h，总工作时间为104h，占比为17%。可见，平移顶升工序仍有改进空间。现场调研发现，在平移顶升过程中，顶推行程较小，为0.5m；每次完成顶推后，顶推装置的安装、调整工作量大，占用时间长，所以总体顶升工序工效较小，与数据分析结果完全一致。

通过截取一个顶推行程，将平移加速度时间曲线与佛像（图2-10）倾斜变形时间曲线重叠，如图2-12所示；可分析发现在一定范围内随着加速度变化，佛像倾斜角度没有明确变化。可见顶推加速度不超过一定范围（图示），基本不会对佛像等内部重要文物产生倾覆危险。

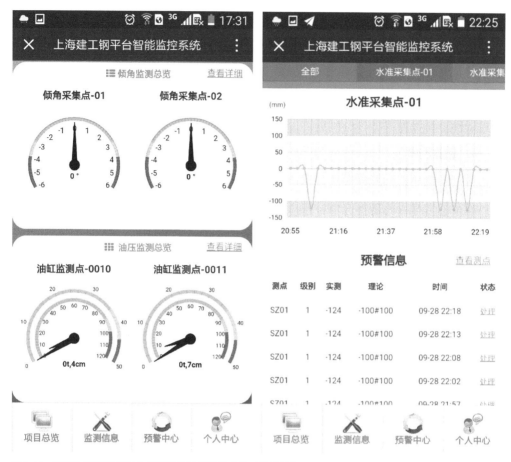

图2-11　基于物联网的钢平台模架装备远程监控系统（微信端）

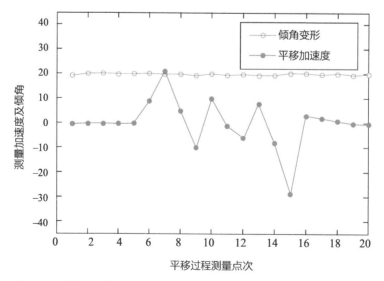

图2-12　平移加速度与倾角变化分析

2.5.2 基于云计算的模型分析方法

目前数字施工中广泛应用的分析方法大多使用单台计算机进行本地化的分析，然而随着工程越来越复杂、动态监测数据越来越多，单台计算机本地化分析方法可能难以满足实时分析要求。伴随着云计算和数据分析技术的发展，基于云计算的模型分析方法也开始逐步在数字化施工中应用实践。

云计算是一种基于互联网的计算方式，将共享的软硬件资源和信息按需提供给客户端设备，用户按照需求弹性地向云计算提供商购买资源和空间进行计算、存储及分析服务。基于云计算，用户可以在任何地点使用个人电脑、手机、iPad等设备连接网络获取所需的软件服务，从而无须购买高性能、大容量的服务器，也无须携带大量的数据和信息。

云计算模型分析主要通过部署在云端的服务器端和用户使用的客户端实现。其中云端服务器负责数据的集成、存储、分析等功能，客户端负责应用不同载体进行信息采集、模型展现。云端服务器通过分布式文件系统存储各类文档，采用分布式数据库存储结构化数据，基于分布式数据并行处理技术进行模型的计算分析。

以某公司研发的基于云计算模型分析方法的分布式智慧建造管理平台为例，如图2-13所示，该平台采用阿里云平台部署系统服务，动态收集和存储工程施工全过程的数据，建立云计算模型，在云端服务器进行施工进度分析和管理、质量安全问题在线处理、工程资料管理等工作；在客户端（包括手机微信端、iPad端、网页端、桌面客户端）进行人、机、环等施工关键因素的分析，分别满足不同场景的用户需求。相比于常规监测平台，该平台将功能服务与监测数据模型相分离，实现了功能服务与不同监测数据模型的自由匹配。

监测系统平台可同时面向多个工程项目的监测数据模型提供服务，整体采用以公有云为基础的云计算结构。在每个项目上单独建立监测数据模型，并分配相应的模型分析方法或算法；多个项目的设施组建成为分布式计算体系，分配至同一计算组（如局域网），通过负载均衡实现企业云端服务器实现总控。如下述基于云计算模型分析方法的标养室远程管控平台，如图2-14所示，将各个工程施工现场标养室的温湿度监测数据、视频监测数据以及材料试件监测数据构建成为监

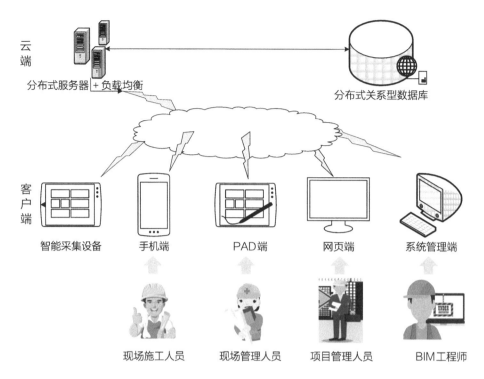

图2-13　基于云计算模型分析方法的分布式智慧建造管理平台架构

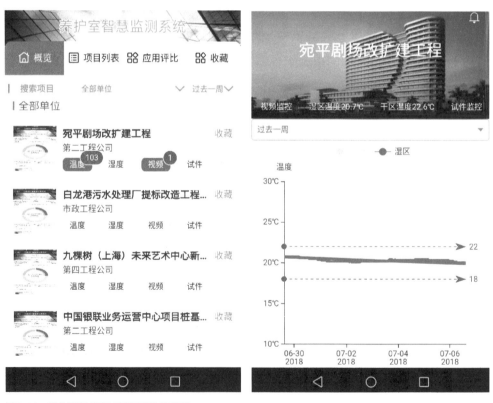

图2-14　某公司标养室云端远程监控系统

测数据模型（按需与BIM模型融合），由企业云端服务器进行模型分析方法配置，在分布式计算体系中动态分析各个工程标养室水温和湿度是否满足规范要求，分析标养室是否干净整洁，试件是否有不合格情况，该平台在实际应用过程中取得了较好的成效。

第 3 章

施工现场空间环境要素的
数字化控制方法

3.1 概述

施工现场人、机、料、法、环等空间环境要素的安全管理及控制是工程建设的关键。随着我国工程建设的发展，工程结构和建设环境日益复杂，各类新型问题层出不穷，如工程施工场地狭小、临时设施空间布置受限、各类设备管理难度大，作业工种繁多、交叉作业内容多、现场作业人员流动性高、管理难度大、工程体量大、传统施工物料管理难以满足现代化工程建设需求、周边环境保护要求高、绿色施工技术研发需求大等。传统建筑施工现场空间要素的管控理念、方法、技术及设备已越来越不适应边界条件极度受限的大中型城市工程项目建设需求，亟需突破传统现场管理理念的束缚，充分利用物联网、互联网及云处理等高新科技成果，结合具体工程建设背景及项目特点开发适用于新形势下的施工现场空间环境要素的数字化控制方法。本章主要围绕我国施工现场临时设施、作业人员、施工物料及设备、绿色化施工等方面的数字化需求，系统阐述施工现场空间环境要素的数字化管理理念、控制方法及管理设备等内容，可为同类工程应用提供新方法、新技术。

3.2 施工现场临时设施的数字化施工控制

施工现场临时设施通常包括办公室、会议室、食堂、宿舍、材料堆场、标养室、施工道路设施等，按功能一般可分为管理区域、生活区域、生产区域和其他区域。施工现场临时设施的布置与优化对项目顺利施工具有很大影响，合理有效的场地布置方案在提高场地及设备利用率、提高办公效率、方便起居生活、降低生产成本等方面有着重要的意义。随着项目施工标准化水平的不断提高和文明工地建设的推进，临时设施也逐步成为展示建筑企业CI形象的重要载体。传统的施工场地布置（图3-1）因没有具体的三维模型信息，通常都是技术负责人凭自身经验结合现场平面图进行大致布置，一般难以及时发现场地布置中存在的弊端，更无法合理优化场地布置方案。现场施工阶段可分为地基基础施工、主体施工、二次结构施工和装饰装修，现场的施工道路、材料加工区、机械设备等在不同的施工阶段布置也需要及时变化。未经过合理优化的场地布置方案，为了在不同施工阶段适应施工需求，需对方案根据施工阶段进行重新调节布置。这样二次布置必将要增加人力、物力、财力的再投入，增加施工工期，降低经济效益。因此，依靠传统CAD图纸进行现场平

图3-1 传统的施工场地布置

面布置的方法以及后期的传统管理方式，已不能满足现代化施工的需求，利用现代化的数字化施工控制技术进行施工现场临时设施的管控具有重要意义。

3.2.1 临时设施的数字化布置

临时设施的数字化布置（图3-2）是指运用BIM技术以工程建设项目的各项相关信息数据建立三维建筑模型，在三维模型中模拟现场平面的布置。其具有信息完备性、关联性、一致性、可视化等特点，可实现各项目参与方在同一平台上共享同一建筑信息模型。

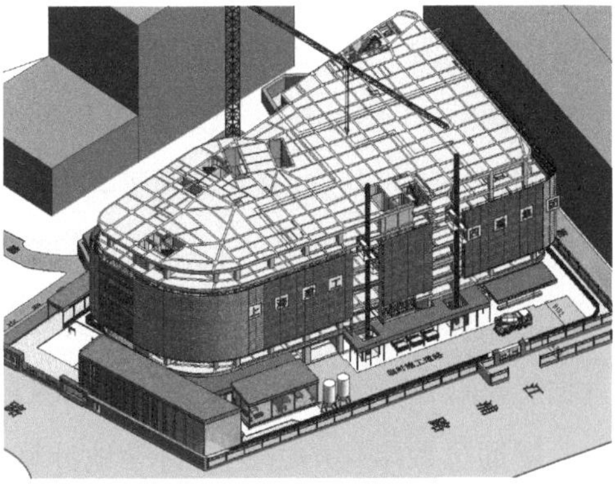

临时设施的数字化布置主要流程是运用建模软件对整个施工现场的所有临时设施按照1:1的比例进行建模；根据现场施工场地情况结合现场施工手册，对现场临建、施工道路、材料加工区、机械设备等进行场地布置；运用整合软件对整个场地生成漫游动画。通过漫游可以直观地发现临建布置的排布、施工

图3-2 施工现场临时设施的数字化布置

道路的宽度、塔臂是否覆盖材料加工区、塔吊附墙的设置、塔臂间是否存在打架等现象、塔吊覆盖范围内是否有超过起吊重量的构件（如：钢结构、机电设备、预制构件）等。临时设施的布置原则是在满足施工要求下，以便于工人生产和生活为目标，保证场地内道路通畅，二次搬运少、运输方便，布置紧凑、充分利用场地，同时符合安全、消防、环保要求。

在施工项目的不同阶段需对不同的施工特点和资源需求进行针对性布置。评价一个项目临时设施布置方案的优劣要从设施费用、场地利用率、施工效率及安全等多方面考虑，当前业内对前三个因素进行了深入的量化研究，但对影响施工安全中的空间冲突问题研究较少。通过数字化布置建立带有场地布置的BIM模型，模拟现场施工工况，找到可能产生冲突的关键位置，针对关键位置进行关键设施的冲突检测，可快速得到不同施工阶段下场地布置方案产生的空间安全冲突指标值，有助于全面、准确、高效地确定方案。

3.2.2　临时设施的数字化模拟优化

利用数字化技术模拟施工工况，通过三维视角和施工现场模拟漫游，可以对安全隐患进行排查，对场地布置中潜在的不合理布局进行进一步优化。如运用Revit软件中的日照分析功能，可模拟分析日照情况，根据日照情况及时调整办公生活区的临建间距与朝向。如在

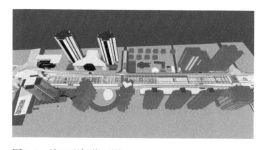

图3-3　施工现场分区图

上海建工承建的上海地铁14号线源深路站（图3-3），由于场地狭窄、管线复杂，为降低施工过程中对周边居民的影响，在方案阶段通过数字化技术模拟，最终建成了在业内被誉为"上海首个工厂化工地"的长114m、宽34m、高16m的全封闭绿色施工棚（图3-3～图3-5）。工地基坑开挖变身为全封闭作业的新型作业方式，实测工地周围现场噪声从90dB下降到了40dB，在施工场地条件差、环境要求高的情况下实现工厂化施工，提高了工效，改善了施工作业人员的工作环境。

施工现场临时设施传统地依靠负责人的经验来布置存在评价过程过分依赖人为直觉的缺陷，缺乏对组织关系复杂和因素影响众多的方案的深层次综合性考虑。因此，需通过数字化的方法，科学地计算、分析各个因素的影响，从而得到最优方案。如部分学者运用了运筹学的层次分析法（Analytic Hierarchy Process）建立了描

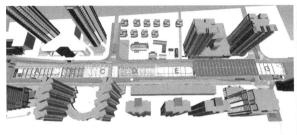

图3-4 施工现场全封闭绿色施工棚

图3-5 施工现场全封闭绿色施工棚内部

述和评估方案的数学模型与计算方法[1]。将方案优化作为目标层，施工设施费用、场地利用率、二次运输量、管理效率、安全环保、施工进度、质量等评估要素作为准则层，各种对比方案作为方案层，根据各评估要素的具体指标及综合分析后确定各要素权重，建立判断矩阵，求得最大特征值和相对重要度，最后进行层次排序以确定最优方案。该模型能综合地考虑到方案组织各层次各因素对最后评估结果的影响，同时可以定性和定量地对方案进行分析，对方案的合理评判提供了科学依据。如部分学者借鉴了制造业中定性价值流的计算方法，建立了施工现场平面布置价值流的计算模式，结合模糊数学和模糊控制理论，科学处理了临时设施之间的定性和定量价值流，计算出临时设施之间的总价值流，为布置方案优化提供了科学依据[2]。数字化的方法应用可大大减少人为主观因素的影响，有助于更科学地优化判定方案。

3.2.3 临时设施的数字控制应用

随着文明工地的建设越来越受到地方政府部门和施工企业的重视，施工方与地方政府有关部门就共建文明工地的沟通、交流、展示也越来越频繁。运用BIM技术的可视化场地布置图可以非常直观地展示工地建设效果，并可以进行三维交互式建设施工全过程模拟。同时，依托BIM系统中临时设施CI标准化库的建设、完善，可以标准化建设临时设施，在满足施工生产需求的同时更好地展示了企业CI形象（图3-6）。

数字化控制不仅可以帮助施工管理者解决项目实施中可能出现的问题，还可以将数字化技术的信息作为数字化培训的资料（图3-7）。施工人员可以在三种模拟环境中认识、学习、掌握特种工序施工及大型机械使用方法等，实现不同于传统培训方式的数字化培训。如利用平台的课程系统教授施工人员基本的安全知识，补充体系构架；利用数字化技术进行项目交底，更明确地对细部危险源防护措施进行3D查看，减少因处理未知情况而造成的危险。数字化培训可以提高培训效率、增强培训效果、缩短培训时间、降低培训成本。

临时设施的数字化施工控制还可促进工地管理水平的提升，如用电监控系统可通过参数采集模块对各电器设备的功率、电流和电压等参数进行采集并传输至监控中心进行实时监控，对各区间各时段用电信息进行记录并分析，一旦出现违规情况则可自动报警；移动标养室数字化管理系统（图3-8）可实现混凝土试件的恒温、恒湿控制，通过太阳能绿色发电供能、移动远程监控室内环境等有效提高施工现场混凝土养护室规范化程度，节约了工程项目成本，体现了绿色建造理念、科技信息化管理思维，为施工项目现场的混凝土质量提供有力的技术保障；视频监控系统（图3-9）可以实时监控施工现场四大区域关键部位的情况，方便管理人员远程监控或在需要时调看相关视频记录。

图3-6　文明工地展示

图3-7　数字化培训

图3-8　绿色智芯移动标养室

图3-9　视频监控系统

3.3 施工现场作业人员的数字化监督管理

施工现场作业人员是施工作业的核心要素，人员管理是保障项目成功的关键。国内在作业人员管理方面的信息化应用较晚，目前仍大量采用纸质记录的作业模式建立工人花名册、指导现场考勤及工资发放等，不仅影响管理效率，而且无法保障实际数据的准确性，存在大量待解决的问题：首先，以传统纸质记录的作业方式面对流动性较强的施工作业人员群体时，在人员信息更新及时性、信息录入准确性等方面难以保证；其次，人员信息分离在各类管理资料中，无法作为系统参考和检索的依据，不能有效支撑人员相关的企业和项目管理决策；第三，人员信息虚假或缺失导致现场管理能力受限，使得人员安全无法得到有效保证。

传统人员管理模式严重制约了企业和项目对施工现场的管理水平，因此，有必要开展作业人员的数字化监督管理研究和应用工作。人员数字化监督管理是指在现有的管理机制基础上，引入和集成数字化技术手段，进行施工人员各项关键信息的感测与分析，最终建立互联协同、智能生产、科学管理的施工人员信息生态圈。采用人员数字化监督管理方法，可在虚拟环境下基于自动采集到的人员信息开展数据挖掘分析工作，形成施工作业员工动态信息库，对人员的技能、素质、安全、行为、生活等做出响应，提高施工现场人员信息化管理水平。

为了实现对施工现场数字化人员的有效管理，通常会将人工智能、传感技术、生物识别、虚拟现实等高科技植入人员穿戴设施、场地出入口、施工场地高危区域等关键位置，以期实现施工现场作业人员的全方位监控。

3.3.1 基于物联网的施工现场人员进出管理系统

基于物联网的施工现场人员进出管理系统是施工人员数字化监督管理的核心，也是人员管理工作的起点。通过物联网技术，建立人员实名制管理体系，制定统一的人员信息管理规则，实现人员信息登记、实时动态考勤、安全培训教育落地、人员工资发放、人员诚信管理、工种配备等功能，一方面可保障企业基础数据的准确性，促进企业层对项目层数据进行有效管控；另一方面也可大幅提升项目层对施工现场人员的综合管控水平，使人员作业水平管理、作业安全管理、业务流程管理等能得到标准化的贯彻落地。

基于物联网的施工现场人员进出管理系统目前可分为3类：单项目式、移动APP式和云平台综合式。其中，单项目式管理系统主要是闸机硬件厂商自带系统，一般配合施工现场出入口闸机进行安装部署，并由闸机硬件厂商交付给施工方使用，仅用于进出口位置的人员管控；移动APP式管理系统主要面向施工管理人员和现场施工人员，以打造单人个性化应用为主；而云平台综合式管理系统主要面向更大范围的综合式人员管理，一般借助多类现场传感器等感知手段获取人员信息数据，并以公有云服务器为物理载体建立云端数据分析和展示平台，使管理人员可同时进行多个项目和多层级的人员管控。由于云平台综合式管理系统功能强大、管理对象完整、易于部署和使用的优势，近年来得到了广泛的发展，下面以云平台综合式施工人员实名制管理系统为例进行阐述。

1. 系统架构设计

系统主要由物联网智能硬件终端子系统、云端劳务业务子系统以及大数据分析子系统等三部分组成。物联网智能硬件终端子系统有门禁设备、二维码生成或扫描设备、RFID设备、生物识别设备、视频摄录设备、移动终端等。云端劳务业务子系统包含身份认证、企业数据统计、项目数据统计、班组数据、工种数据、工人信息大全、考勤数据、行为记录等功能。大数据子系统包括劳务基础数据、劳务用工评价、劳务工效分析、劳务薪酬体系等。某云平台综合式施工人员实名制管理系统如图3-10所示。

系统可应用于工程项目中诸多场景，如实名认证登记、智能终端考勤采集、工人基础数据分析、劳务作业人员统计、公众分析、安全教育监管、工人个人行为记录、企业多项目集中管控、项目作业劳动分析、工资发放管理、生活住宿管理等，综合利用该系统，可帮助项目管理者进行全面人员管理、资源配置、生产规划等多种复杂管理。

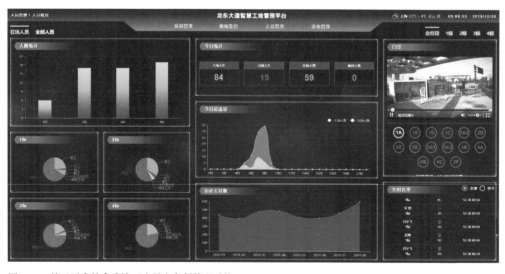

图3-10 某云平台综合式施工人员实名制管理系统

2. 系统功能实现

系统在功能实现过程中，其关键在于各类智能传感设备的应用，包括：视频监控设备、门禁控制设备、IC卡授权设备、身份证读取设备、人脸（虹膜）生物识别设备、RFID设备、二维码设备、智能控制终端设备等。这些设备需要利用物联网技术实现智能互联，才能在应用过程中有效配合，完成任何应用场景下的数据自动采集记录，执行系统发布的各种指令操作，自动回传采集数据，满足建设项目现场人员管理的自动化、智能化要求。

（1）IC卡闸机门禁

IC卡闸机主要面向施工作业人员进出现场管理工作。通过闸机（三辊闸、翼闸、半高转闸、全高转闸等）约束进出作业人员配备IC卡和刷卡，并通过IC卡授权模式实现对施工作业人员进出项目各区域的授权管理，不同权限人员只能进出对应的施工区域；基于数据采集终端和网络通信，可将IC卡中携带信息自动上传至云端平台，将人员信息、进出场时间等存储在云端数据库中。管理

图3-11 某施工现场IC卡门禁系统

人员可通过云端平台进行人员进出统计信息的查看和单个人员信息的检索。某施工现场IC卡门禁系统如图3-11所示。

常规作业情况下，采用三辊闸或翼闸方式，单个通道高峰期单位时间段的可通行人数在100人左右，而采用半高转闸和全高转闸方式，单个通道高峰期单位时间段的可通行人数在50人左右。一般通过多通道的合理配置，基本可满足大型项目人员通行需求。在项目前期网络未接入的情况下，以及故障断网的情况下，可通过现场数据采集终端进行数据的自动存储，并在网络建成或恢复后由管理人员将数据手动上传。

云端平台开发了相应的人员进出数据接口，可供企业层面的管理平台直接进行数据调取，方便企业对所管辖项目的统一管理。

（2）人脸（虹膜）识别闸机门禁

人脸（虹膜）是用于闸机门禁位置的另一种人员信息采集方法，主要面向一些现场高危区域的闸机开闭工作，能够有效避免非相关人员进入高危区域。在采用IC

卡作用门禁准入条件时，施工作业人员有重复使用同一张IC卡或代刷IC卡的行为，难以进行有效管控；这在常规施工区域是可以容忍的行为，但在高危区域，应强令禁止，采用人脸（虹膜）识别的技术手段，可使非正常通行概率大幅度降低。

常规作业情况下，采用三辊闸或翼闸方式，单个通道高峰期单位时间段的可通行人数不大于50人，而采用半高转闸和全高转闸方式，单个通道高峰期单位时间段的可通行人数不大于35人。而单台人脸（虹膜）识别设备最少支持存储500张人脸（虹膜）信息。

（3）二维码闸机门禁

二维码授权方式是目前新兴的一种人员信息采集方式，可与人员管理的移动端APP进行联动。施工现场人员通过扫描二维码，可进行相比IC卡、人脸（虹膜）方式更丰富的信息的上传，如身体健康状态、当日作业情况、使用施工机具设备等。配合二维码，可形成更为详细的施工日志，在进出口的同时，同步完成了施工作业信息的采集工作。

二维码授权不仅仅用于进出口，而是可以广泛应用在施工现场的各个管理环节。实际上，二维码授权应当是在应用之初，便面向施工现场全局管理设计的，门禁处使用二维码仅是其中一部分。

常规作业情况下，采用三辊闸或翼闸方式，单个通道高峰期单位时间段的可通行人数不大于100人，采用半高转闸和全高转闸方式，单个通道高峰期单位时间段的可通行人数不大于50人。

（4）RFID授权方式

有别于前述三种授权方式，RFID授权方式是一种主动式的人员管理方式。基于RFID技术，可自动识别现场施工人员携带的芯片信息，自动完成进出口放行和危险区域限制管理等。一般情况下，用于普通进出口时，可在10~50m范围内识别到人员信息后，直接安排人员通过；而用于危险区域管理时，则需要RFID接收端和芯片端近距离接触后，才能自动运转闸机放行。

RFID授权方式功能设计的初衷是为了避免使用传统闸机，直接进行人员数据的无线采集。但考虑到目前管理体制要求和人员安全要求，RFID技术一般仍配合闸机一起使用。

RFID授权方式无须施工现场人员进行任何操作，故大大提升了闸机通行能力，常规作业情况下，采用RFID授权，单个通道高峰期单位时间的可通行人数接近200人。

（5）视频监控方式

视频监控方式是一种24h的不间断监控方式，理论上可作为上述四种技术手段的补充。一般在进出口位置进行视频监控摄像头安装，可进行人员进出的直观查看和历史视频回溯，是目前现场人员管理的最直接和最有效的手段。其可实现的功能项包括：基于人脸抓拍技术，清晰抓拍每一个通道的进出人员特质，实时采集通行人员照片，并与通行记录对应匹配，支持实时查询；对进出口情况进行远程实时监控，实时掌握进出口动态；存储较长时间的视频监控资料，便于信息回溯；抓拍照片能够支持实时查看和长期有效保存；涉及关键信息的文件可进行加密处理。

3.3.2 基于物联网的施工现场人员作业管理系统

施工现场人员作业管理系统主要以物联网+智能硬件为手段，通过工人佩戴装载智能芯片的安全帽，进行人员信息数据的自动化收集、上传、存储等，最后在云平台上进行统一的数据整理、挖掘分析，实现施工人员现场作业情况的管理。此类系统目前仍处于研究发展阶段，仅在国内部分大型项目上有了小规模应用，但均取得了一定的成效。

1. 系统架构设计

智能安全帽适用于相对封闭的施工现场。该产品是以施工人员实名制数据库为基础，以物联网+智能硬件为手段，通过施工现场人员佩戴装载智能芯片的安全帽，并基于现场安装的数据采集和传输设备，实现数据自动收集、上传和语音安全提示，给项目管理者提供科学的现场管理和决策依据。

以智能安全帽为核心的作业情况管理系统主要由手持终端、智能安全帽、监控系统和APP移动端组成。手持终端（如手机等）可作为实名登记设备，实现工人进出场管理；智能安全帽集成多种传感器，用于工人身份识别以及作业时的信息收集；监控系统接收器用于工人作业时的数据分析、回传与分享，并可实现智能语音播报。APP移动端用于管理者实时信息查看，进行移动管理。手持终端、智能安全帽、监控系统与APP移动端等通过云平台完成数据远程传递。智能安全帽如图3-12所示。

2. 系统功能实现

系统在功能实现过程中，其目标是人员在施工过程中的行为数据收集。实现方法是在人员静态信息（如人员ID、身份、工种等）的基础上，综合利用多类传感技术手段和无线传输技术获取人员动态信息，并与管理措施、管理手段等相集成、融合，建立完善施工作业行为数据库和施工作业行为管理平台。

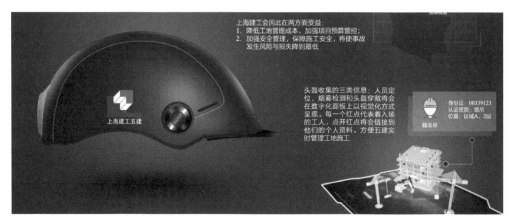

图3-12　智能安全帽

　　人员静态信息库建立起点是定义人员ID。人员ID应该是唯一的，考虑到施工作业人员处于不同项目，但有可能在不同项目之间流动，因此，人员ID应与人员的唯一物理身份信息相关联。一般可采用专用于身份证扫描的手持设备，进行进出场人员的身份证件信息扫描，与系统自定的人员ID信息相关联；人员ID设定可遵从项目组+工种+性别+唯一编号的原则，在人员身份证已录入数据库时再度进行扫描的情况，应以身份证信息直接对应至人员ID，而非建立新的ID，解决人员在项目间流动的问题。

　　在系统平台上，与人员ID绑定的静态信息可包括施工人员工种、作业队伍、个人照片、执业证书等，采用人工录入方式进行资料录入。在资料录入的基础上，通过专用手持设备扫描身份证，并与发放的安全帽芯片编号相关联，实现人、证、安全帽统一。

　　在静态信息基础上，通过安装在考勤点或关键进出通道口的芯片扫描设备，主动感应安全帽芯片发出的信号，并记录感应时间和感应到的芯片位置，自动记录在数据库中，作为人员动态信息存在。上述数据可记录在芯片扫描设备中，或通过无线传输技术自动上传到云端服务器。云端服务器对数据进行处理后，将芯片位置按照时间先后进行排序，则形成人员一定时间内的轨迹图。目前已经投入使用的芯片扫描技术包括UWB定位、RFID定位、Zigbee定位技术等。

　　考虑到一些大中型项目人员过多，在较长的施工周期内芯片扫描设备获取的数据日积月累，将形成庞大的数据量，因此，需要对数据进行阶段性的压缩处理。其处理方法包括：历史数据转存至分布式数据库，或将重要性较低的历史数据进行重新采样，增加数据的时间间隔，进而降低其储存量。

在感应到的位置数据基础上，一方面可结合管理措施及时发现异常出现人员，并及时给管理人员预警信息；另一方面可通过轨迹图的分析，综合考察施工作业人员的真实出勤率，自动生成真实考勤表，该考勤表原则上是面向实际工作量生成的，仅仅是出现在施工现场但并无工作量，应不予核算。

在人员安全管理方面，每日施工结束后，通过对所有施工作业人员施工轨迹进行自动分析，可提醒管理人员是否有施工作业人员滞留的情况出现；在高危施工区域进行施工作业人员轨迹识别，有助于明确作业人员与危险源的间距是否满足作业要求，以及明确作业人员是否按照交底结果进行预定流程施工；当出现危险事故时，也能快速定位事故人员最后出现的位置，为快速准确救援提供协助。

3.4 施工现场材料及设备的数字化物流管理

工程施工现场材料及设备的物流管理是施工现场物流管理中的关键，但是由于建筑现场环境复杂、作业空间受限等因素，其往往也是建筑物流管理中较为薄弱的一环。传统建筑施工现场材料与设备主要依赖于人工进行各阶段管理的方式必然导致了建筑现场材料与设备的管理流程繁琐、管理手段极不规范、管理效率低、管理时效性及动态性较差、管理成本居高不下等难题。

鉴于此，基于现代化物流管理理念利用物联网、BIM、"互联网+"等数字化技术手段，通过将建筑施工现场的主要原材料（如各类钢材、成型钢筋、混凝土、模板等）、小型机械、大型装备等物料的存储、供应、加工、借还及调度等现场物流的关键环节进行数字化控制，明确施工现场物流流程中的各区域资源需求情况，降低现场库存压力，优化现场物流运输路线，降低因物流不规范造成的施工现场建筑材料剩余，可有效提高建筑施工现场材料与设备的数字化物流管理水平。

3.4.1 施工现场建筑原材料的数字化物流管理

工程施工中的原材料主要包括各类成型钢材、钢筋、商品混凝土、木材、砌块、水泥、砂石、焊条、装饰材料、玻璃及其他施工所用到的高分子材料等，涉及的材料种类多达上百种，其中每种材料规格也非常多，比如说钢筋单从直径大小分类就有数十个品种，如果进一步考虑钢材强度及相关组分的不同，使得钢筋种类成指数倍增加。传统施工企业对于现场施工原材料的管理不够重视，主要依靠人工手动记账来完成原材料的入库、出库及库存信息的管理等工作，因工程项目涉及产品专业之多、企业之众、环境之杂是其他行业无法比拟的，作为中转枢纽的仓库进行物料收发管理时会产生海量的数据，以传统方式进行施工现场仓库管理容易重复建账，浪费人工，同时依靠人工进行录账，出错较高，且一旦发生错误无法进行问题溯源，后期调查及处理难度大。另外，对于应用于工程特定部位、有特殊设计要求或需进一步现场加工处理的原材料（如钢筋），如何保证施工现场原材料的实时跟踪定位、运输路线管理、工序交接等物流信息的准确性、实时性与可追溯性成为施工现场原材料物流管理的重要组成部分。因此应根据施工现场建筑原材料及其使用特点，建立基于现代化物流管理理念的施工现场原材料数字化物流管理平台，实现建筑原材料入库、出库信息的快速准确录入，同时结合先进的物联网自动识别技术，实现施工现场原材料的运输定位、部位识别、责任人交接等功能，并通过与材料供应商等上游平台的信息交换与共享，进一步为项目采购提供决策基础，实现建造成本的最优化。

以施工现场钢筋的数字化物流管理为例，钢筋作为工程项目中必不可少的建筑原材料，除了成型钢筋骨架等在钢筋加工生产车间加工后直接运输至工地现场之外，尚需在工地搭设钢筋加工临时工棚来完成部分钢筋的进一步加工。因此施工现场钢筋数字化物流管理主要包括：原材仓储、钢筋加工、现场配送三个主要环节。下面分别介绍数字化技术在上述三个环节中的具体应用。

（1）原材仓储。原材仓储的数字化主要体现在两个方面：一是钢筋出入库信息的数字化，二是钢筋仓库定位的数字化。随着信息化技术的逐步普及，传统依靠人员手写录入的钢筋出入库管理模式已经逐渐被淘汰，取而代之的是依靠计算机的数字化表单管理模式，并且随着RFID及二维码技术（图3-13）的发展，逐渐从人工手动逐项录入发展至通过手持扫描设备采集表单信息，避免了人工录入过程中可能出现的各种误差或错误，工作效率成倍提高。原材信息采集后，可通过信息化平台进行库位的数字化分配，指导工人利用运输设备完成精准入库工作，并通过各类传感器及无线传输技术，将原材位置信息实时传输至仓储信息管理平台，可实现钢筋仓库内的数字化定位管理。同时，利用系统平台可实时监控各类钢筋的库存量、每天或特定时段的钢筋吞吐等信息，提高库存盘点效率，为工程项目材

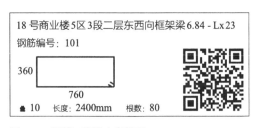

图3-13 钢筋二维码入库管理
（注：图中二维码仅为示意）

料采购提供基础数据。

（2）钢筋加工。通过钢筋数字化物流系统可将成型钢筋加工计划及加工分配任务制作成可供数字化加工设备识别的信息流，该信息流包含了钢筋基本信息（如质检报告等）、加工尺寸要求、加工时间节点、加工后钢筋制品堆放库位等，并在加工完成后，将加工信息（如责任人、加工设备编号、性能检测结果等）上传至信息平台，完成钢筋加工阶段的数字化管理。

（3）现场配送。钢筋数字化物流管理系统将依据施工现场各分部分项工程的钢筋需求指令，进行钢筋制品的配送安排，包含钢筋品牌、牌号、规格型号、数量、配送时间等，通过与现场设备调度系统等相关平台的信息互通，可实现配送路线的实时优化，提高车辆空间的利用率。

3.4.2 施工现场建筑构配件的数字化物流管理

施工现场建筑构配件主要包括各类型钢构件、PC构件等，可在现场通过一定的连接方式直接进行组装的成品构件。传统施工现场建筑构件物流管理因构件供应商与施工企业各自管理，而无法形成共享信息流，所谓的物流管理并不完整。近年来随着物联网自动识别技术的发展，二维码技术和RFID技术在建筑业物流管理中的应用越来越普遍，并通过与BIM信息技术的融合，大幅提升了建筑现场物流管理的数字化水平。

以上海中心大厦为例，该工程使用材料、设备复杂繁多，传统材料、设备物流管理方式已无法适应上海中心大厦工程垂直运输管理的需要。因此，急需一套结合了BIM系统管理技术和物联网自动识别技术的数字化物流管理系统，以满足工程需求。面对各个专业如此大体量的材料和设备，首先需要通过BIM模型对各专业材料和设备进行统计和分类，结合工况进行材料运输分析。BIM模型主要生成该货物的材料编码、名称、规格、数量、使用部位、出货日期、生产厂家、供应商名称（运送日期、运输方式、耗时）等二维码信息，用于材料、设备进出各级仓库、运输和使用的管理。结合上海中心大厦工程庞大的材料设备，从下单采购到运输仓储，直至现场管理和施工的问题，通过引入二维码技术对材料和设备进行标记管理，使对材料设备的可视化智能管理成为可能。整合了BIM技术和物联网技术的数字化物流智能管理系统由数据服务器、二维码打印机、电脑、若干扫描终端及互联网设备等配套设施组成，其工作示意及终端使用情况如图3-14所示。

基于二维码识别技术的上海中心大厦工程数字化物流管理系统的实施按以下步

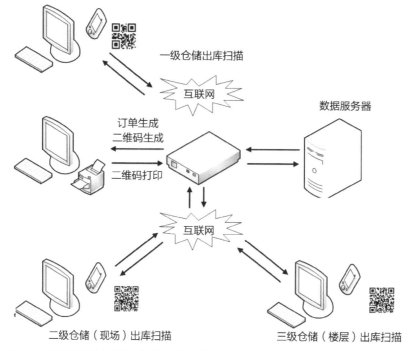

一级仓储出库扫描

互联网

数据服务器

订单生成
二维码生成

二维码打印

互联网

二级仓储（现场）出库扫描

三级仓储（楼层）出库扫描

图3-14 物流智能管理系统工作示意及终端使用情况
（注：图中二维码仅为示意）

骤进行：首先，材料和设备装箱打包时就生成该货物的材料编码、名称、规格、数量、使用部位、出货日期、生产厂家、供应商名称（运送日期、运输方式、耗时）等二维码信息，以备管理材料进出各级仓库和工地调度之用。项目部针对各专业工程，对材料和设备按照区域、楼层、数量、编码进行了详细的分类和整理，将影响和制约工程进度的主要设备和材料提取出来，并且根据工序安排赋予其相应权重。以办公区装饰工程材料为例，遵循办公区装饰施工工序的原则，梳理出43种制约施工进度的主要材料和设备。在将数据信息标准化和梳理了各专业的材料设备后，就需要对施工材料进行信息采集。信息采集严格按照材料设备的三级出库管理制度进行管理。例如，办公区装饰工程的立柱材料从工厂运出进行一级出库扫描，到达工地库房进行二级出库扫描，最后施工时楼层仓库出库进行三级出库扫描。图3-15为办公区装饰工程的立柱材料管理示意。

材料设备运输完毕，及时将数据上传至服务器，以保证材料设备运输状况的信息及时更新，便于数据分析和汇总。至此，在服务器数据库的基础数据完整的前提下，就可以利用数字化物流管理系统对工程材料运输进行可视化和智能化的管理。通过对材料和设备的数据信息二维码记数，可以及时反映在可视化物流智能管理系统上，以进度形式反映每层、每区以及各项材料设备总体的供应到位情况。通过掌

（a）出厂（一级）　　　（b）工地库房出库（二级）　　　（c）楼层仓库出库（三级）

图3-15　物流智能管理系统三级出库管理

握材料和设备的总体情况，可以合理调配垂直运输资源，以满足与施工进度相匹配的材料和设备的供应计划。每层、每区以及各项材料设备总体的供应到位情况如图3-16～图3-18所示。

根据对各专业工程及其单位的材料和设备的运输情况进行统计，可以对整个上海中心大厦工程施工的垂直运输资源进行分析和管理。通过二维码记数在可视化物流智能管理系统中进行各电梯（塔吊）运行时间分析（图3-19）、各专业占用电梯（塔吊）时间分析（图3-20），以及电梯（塔吊）使用饱和度分析（图3-21）等，主

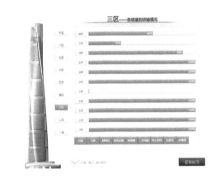

图3-16　每层总体及各专业材料进度分析

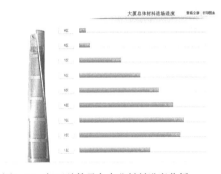

图3-17　每区总体及各专业材料进度分析

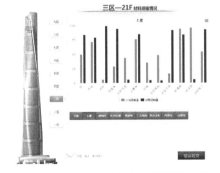

图3-18　各项材料总体及各专业材料进度分析

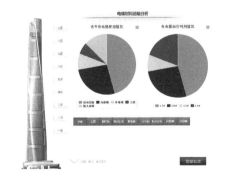

图3-19　各电梯（塔吊）运行时间分析

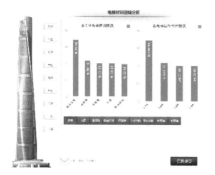

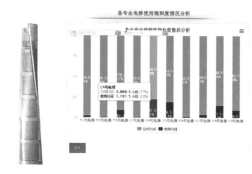

图3-20　各专业占用电梯（塔吊）时间分析　　　图3-21　电梯（塔吊）使用饱和度分析

要为合理分配垂直运输资源，为施工电梯转换、永久电梯安装和塔吊的拆装等重大方案的决策，提供重要数据支持。

3.4.3　施工现场机械设备的数字化调度管理

施工现场常用大型机械设备主要包括：大型塔吊、土方车、挖掘机、汽车吊、履带吊及各类桩工机械等。传统大型施工机械的调度主要采用工人+对讲机的管理模式，该方式不仅调度效率极低、人员安全风险大，而且很难对施工现场不断变化的作业条件及时进行掌握，调度效果主要依赖于调度员的实际经验，经常出现部分区域机械设备紧缺或工作量极大，而其他区域存在设备窝工的情况，机械设备的利用率不高。

施工现场大型机械设备的数字化调度系统是通过在大型机械设备上安装数字化定位传感器、设备工作状态采集仪、调度指令显示装置等智能化设备，并经由无线传输技术（如GPS远程传输）进行数据实时交互传输，最终通过系统集成完成施工现场各类大型设备的调度和管理（图3-22）。下面以基坑土方开挖为例说明施工现场大型机械设备的数字化调度系统工作模式。首先在土方开挖常用设备（如土方车和挖掘机）上安装GPS定位模块、载重识别模块、智能语音模块及调度显示模块，通过数字化调度系统将开挖部位及行驶路线发送至指定挖掘机，挖掘机在接到指令后，严格按照事先路线行驶至指定部位进行土方开挖作业，同时，土方车也行驶至特定位置，并在满载后按照规定路线进行土方外运作业。在此过程中，数字化调度系统将依据现场三维模型进度分析系统得到的现场各部位土方开挖情况，合理安排挖掘机和土方车数量，实现各部位土方开挖量精细化管控，可有效避免车辆空载待运情况发生，促进车辆运行效率的提升。同时，施工现场大型机械设备数字化调度管理系

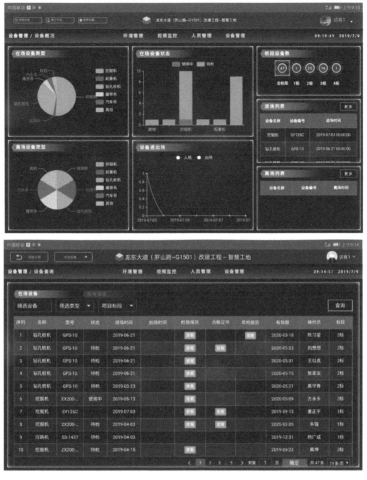

图3-22　施工现场机械设备数字化管理

统可实现施工现场设备的进出场差异化管理，实时明确在场设备数量及各设备现有状态（包括设备基本信息、设备状态、工作区域、进出场时间、事故次数、维保记录等），简化现场大型机械管理难度，提升施工现场机械设备的数字化管理水平。

3.5　基于绿色施工的环境因素数字化管理

目前对绿色施工的定义是在工程施工过程中，采用各类技术手段，实现工地现场节能、节地、节水、节材和环境保护，有效降低工地现场资源消耗和环境污染水平。绿色施工是可持续发展理念在工程施工中全面应用的体现，但在传统施工模式下，绿色施工多数采用人工盯防、污染源定期化验的管理形式进行，不仅需要耗费大量人力、物力，又难免出现管理上的漏洞，使得大多数项目上绿色施工变成口号，无法得到有效实施。为解决人工管理的问题，需要引入数字化管理技术，首先，在工程项目策划阶段，可利用基于BIM技术的模型分析方法建立项目的多维度模型，结合各项环境因素对施工过程进行绿色施工优化，进而编制最优的绿色施工方案；其次，在工程项目实施阶段，可基于物联网传感技术实时获取环境数据，与绿色施工需要达到的预期阈值相比对，当发生实时数据超出阈值现象时，即采用自动化控制设备实现环境因素智能管控。通过基于BIM模型分析方法的绿色施工优化，以及环境监测、环境控制等措施，形成了全方位的"四节一环保"施工优势，对于绿色施工理念的落地有重要的推动作用。

3.5.1 工程策划阶段的环境因素数字化管理

在工程策划阶段，基于BIM技术，建立数字化模型，综合各类环境因素进行有效的模型分析和方案优化，可在施工过程节能、节地、节水和节材等方面带来巨大的价值。

1. BIM技术在节材上的应用

采用BIM技术，可以解决机电管线的碰撞问题，避免资源由于碰撞问题而产生浪费。机电管线碰撞是安装工程施工时影响现场进度的主要因素，严重影响了施工作业的顺利进行。管线碰撞形式主要包括不同专业工程的交错管线布置、预埋管件定位及安装是否符合设计要求等，考虑到机电管线较为密集、排布复杂的特性，在进行施工设计过程中，各个专业间往往缺乏有效沟通，是导致出现碰撞的关键原因。采用传统CAD制作二维图纸，无法形象标志出管线碰撞情况，不能有效地预先处理管线碰撞问题，大量管线穿插作业问题常常发生，造成返工与材料浪费的现象时有发生。而BIM技术所具有的协调性功能便能够对这一问题加以有效地解决，施工技术人员可通过模型软件自动找到各专业碰撞问题点，再进行碰撞点的二次优化设计，同时，可以优化管线排布路径和排布进度，使后施工管线不受到先施工管线的空间限制，避免二次返工。

采用BIM技术，可以使进度、材料和资源等得到合理配置等。集合时间维度，可建立四维施工过程模型，充分考虑时间维度的影响：现场施工是动态过程，材料堆放、资源利用都受到时间进度安排的控制，提前多久进行材料、资源的采购和安置是关系到工程顺利进行的关键。以BIM模型为核心，参照预期的施工进度安排进行动态模拟，分析每个施工阶段中材料、资源配备是否合理，阶段施工目标是否能够有效达成；在施工过程中，同样可参照已完成的施工进度不断进行后期进度优化设计，从而使整个施工过程始终处于良性循环迭代状态，使资源、材料利用与施工过程的推进能够呈现相辅相成的局面。

采用BIM技术，可以模拟混凝土工程施工，降低混凝土工程材料成本。首先，在钢筋用量方面，可以在模型中实现钢筋接头率的深层优化，针对模型中的钢筋进行钢筋量统计，进行与设计用量的比较分析；根据对应钢筋型号优化搭接方式，确定采用焊接或机械连接方式，以达到节省钢筋的目的。其次，在混凝土用料方面，采用模型中统计出的混凝土用量，可以对现场的实际施工作业量进行控制，找出节约混凝土材料的措施。第三，在模板使用方面，通过模型中对主体结构施工进度、工序的分析比对，可增加周转率较高的钢模板使用量，减少常规木模板的应用，进一步减少工程模板投入成本，提高工程建设效率。

2. BIM技术在节地上的应用

在建筑施工过程中，通常需要对基坑进行大面积的开挖。传统粗放式的开挖方式通常是基于平面图及开挖方式来大致确定需要开挖的土方量，对自然环境中的土体扰动较大，甚至会对周边的建筑物或者原有的市政管线造成不利影响。基于BIM技术，可预先根据施工进程计算各个施工阶段的土方开挖量，进而根据场地布置安排情况构建土方开挖的动态模拟模型，如图3-23所示；基于建成的场地布置动态模

图3-23 施工场地布置动态模型

型，可对施工作业现场仓库、加工厂、作业棚、材料堆放的排布情况进行优化，尽量做到靠近已有交通线路，最大限度地缩短运输距离，使材料能够按工序、规格、品种有条不紊地进入施工作业区。

3. BIM技术在节能上的应用

采用BIM技术，可对施工现场的临时照明设备进行光照和位置优化。基于BIM技术体系内的光照优化软件，可在三维场景中分阶段模拟局部和全局的照明情况，并根据光照分析结果、现场施工光照最低要求、光污染控制要求等对原定照明布置方案进行优化，其优化方法有增减照明布置点、移动照明设备位置、更换照明设备型号以增减单个设备光照强度和关照范围等。光照分析能够有效降低现场光照能耗，使得临时用电额度控制在阈值以下，对于工程环保和成本控制有重要意义，但同时，光照分析亦能够通过合理优化，使得施工期间现场光照正常满足施工要求，减少由于夜间施工照明局部区域不足引发的安全隐患。

亦可利用太阳能发电技术，通过BIM模型预先对项目所在地进行光照分析，策划出最优的太阳能面板布设方式。所采集的太阳能可对办公区域及走廊、施工现场的路灯进行照明。这既保证了夜间照明，促进安全生产，又对于绿色施工节能减排有实质的意义。

4. BIM技术在节水上的应用

传统施工临时用水管网主要依据工程施工内容及现场临时需求进行随机布置，这就导致了工地现场临时用水管网布置较为混乱，存在重复布网及水资源浪费严重等问题。在引入数字化技术后，可通过BIM模型实现对施工现场中的临时用水管网的优化布置，减少管网重复布置量，提升管网循环使用效率；同时在废水、雨水回收和重利用方面，可通过BIM技术进行废水回收、雨水回收系统的设计，与各层级的废水、雨水管网有效衔接，并将其转化后的清洁水作为进出场车辆冲洗用水、卫生间用水、道路清理用水等，尽可能提升非传统水的利用能力，最终实现废水、雨水等的合理利用，达到节约水资源的目的。

3.5.2 工程实施阶段的环境因素数字化管理

施工现场主要环境污染源包括扬尘污染、噪声污染、光污染、水质污染、固体垃圾污染、辐射物体污染等，但目前环境影响效应最大且普遍存在的三个主要污染源为扬尘污染、噪声污染和光污染。基于数字化技术手段，打造抑尘喷雾控制系统和声光控制系统等，可对三大污染源进行有效控制。

1. 扬尘污染数字化管理

扬尘污染采用抑尘喷雾控制系统进行管理和控制。系统一般可由四部分组成，包括数据采集层、数据传输层、指令控制层、喷雾系统层等。其中，在数据采集层，现场可布置$PM_{2.5}$传感器、PM_{10}传感器、温湿度传感器、风力风向传感器等，并将传感器连接到采集模块，进行原始环境的数据采集；在数据传输层，将现场采集模块采集到的数据通过无线方式上传至管理平台，管理平台可以部署在云端服务器或现场服务器；在指令控制层，基于管理平台上获取的数据情况及分析结果，发出指令对现场的喷雾系统进行控制；在喷雾系统层，系统由各类喷头和高压喷雾设备组成，负责抑尘喷雾颗粒的生成。典型的抑尘喷雾控制系统如图3-24所示。

由于抑尘喷雾控制系统的应用环境是建筑施工现场，考虑到施工环境变化多端的特点，系统应重点考虑设备尺寸、安装便利性、智能控制的准确性、喷雾效果优劣等问题。

首先，喷雾设备的尺寸和安装必须考虑移动性和安装便利性。设备应便于移动，并具有方便拆卸安装的性能，实现设备的高效充分利用。施工现场常见的喷雾设备多采用快接式安装方式，喷雾管线和喷头的安装和拆卸均可通过插拔完成，大大提高了喷雾设备的使用效率，使其能够广泛应用于多变的各类施工环境下。

其次，喷雾设备喷头应具备多种喷洒方式，满足各等级抑尘要求。可重点从喷雾距离长短、喷雾颗粒大小、喷雾扩散面积、喷雾形状等方面进行优化，使喷头的

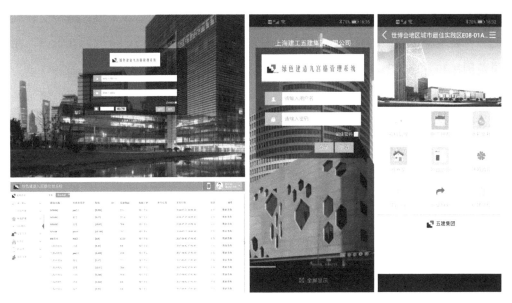

图3-24 抑尘喷雾控制系统

喷雾能力与现场扬尘污染抑制要求相匹配。

最后，控制系统应采用智能化、数字化的控制方式。施工现场可采用完全手动控制、根据现场的传感器信号反馈进行自动智能控制两种方式进行控制指令切换。

2. 噪声和光污染数字化管理

噪声和光污染数字化管理主要通过声光控制系统进行有效管控。与扬尘污染不同，噪声和光污染较难在出现问题时进行有效控制，而应当采取管理措施进行预防，其本质上仍是管理流程的数字化。噪声和光控制系统既可以进行集成开发，也可以单独进行开发。

针对光污染，可通过技术手段对现场光照系统、设施设备进行改造升级，再建立光照设备设施管理平台，采取自动化控制手段进行光照开关的智能化控制。光照设备设施管理平台进行自动化控制的依据包括两个方面，其一是基于BIM模型进行的光照方案优化结果；其二是通过现场光照传感器采集到的光照数据。一般情况下，可在BIM模型分析出的各大光照区域分别安装光照传感器，当发现光照传感器出现数据异常时，则结合施工情况进行开关部分光源的远程控制。施工现场使用的光照传感器多采用壁挂式或立杆式，其选型参数指标需考虑响应时间、测量范围。

针对噪声污染，由于施工现场的噪声污染主要来自于施工的一些大型设备，而这些设备的消音改造或处理较为困难，所以对于噪声污染控制最好的方法是通过管理手段严格控制设备的使用情况、调配设备的使用计划等。通过数字化技术手段，在噪声较大区域安装噪声监测传感器，并建立噪声污染控制管理平台，结合监督机制，可实现噪声污染的有效控制。现场使用的噪声传感器一般响应时间在2s内，测量范围在30~130dB，分辨率在0.1dB左右。

在噪声监测数据基础上，平台应根据实际监测值对噪声设备施工时间、施工区域进行优化，如尽量避免大量高噪声设备同时施工。通过合理布置施工现场和施工进度，一方面尽量把施工任务安排在日间，减少夜间作业计划；另一方面尽量在施工现场少出现大量高噪声设备聚集区域，使得局部噪声能够控制在合理阈值范围内，而对位置相对固定的机械设备，可设置在隔声棚内或在设备外侧布置临时隔声屏障，降低其噪声水平。

针对噪声设备，经过厂家标定以及现场噪声传感检测后，建立施工设备噪声管理数据库，尽量选用低噪声设备，严格避免高噪声不合格设备进场使用；基于施工方案，开发噪声计算算法，可计算出当日施工噪声理论值，供施工方案优化参考。

针对噪声污染主要因素——重载车辆，平台应关联施工现场进出口地磅系统，根据进出口数据，进行车辆的进出管理，尽量减少运输车辆夜间的运输量；进行每日进出车辆的数量统计和轴重统计，分析降低噪声的方法；运输车辆在进入声环境敏感区域后，由噪声监测传感器监测噪声数据，如噪声超限，要采取措施，如通知降低车速或对其进行处罚。

第 4 章

建筑部件数字化
加工与拼装技术

4.1 概述

建筑部品和部件数字化加工与拼装是数字化施工的关键技术之一。基于数字化模型，采用自动化生产加工装置、装备对建筑部品和部件进行加工与拼装，可大幅提高生产和施工效率与质量。首先，精密的加工装备可对所需生产的建筑部件进行自动控制，使得制造误差相对较小，提高了生产效率；其次，对于建筑中所需的预制混凝土及钢结构构件，均可实现异地加工，而后运输至工地现场进行拼装，大大缩短了建造工期，建造品质可控。本章将重点阐述钢筋、预制混凝土构件、钢结构、幕墙、机电安装管线等数字化加工与拼装技术研究与应用情况，可为工程建造过程中的建筑部品与部件数字化生产和施工提供参考和指导作用。

4.2 钢筋数字化加工与拼装技术

钢筋加工是混凝土结构施工的重要环节，特别对于标准化的预制混凝土部件。现阶段，预制混凝土构件加工厂广泛应用了钢筋自动化加工设备，可对钢筋的调整、剪切、弯曲及绑扎等工序进行自动加工，生产效率与加工精度比传统手工加工方式均有很大的提高。基于BIM的钢筋数字化加工和拼装技术路线如图4-1所示。首先根据施工图纸完成钢筋BIM建模，然后基于BIM生成钢筋加工单，最后通过钢筋加工设备与BIM

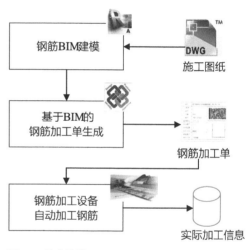

图4-1　技术路线

软件接口，实现钢筋成品数字化加工和拼装。不同类型的钢筋采用的钢筋加工设备差异性较大，本节将结合实际案例介绍成型钢筋数字化加工技术、钢筋网片数字化加工和拼装技术以及钢筋骨架数字化加工和拼装技术。

4.2.1 钢筋数字化建模技术

钢筋数字化建模，是指根据钢筋设计图纸应用BIM软件建立钢筋BIM模型，并进一步对钢筋BIM模型进行碰撞检测、优化调整等，以达到零碰撞的BIM深化模型。目前，主流的钢筋建模模型软件包括Tekla、Allplan、Revit、Bentley Rebar等，其中钢筋建模工具一般采用具有普及性与经济性的Revit软件建模。本章以Revit为例介绍钢筋BIM建模方法，然后介绍以Navisworks为例的钢筋碰撞检测和绑扎模拟优化方法。

1. 钢筋BIM建模流程

钢筋BIM建模是钢筋数字化加工的重要基础和前提，模型的质量和精细度直接影响钢筋的加工精度，进而影响后续的钢筋绑扎和成品质量，因此满足BIM模型建模深度需求。

依据《建筑信息模型施工应用标准》，钢筋BIM模型的建模深度应达到LOD500级别，包含全面的钢筋几何信息和属性信息，及构件中预埋波纹管、预埋件、吊点等模块的位置参数信息。其中，钢筋信息具体包括：

（1）几何信息：钢筋直径、钢筋弯折形状、钢筋各段长度、钢筋弯钩形式、钢筋弯钩长度。

（2）非几何信息：钢筋型号、强度等级、钢筋螺纹形式、钢筋布置形式及数量。

基于Revit的钢筋BIM建模包括准备工作和钢筋建模两个阶段：①准备工作为钢筋BIM模型建立的重要基础，包括读图、设置钢筋参数、创建钢筋主体以及创建剖面等步骤；②对钢筋进行建模，包括选择工作平面、设置箍筋参数、设置钢筋形状等步骤。

2. 钢筋碰撞检测

BIM软件建立的钢筋BIM模型内部还存在诸多碰撞问题，如钢筋与钢筋之间的碰撞问题、钢筋同预埋件之间的碰撞问题、钢筋的保护层厚度问题，如不加以解决，将影响钢筋加工的成品质量。

基于fbx格式文件可以稳定地将Revit创建的钢筋模型导入Navisworks软件，并结合工程经验和知识设置碰撞检测条件，如考虑到钢筋的保护层厚度而设置的公差值，最终得出钢筋BIM模型的碰撞报告，如表4-1所示。在Navisworks软件中可以通过三维视图查看碰撞的详情，如图4-2所示。

图4-2　碰撞监测三维查看

序号	位置	样例图片	情况说明
1	加载端③号筋		本例中按照设计图纸布置7根，但部分钢筋露出混凝土，且不能箍住内部钢筋。遇到这种问题，应该修改钢筋数量还是需改钢筋间距？（上下两端位置的箍筋按保护层厚度往下调整，箍筋数量尽量不变）
2	底座①、①c号筋		上下钢筋搭接问题。本例中二维图纸未考虑钢筋的空间尺寸，建模的时候需要将上下钢筋错位一个直径的间距
3	底座拉筋①d		拉筋的搭接处理。本例中按照图纸设计，拉筋纵向长度应为560mm，但弯钩处与上下筋碰撞。是否增大长度以避免碰撞？增大长度会使算量也增大。可以增大避免碰撞（深化与翻样的前后）

通过碰撞报告，可检测分析钢筋设计存在的冲突问题，包括钢筋之间、钢筋与预埋件、构造筋、吊点等的空间冲突，将产生的碰撞问题反馈给Revit软件，并对设计问题进行优化，保证钢筋BIM模型不存在任何形式的碰撞，提高了后续自动化加工生产的质量，并有效减少了后续绑扎过程中的二次加工。

3. 钢筋绑扎模拟

对于大型复杂构件，譬如预制盖梁、梁柱节点，其内部钢筋类型和数量较多，导致非专业工人无法快速且高效地进行钢筋绑扎，往往会影响到钢筋的加工生产效率。通过Navisworks模拟钢筋的绑扎过程，详细地描述钢筋绑扎的各个环节及其使用的钢筋加工类型，为其加工提供可视化的技术交底。对于相同类型的预制构件钢筋绑扎工艺，可进行多次模拟、分析与优化等过程，以提高工作效率，如图4-3所示。

4.2.2 钢筋数字化模型与加工设备的接口技术

钢筋数字化模型与加工设备的接口，可根据钢筋在BIM模型中钢筋尺寸、类型等信息，生成加工设备认识的钢筋加工单，导入钢筋加工设备，支持数字化加工和拼装。

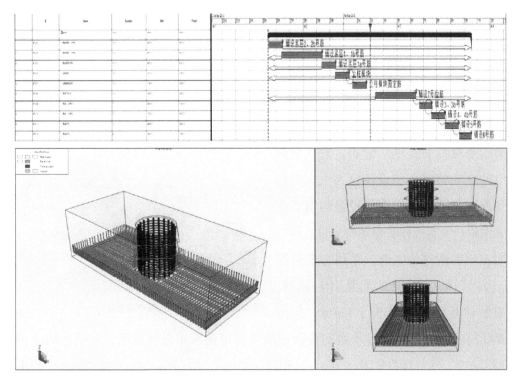

图4-3　钢筋绑扎模拟

通过Revit插件将钢筋信息导出为BVBS格式（主流的钢筋信息描述格式）加工单，如图4-4所示，包括各种类型钢筋的详细信息及对应二维码。二维码为根据钢筋类型、直径、尺寸等信息生成的BVBS字符串转换而成，包含加工所需的所有精确信息。钢筋自动加工设备通过扫描相应二维码即自动读取钢筋信息，控制钢筋加工设备进行钢筋的精准加工。

项目	嘉闵高架路及地面道路新建工程JMB2-4标
订单号	8
序号	1
代号	×××
客户	JMB2-4项目部
使用部位	JM75立柱
构件编号	7765
构件数量	20
构件名称	××钢筋
钢筋直径	8
构件名称	三级钢筋

图4-4　钢筋的二维码加工单

BIM软件插件也可以生成Excel格式的钢筋信息表单，支持共享钢筋BIM模型中的钢筋信息，如图4-5所示。

4.2.3　成型钢筋数字化加工技术

1. 成型钢筋自动化加工设备

目前成型钢筋自动加工设备较多，可适应不同直径范围、不同精度要求、不同

C	D	E	F	G
钢筋编号	钢筋直径	钢筋等级	数量	几何描述（bvbs）
0	16	HRB400	3	Gl526@w270@l1514@w270@l526@w0@
1	16	HRB400	3	Gl129@w270@l1514@w270@l129@w0@
2	16	HRB400	3	Gl34@w293@l74@r40@w293@l464@w315@l57@r40@w315@l52@w0@
3	20	HRB400	3	Gl140@w315@l71@r-50@w315@l1452@w270@l512@w270@l1510@w270@l1452@w315@l71@

图4-5 导出钢筋信息文件

类型原材料的要求。譬如，意大利进口的MEP钢筋弯剪设备分为大直径棒状钢筋弯剪设备和小直径盘圆钢筋弯剪设备。大直径棒状钢筋弯剪设备可以加工预制构件的主筋，单线弯曲范围$\phi10\sim\phi28$，双线弯曲范围$\phi10\sim\phi20$，钢筋切断测量误差为±1mm；采用

图4-6 大直径棒状钢筋弯剪设备

棒状材料，损耗率大。小直径盘圆钢筋弯剪设备采用盘圆钢筋，单线弯曲范围$\phi8\sim\phi16$，双线弯曲范围$\phi8\sim\phi13$，钢筋切断测量误差为±1mm，损耗率小，特别适合用于加工箍筋，如图4-6所示。

此外，还有三维钢筋弯折机，用于生产三维钢筋。该设备通过机械的夹紧、送筋机构采用系统联动控制，可实现三轴同时运动，解决一般的钢筋加工设备无法加工生产三维异形钢筋的问题。

2. 钢筋数字化加工工艺

钢筋数字化加工基于BIM的钢筋数字化加工和信息集成技术，如图4-7所示。首先根据BIM模型生成二维码格式钢筋加工单，应用钢筋自动化加工设备的二维码扫描枪批量录入钢筋信息；然后加工设备根据钢筋信息自动选择原材料，完成钢筋弯剪操作，形成纵筋、箍筋等半成品，实现数字化加工；最后，将二维码加工单绑在钢筋半成品上作为后续交付、仓储的身份牌，支持通过扫描身份牌监控和管理钢筋的加工流程。通过网络传输，把钢筋原材料信息反馈到BIM模型之中，形成集成化的钢筋原材料信息；采用二维码作为加工单中的钢筋成品身份牌，用于加工完成后的储运物流及交付过程监控。当钢筋交付时，通过扫码形成钢筋订单交付记录，自动在线支付凭据，实现在线支付和成本管理。

3. 应用案例

（1）嘉闵高架北二期工程

钢筋数字化加工技术在全预制嘉闵高架北二期工程进行了成果应用。首

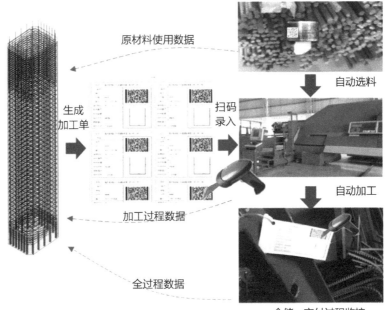

图4-7 钢筋数字化加工及过程信息集成技术原理

先，使用Revit软件分别建立钢筋BIM模型，包括承台、立柱和盖梁等构件。通过Navisworks进行碰撞检测、长度分析和空间位置分析；并与设计图纸进行比对，纠正其中不合理之处，最终完成钢筋BIM建模。随后利用自主开发的Revit插件，导出钢筋翻样单和下料单，如图4-8所示。通过对比BIM导出的加工单与人工制作加工单发现，两者基本保持一致，有力验证了该技术路线的可行性。然后工人直接扫描，通过扫描钢筋加工单上的二维码信息，快速录入钢筋信息到加工设备，实现钢筋数字化加工。与传统人力加工相比，该技术减少钢筋加工过程中30%的人工操作工作量，提高工作效率20%。通过实物对比，发现加工完成的钢筋尺寸、形状与BIM模型中的钢筋一致，误差在2mm以内。

钢筋设计图中尺寸					钢筋Revit模型中尺寸							
编号	略图	钢筋直径	每根长	根数	类型	A	B	C	R	钢筋直径	每根长	根数
1		32	7526	22	1	336	6918	336	0	32	7478	22
1a		32	6920	22	1a	6900	0	0	0	32	6900	22
1b		32	均3340	6	1b（2600）	336	2632	336	0	32	3192	2
					1b（2800）	336	2832	336	0	32	3392	4
2		32	3526	64	2	336	2918	336	0	32	3478	64
2b		32	1640	4	2b	336	1032	336	0	32	1592	4

图4-8 钢筋BIM建模与人工翻样结果对比

（2）上海主题乐园度假区装配式塑石假山

三维成型钢筋数字化加工技术在上海主题乐园度假区（图4-9）复杂艺术造型假山施工中进行了深度应用。该项目因其造型复杂、游艺设备穿梭其中、游客安全范围保证等多方面客观因素，必须保证工程假山的设计精细和施工精确。对于度假区造型假山，由于其外形多变且制作精度要求高等，需采用先进的数字化建造工艺，即小样阶段、数字化模型阶段、模型处理阶段，以及产品生产阶段，如图4-10所示。

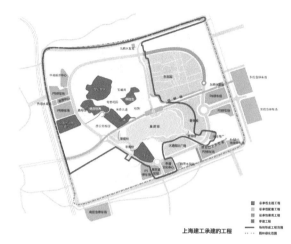

图4-9　上海主题乐园建设场地周边环境示意图

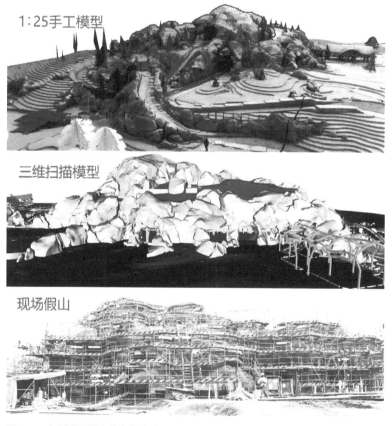

图4-10　主题乐园假山数字化建造过程

以梦幻城堡区以及七个小矮人矿山飞车区为例，介绍主题乐园假山钢筋网片应用情况。401梦幻城堡区的假山在梦幻世界园区中的大致方位在梦幻城堡周围。外部假山分为六个分区，各分区的具体方位如图4-11所示，局部假山俯瞰图见图4-12。

选取采用半自动化的预制网片加工模式，通过三维钢筋弯折机直接将模型信息转化为实体材料，保证预制工程假山网片的质量、精度，如图4-13所示。在工厂制作过程前，假山模型由"网片"精度级被进一步深化至"钢筋"精度级，即每一根钢筋都会被赋予其特定的三维造型及编号，如图4-14所示。这些数据会被导入三维钢筋弯折机进行自动生产。生产的每一根钢筋都会被贴上自己特定的二维码标签，并以网片为单位成捆堆放。

对于复杂艺术造型假山，钢筋网片安装必然涉及脚手架与临时工作平台铺设的穿插作业。为避让主体结构，且为网片安装工作及后续的假山喷浆雕刻提供操作面，需借助信息化技术进行脚手架及施工平台的深化设计，并进行假山施工过程与脚手架搭设全过程模拟，提前解决两者空间冲突问题（图4-15、图4-16）。

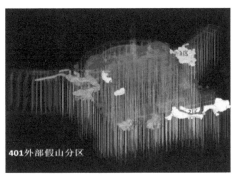

图4-11　梦幻城堡外部假山分区图

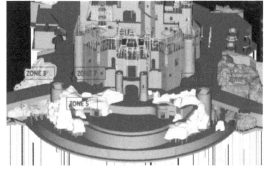

图4-12　梦幻城堡假山俯瞰图（BIM模型）

图4-13　钢筋网片焊接成型

图4-14　复杂艺术造型假山钢筋网片编号

图4-15 假山钢筋网网片安装图

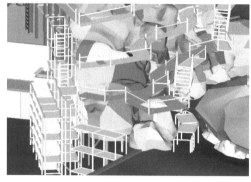

图4-16 假山钢筋网片安装脚手架与施工平台深化

4.2.4 钢筋网片数字化加工与拼装技术

1. 钢筋网片加工设备

钢筋网片具有标准化程度高、应用广泛等特点，采用钢筋网片焊接机加工生产具有自动化程度高、产量大、精度高、调整方便等优点，已广泛应用于高速公路、地铁、桥梁、机场、隧道、堤坝等工程。

钢筋网片焊接机主要由放线架、导线架、纵筋在线矫直装置、纵筋牵引装置、储料架、纵筋步进送料装置、焊接

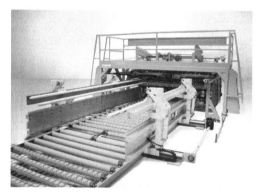

图4-17 钢筋网片焊接机

主机、横筋自动喂料装置、网片剪切机、网片收集装置、网片输送轨道等组成，如图4-17所示。钢筋网片焊接机采用横筋自动喂料系统，无需人工，可实现连续性准确地喂料；纵筋步进送料装置方便调整纵筋间距，适用于多种规格网片焊接；焊接机器人对钢筋骨架进行自动焊接；成品网片收集装置由收缩轨道、机械手、升降轨道组成，可实现网片自动码垛，放置整齐，生产效率高。

2. 加工工艺

按照设计要求，将纵向和横向钢筋以一定间距垂直排列，在交叉点焊接连接在一起的钢筋网片称为钢筋网片焊接。由导线架和纵筋在线矫直装置控制纵筋的调直，并由纵筋步进送料装置精准控制纵筋的送料，由横筋自动喂料装置控制横筋的位置精准投放，再由焊接主机对横纵筋交叉点进行自动化焊接。钢筋焊接网纵横向间距精确，受力均匀，钢筋网品质可控，节约钢筋材料，

缩短了建设周期。

3. 应用案例

钢筋网片数字化加工技术在南翔陈翔路预制装配式住宅工程进行了应用。应用过程中，通过Revit建立预制混凝土楼板的钢筋BIM模型，并导出为钢筋加工单，包含纵筋和横筋钢筋型号、直径、长度等。钢筋网片焊接机扫描二维

图4-18　加工完成的钢筋网片成品

码标签后自动获取钢筋加工单信息，自动选择相应的钢筋作为加工用纵筋和横筋，根据加工单信息自动完成纵横筋的间距调整，并完成纵横筋交叉点焊接。整个过程无需人工干预，具有效率高、误差低等特点，如图4-18所示。与传统人力加工相比，有效减少钢筋加工过程中30%的人工操作工作量，提高工作效率20%。

4.2.5　钢筋骨架数字化加工技术

1. 钢筋骨架自动加工设备

钢筋骨架对主筋位置和箍筋之间的间距精度要求非常高，然而传统的施工制作方法并不能满足如此高精度的需求。通过控制钢筋骨架自动焊接设备的转速等参数，可以保证箍筋间距的稳定性和准确性，且能够有效保证焊缝的质量。目前广泛应用于大型桥梁、高速铁路、高速公路建设等领域的灌注桩施工中。

钢筋骨架自动焊接设备主要由固定旋转盘、移动旋转盘、焊接主机、箍筋送料装置、盘圆调直装置等设备组成，如图4-19所示。钢筋骨架自动加工设备可实现自动上料；箍筋无须搭接，降低施工成本；焊接机器人对钢筋骨架进行自动焊接。

图4-19　钢筋骨架滚焊机设备

2. 加工工艺

钢筋骨架数字化加工集主筋定位、盘圆调直、箍筋缠绕及二氧化碳保护焊、整体成型于一体，数控操作。在钢筋骨架加工时，主筋从固定在旋转盘的相应模板圆孔穿至移动旋转盘的相应孔中，后进行固定，先把盘筋的一端焊接在一根主筋之上，再通过固定旋转盘及移动旋转盘转动把绕筋缠绕在主筋上，最后进行焊接，最终形成钢筋骨架产品。

3. 应用案例

钢筋骨架数字化加工技术在全预制嘉闵高架北二期工程进行了应用。应用过程中，通过Revit建立钻孔灌注桩钢筋骨架的BIM模型，并导出为钢筋加工单。钢筋骨架加工设备通过扫描二维码标签后自动获取钢筋加工单信息，然后自动选择相应的钢筋作为加工用纵筋和箍筋，并根据其加工长度和箍筋间距完成纵筋的截断、箍筋的盘绕和焊接等操作，如图4-20所示。与传

图4-20　加工完成的钢筋骨架成品

统人力加工相比，有效减少钢筋加工过程中30%的人工操作工作量，提高工作效率20%。

4.3　预制混凝土构件数字化加工与拼装技术

4.3.1　可扩展式模台的预制构件数字化加工技术

1. 生产线布局

可扩展式模台的预制构件数字化生产线如图4-21所示，该生产线具有布局灵活、适应性强的特点，生产线可按产能需求逐条投入。预制构件数字化加工生产线主要以智能化设备为主，在预制构件实际生产过程中，各种设备之间协同作用，控制预制构件的整个生产过程。

2. 数字化生产线设备

基于固定模台生产方式，结合流水线中高效的单元设备，通过在轨道自行移动，使得这些设备在固定模台上进行工作，这样就形成了一种全新的生产方式：模台不动（但可侧翻），清扫划线机、物料输送平台小车、混凝土布料机、移动式振

图4-21 可扩展模台预制构件数字化生产线

动及侧翻小车在轨道上往复直线移动，生产线与线之间有中央行走平台装置将各个移动设备进行转运，实现构件在生产线上柔性生产。

（1）生产轨道及固定模台

生产轨道在非固定生产模台上完成，铺设于固定模台底部及两侧，每条纵向生产线总共六排轨道，用于运输主要生产设备及辅助装置。生产模台固定于支撑脚上，生产模台处于非固定状态（无焊接固定），在可运行的翻转支架上经行翻转，如图4-22所示。

图4-22 生产轨道及固定模台

（2）清扫划线机

清扫划线机由龙门式结构拓展单元、纵向行走机构、安全装置、布模区划线装置、划线装置电控单元、无线电控制单元、双集电器单元、识别单元等组成。预制构件模具在固定模台上拼装前，可利用清扫划线装置对底模进行清扫处理，保证底模干净无垃圾残留，如图4-23所示。

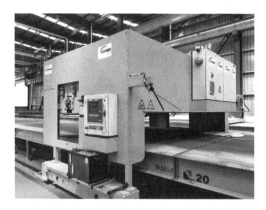
图4-23　清扫划线机

图4-24　物料输送平台小车

（3）物料输送平台小车

物料运输平台小车由小车、龙门式结构、行走运行机构、安全装置、电控单元等组成。龙门式结构是管型钢焊接的坚固结构，可在其上安装行走装置、带制动功能的安全装置。桥式结构带升降装置，可移动边模，升降装置的吊钩可起吊边模，用电线盒手动控制。悬臂吊可旋转角度180°，如图4-24所示。

（4）中央行走平台装置

中央行走平台装置又称摆渡装置，包括平台和运行导轨，通过电动凸缘轮驱动，集成的锁定装置可固定在传送装置上的准确位置。手动遥控操作，用于连接两条纵向轨道，把设备通过一条轨道运输到另一条轨道，此装置只可横向移动，达到指定轨道时，两侧通过液压油泵锁定，防止设备发生错位沉降，如图4-25所示。

（5）桥式混凝土料罐

桥式混凝土料罐是轧制钢材制成的坚固焊接结构，带活动底板的料仓，可用液压缸装置将其打开。主要由桥式结构、横向驱动锁定装置、纵向行走机构、横向行走机构、光栅发射器、集电轨、进给导轨、双集电器单元、料罐电控单元、导轨轧制钢材托梁等组成。直接连接混凝土搅拌楼，通过无线控制系统进行发料，启动此装置将运输混凝土至指定的模台，如图4-26所示。

（6）混凝土布料机

混凝土布料机根据制作预制构件强度等方面的需要，在钢筋笼绑扎、预埋件安装及验收完成后，通过桥式混凝土料罐将混凝土运输至指定模台倒入混凝土布料机，把混凝土均匀地浇洒在底模板上由边模构成的预制混凝土构件位置内，过程可控。该混凝土布料机为数控型布料机，可通过重量和路径测量系统布料，由

图4-25 中央行走平台装置

图4-26 桥式混凝土料罐

纵向行走系统、龙门架结构、横向行走系统、料罐、料罐提升单元等组成,如图4-27所示。

(7)移动式侧翻及振动设备

模台侧翻和振动装置是集模台侧翻装置和模台振动装置于一体的移动式设备,并采用无线控制形式,当混凝土浇筑和构件脱模起吊时,该装置移动到模台下面使模台进行振动和侧翻。侧翻模台装置是在预制构件脱模起吊时,采用液压顶升侧立模台方式脱模,将载有预制构件成品的模台翻转一定角度,使得预制构件成品可以非常方便地被起吊设备竖直吊起并运输到指定区域,大幅提高了起吊效率,如图4-28所示。

(8)旋翼式抹平设备

为了让预制构件加工制作后的表面光滑平整,需采用旋翼式抹平设备,该装置配有垂直升降机精细抹平装置,该装置配有一个整平圆盘(用于粗略抹平)和一个

图4-27 混凝土布料机

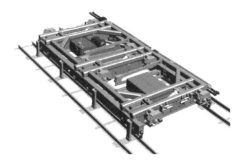

图4-28 移动式侧翻及振动设备

翼型抹平器（用于精细抹平），并自带水平矫正板精细抹平装置，其作用为配合外部振动，在生产中会根据需要将混凝土层振动密实后，再进行精细化抹平。旋翼式抹平装置采用无线电控制系统，由可在 X、Y、Z 三个方向上移动的电机传动装置驱动，如图4-29所示。

图4-29 旋翼式抹平装置

3. 预制构件数字化加工及无线控制

预制构件生产时，通过各设备之间的联动性及无线控制，数字化加工步骤如下所示：

操作人员将生产图纸导入控制系统→操作人员向清扫划线装置中输入目标模台编号→中央行走平台装置将物料输送小车移动至目标轨道→隐蔽工程验收→中央行走平台装置将移动式侧翻及振动设备移动至目标轨道→通过旋翼式抹平装置对预制构件的上表面进行抹面→料输送平台装置将拆除的模具吊放至下一目标模台。流程如图4-30所示。

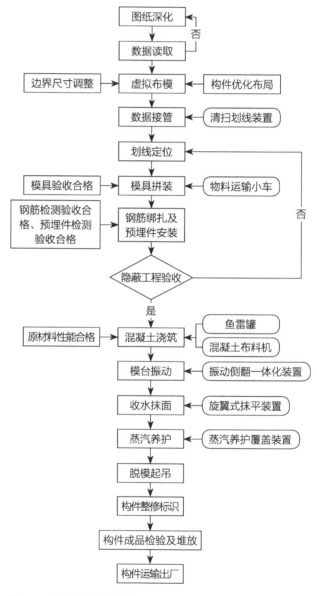

图4-30 数字化生产线流程

4.3.2 移动式模台的预制构件数字化加工技术

随着建筑科技的不断推进，预制构件工业走向自动化，移动式模台逐渐取代了传统固定式模台。

数字化移动式模台预制构件加工系统是一个由多个数控单元构成的数控系统集合，一个成熟的数字化移动式模台预制构件加工系统包括数字化构件成型加工系统、数字化钢筋加工系统、数字化模板加工系统。数字化构件成型加工系统是整个系统的核心板块，移动模台又是实现构件流水线加工成型的关键技术，工位系统、模具机器人、绘图仪、中央移动车、混凝土运输配料系统、托盘转向器、表面处理技术、蒸养加热设备、卸载臂和运输架及出库系统是构件实现数字化生产管理的重要设备构成。

1. 移动式模台生产线结构形式与数字化系统架构

（1）系统架构

移动模台由钢平台、移动轨道、支撑钢柱、主动轮装置和从动轮装置构成，钢平台由钢板和框架角钢焊接制成，在矩形的钢板底部设有四根框架角钢组成的矩形框架，在框架角钢和钢板形成的敞开空间内，沿横向焊接有支撑角钢，沿纵向焊接防变形角钢；端部的支撑钢柱分别处于行车的作业范围内，如图4-31所示。

装置包括电动机、减速器和动力滚轮，电动机和减速器连接在一起布置在支撑钢柱的内侧边靠近顶部的位置，连接减速器的动力滚轮设在支撑钢柱的顶部，动力滚轮的边缘与移动轨道的底部接触，动力滚轮由橡胶材质制成。位于端部的装有主动轮装置的支撑钢柱底部均设有防震弹簧。主动轮装置分别设置在两侧对应的两个支撑钢柱上，被动轮同样装置在支撑钢柱上；钢模台卡在钢柱上的主动轮装置和从动轮装置上，如图4-32所示。

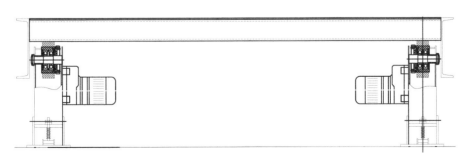

图4-31　平台装置图

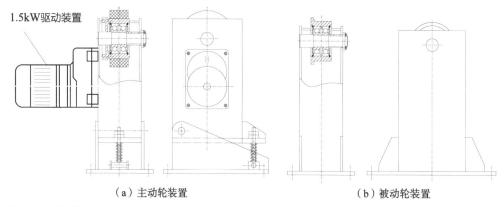

1.5kW驱动装置

（a）主动轮装置　　　　　　　　　　　（b）被动轮装置

图4-32　平台装置细部图

移动式模台生产线采用平模传送流水法进行生产，由水平钢平台和钢轮滚动系统构成，同时配有其他数字化操作设备协同工作。PC流水线为多功能PC构件生产线，必须能同时生产内墙板、外墙板、叠合楼板等板类构件（厚度≤450mm）。PC流水线集PC专用搅拌站、钢筋加工两大原材料加工中心于一体，主要由中央控制系统、模台循环系统、模台预处理系统、布料系统（图4-33）、养护系统（图4-34）、脱模系统六大系统组成。

在生产双层墙时，有必要将被硬化的上表面旋转180°，通过新浇筑的下表面进行定位和下沉。托盘换向器是实现墙体构件表面旋转的设备，通过转向器专用伸臂梁锁定并运送托盘实现其换向。托盘换向器分为定托盘换向器或吊顶式托盘换向器两种，如图4-35所示。

（2）分项工序

预制混凝土构件自动化生产线还需必备以下分项程序生产线：模板加工生产线、钢筋加工生产线（图4-36）。预制构件全自动化流水生产线的钢筋生产线设备包括数控钢筋切割机、弯箍机、焊网机、数控钢筋调直机，切割机主要对钢筋进行

图4-33　艾巴维布料机

图4-34　蒸养仓

图4-35 托盘转向器

（a）全自动钢筋折弯机　　　　（b）钢筋网片折弯　　　　（c）自动化钢筋铺设设备

图4-36 钢筋加工设备

规定的尺寸切割，弯箍机用于制作梁柱板等箍筋，结构紧凑并且功率强劲，用于生产直径在5～16mm的钢筋弯箍和板材操作简单，具备集成的高级控制系统，性能和精度较高。

2. 移动式模台数字化制造工艺

（1）外墙板生产工艺流程

台模清扫→自动喷洒脱模剂→标线→安装边模→安装底层钢筋网片→安放预留预埋件→检查复查→第一次浇筑、振捣→安装保温板→安装上层钢筋网→安装连接件→第二次浇筑→振动赶平→进入预养护窑（预养护2h）→抹光作业→送入立体养护窑（养护8h）→拆除边模→立起脱模、吊装→运输到成品堆放区→修饰并标注编码。

（2）内墙板生产工艺流程

台模清扫→自动喷洒脱模剂→标线→安装边模→安装钢筋网片→安放预留预埋件→检查复查→浇筑、振捣→振动赶平→进预养护房（预养护2h）→抹光作业→送入立体养护窑（养护8h）→拆除边模→立起脱模、吊装→运输到成品堆放区→修饰并标注编码。

（3）叠合楼板生产工艺流程

台模清扫→自动喷洒脱模剂→标线→安装边模→安装钢筋网片→安放预留预埋件→检查复查→浇筑、振捣→静停→拉毛作业→送入立体养护窑（养护8h）→拆除边模→吊装→运输到成品堆放区→修饰并标注编码。生产线结构如图4-37所示。

4.3.3 长线台的预制构件数字化加工技术

目前，长线台主要用来生产预应力空心板（SP板），在生产SP板的实践中充分体现了长线台法的灵活性，不像传统预制板受建筑模数限制，可任意切割。在生产预应力空心板的长线台座上，通常使用的成型机械有挤压机和行模机两种设备。挤压机是将干硬性混凝土通过机器中的若干个螺旋杆将混凝土拌合料均匀地输送到空心板的每个部位，在芯管振动器、螺旋挤压及表面振动器的联合作用下，使空心板密实成型、效果显著。行模机是通过液压马达或电动机进行驱动而自行运动实物，由上、中、下三层储料斗构成，每层分别采用偏心捣实杆或振动靴子

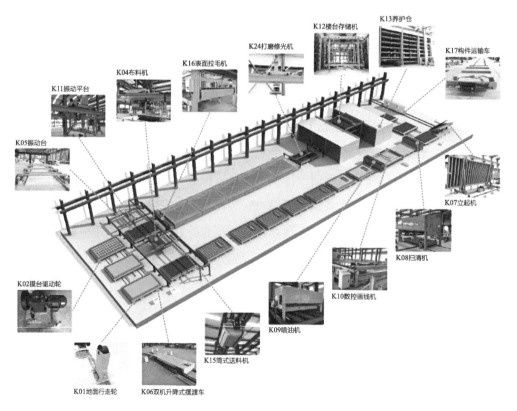

图4-37 生产线结构

进行混凝土密实，芯模一般分成两组，相对相互搓动，最后利用表面振动器将表面振实、抹平，挤压法与行模法相比是一种投资较省、资金回收快的生产方式。

1. 工艺流程

长线台生产预应力空心板的主要流程如下：预应力钢绞线布置在台座上按规定进行张拉→SP板挤压成型机就位→挤压出底板、板肋和面板捣实混凝土孔心成型→板边嵌锁式键槽成型→抹平挤压成型机退出作业。浇筑好后的空心板在生产台座上保持养护一段时间，当达到一定的程度后，即可进行叠层生产，或进行切割，后将空心板移出台座。具体的操作步骤如图4-38所示。

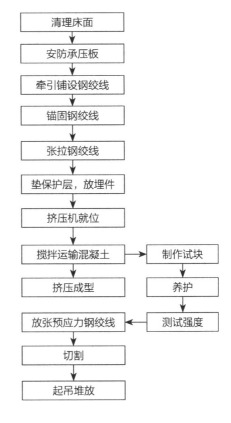

图4-38　长线台制作SP板流程图

2. 应用现状

自20世纪50年代开始，美国SPANCRETE机械就不断实践和创新，研制出世界领先的空心板生产工艺和生产线——干硬性混凝土冲捣挤压成型生产工艺。该生产线可长达数百米，生产线依次配备有放线设备、挤压成型设备、切割设备、吊装设备、牵引小车、张拉机、桥式起重机、搅拌站、叉车、装卸机、平板车、龙门吊、吊架，该生产线可连续大批量生产SP板，无需模板，不需蒸汽养护，一次成型。同样，芬兰的X-TEC公司生产线自动化程度高，损件少，成型速度快，维修保养方便，生产工艺配置先进，公司拥有最新的多项专有技术，其技术也在国际处于领先水平。该生产技术钢筋采用低松弛、高强度钢绞线，使用坍落度为零的干硬性混凝土拌合料，所生产不同厚度的空心板其水泥用量仅为12%～15%，水灰比为0.3，无需任何外加剂，具有密实度高、强度好、混凝土对钢绞线的握裹力、负载能力等优点。芬兰X-TEC挤压机控制系统如图4-39所示。

目前，我国的建筑工业化正在蓬勃发展，预应力空心板的应用无论从结构强度方面，还是从施工便利角度都符合现代建筑发展的趋势，即快速、美观、节能、环保。采用长线台法生产制作预应力空心板技术成熟，板的整体质量可得到较好的保证。为响应国家发展建筑工业化的号召，上海部分企业采用国际先进设备生产SP板，其优势得到较好的体现。

图4-39　预应力混凝土空心板生产线

4.3.4　预制构件数字化拼装技术

1. 数字化拼装发展现状

数字化模拟预拼装[3]在我国的研究应用起步较晚，且大都针对单个工程进行应用，基本的应用思路也较为相似，一般是先基于图纸设计建立模型实体，通过测量实际构件的控制点获得实测模型，然后在局部坐标系下对实测模型与实体模型进行对比，检查并修正其制造精度，最终对组装匹配实测模型，获得实测模型整体坐标系下各控制点的坐标并与理论值进行对比，用以判别构件是否可以拼装以及是否需要对其进行修改调整。这种预拼装思路主要存在的缺陷为：（1）通常测量采用全站仪，精度较低，自动化程度有限；（2）现阶段国内工程设计领域的设计成果主要采用二维CAD图纸，需另外建立预制构件的三维模型，增加了数字模拟预拼装的工作量；（3）由于可能存在的制作误差，导致测量得到的构件特征点一般不能与理论值完全对应；（4）一个工程中，构件可能有成千上万个，特征点数量巨大；（5）对于预拼装结果不能够可视化显示，直观度较差；（6）目前的数字化应用通常是基于物理测量数据输入计算机后进行的，还未形成真正意义上的配套数字化测量方法及相应软件。

2. 数字化拼装应用技术

数字化拼装技术通常需应用BIM[4]技术、RFID[5,6]芯片技术、ERP[7]系统以及MES[8]系统这4种信息化技术，基于BIM模型的准确性，通过ERP系统实现预制构件生产信息的集成，通过MES系统实现向上对接工厂生产车间，同时利用芯片共享信息的优势，将信息化管理向施工现场延伸，甚至实现全生命周期的信息化管理，可有效提升工程建设工业化建造及管理水平[9]。

（1）建筑信息模型（BIM）

以建筑工程项目的各项相关信息数据作为模型的基础进行建筑模型的建立方式称为建筑信息模型（Building Information Modeling，BIM），模型具有模拟性、协调性、可视化等优点。在预制混凝土构件厂进行预制构件加工制作时，利用BIM技术对构件所具有的真实信息进行虚拟仿真三维可视化设计，对各类构件进行三维建模、翻样、碰撞检查等工作。

1）构件深化设计时，运用BIM技术进行构件编号、节点细化、信息模型制作、钢筋翻样、加工图信息表达等工作。由于BIM模型具有关联实时更新性，当对模型之中的数据进行修改时，相应的整体建筑预制关联的其他信息都会同步修改，这样可避免传统手工绘图时因修改出现错误、遗漏的问题。当BIM模型建成后，操作人员根据实际需要导出构件剖面图、深化详图以及各类统计报表等，使用方便，如图4-40所示。

2）构件模具设计时，运用BIM技术进行钢模模型制作、钢模编号、加工图信息表达等工作。BIM三维可视化技术模型能够显示预制构件模具设计所需要的三维几何数据以及相关辅助数据，为实现模具的自动化设计提供便利；此外基于预制构件的自动化生产线，还能实现自动化拼模，如图4-41所示。

当进行预制构件下料加工时，应用BIM技术把三维数字化语音转换成加工机器语言文件进行数字化生产，可实现构件无纸化制造。将BIM模型中的构建信息导入服务器，生成自动化生产线能识别的文件格式进行生产，并利用模型信息，可实现拼模的自动化。此外在构件深化设计中，还可利用BIM对构件进行配筋碰撞、预埋件碰撞等检查。通过BIM技术，使不同专业的设计模型在同一平台上交互，实现不同专业、不同参与方的协同，大大提高了预制构件加工效率。

（2）RFID芯片技术

射频识别技术称为RFID（Radio Frequency Identification），是一种线电波通信技术，其特点为通过无线电波不需要识别系统与特定目标之间建立接触就可以识别特定目标并显示相关信息。

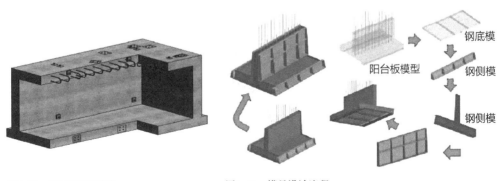

图4-40　BIM中构件建模　　　　图4-41　模具设计流程

图4-42　传统形式RFID芯片

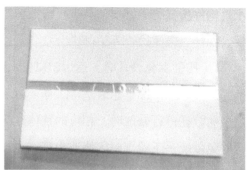

图4-43　当前使用RFID芯片

传统形式的RFID芯片（图4-42），通过预埋基座，后插入芯片封装，价格较高，安装也比较麻烦；目前常用的信息卡（图4-43）类似于"身份证"，是比较实用的一种RFID芯片形式，信息卡在构件加工任务单形成时即可制作打印，并在构件制作时埋入，卡面包含构件加工单位、加工类型、时间及所在项目等信息，便于工人操作，价格低廉。

混凝土预制构件生产企业生产的每一片预制构件可通过RFID芯片，追溯其生产时间、生产单位、库存管理、质量控制等信息。另外，还可把在RFID芯片中记录的信息同步到BIM模型中，以方便操作者通过手机等设备实现预制构件生产各环节的数据采集与传输。

（3）ERP系统

企业资源计划称为ERP系统（Enterprise Resource Planning），指基于信息技术基础，通过BIM、计划管理系统及芯片内集成数据的结合，实现混凝土预制构件生产企业整条生产链（包括项目信息、生产管理、库存管理、供货管理、运维管理）的预制构件信息化集成管理。

（4）MES系统

制造执行系统称为MES系统（Manufacturing Execution System），该生产信息化管理系统面向制造企业车间执行层。利用RFID芯片技术，混凝土构件生产企业可以把MES系统与ERP系统连接，记录每一块PC构件基本信息，并在平台上实现信息查询与质量追溯，提高平台自身在PC产业的权威性和专业性，为政府监管单位提供实际抓手。

工厂利用MES系统按照公司ERP系统反馈的生产计划，完成每日生产计划安排，包括每日从系统内调取当日生产计划，打印对应编号的RFID芯片，准备生产备料。

在预制构件加工过程中，通过登录MES系统进行各生产环节的信息记录，并与ERP系统进行联动，实现数据信息共享。在预制构件存储管理过程中，按照ERP系统制定的库存管理信息进行构件堆放，出库时扫描芯片，并将信息同步录入两个系统中。

3. 数字化拼装工艺流程

（1）预制构件生产阶段

在预制构件生产时，将RFID标签安置于构件上（图4-44）。具体步骤为先将RFID标签用耐腐蚀的塑料盒包裹好，再将其绑扎于构件保护层钢筋之上，最后随混凝土的浇筑永久埋设于预制构件产品内，其埋设深度即为混凝土保护层厚度。生产日期、生产厂家和记录产品检查记录等基本信息录入RFID标签中。在标签信息录入时，根据预制构件生产过程分阶段（混凝土浇筑前、检验阶段、成品检查阶段、出货阶段）导入标签信息，后上传到服务器，完成录入，如图4-45所示。

（2）预制构件运输阶段

混凝土预制构件运输过程[9]是工厂生产的构件运送到施工现场进行装配的过程。管理人员利用装有RFID读写器和WLAN接收器的PDA终端，读取RFID中预制构件基本出厂信息，以便核实配送单与构件是否一致，编写运输信息，生成运输线路，并连同安装GPS接收器和RFID阅读器的运输车辆信息一并上传至数据库中，以便构件与运输车辆相对应，通过GPS网络定位车辆，便可同时获得构件的即时位置信息。

（3）预制构件进场堆放阶段

在堆场中设置RFID固定阅读器，当构件卸放至堆场后，读取每个构件信息，将

图4-44　RFID标签绑扎

图4-45　PC构件数字化管理平台

构件与GPS坐标相对应。在规划阅读器安装位置时，应考虑阅读器的读取半径，以保证堆场内没有信号盲区，实现构件位置的可视化管理。

（4）预制构件安装阶段

在预制构件安装时，因每个构件都同时携带与其对应的技术信息和RFID标签，安装工程师可依据技术信息和RFID标签信息，将构件与安装施工图一一对应。在每道工序结点完成后，通过读写器将安装进度和安装质量信息写入RFID标签，并通过网络上传至数据库中，如图4-46所示。

质量检查人员和安装工程师也可利用PDA及时掌握RFID标签中的进度和质量信息，当工人完成构件安装后，工程师将构件的实际安装情况与技术图纸相对比，重点确认构件的浇筑情况、临时支撑情况、连接节点处情况等，以便对构件安装进度、安装质量进行评估，如图4-47所示。

构件管理方面结合BIM技术和物流管理理念，针对现场施工进度情况，对预制构件的信息化管理进行探索，搭建一条看不见的生产线，如图4-48所示。

图4-46 构件安装阶段

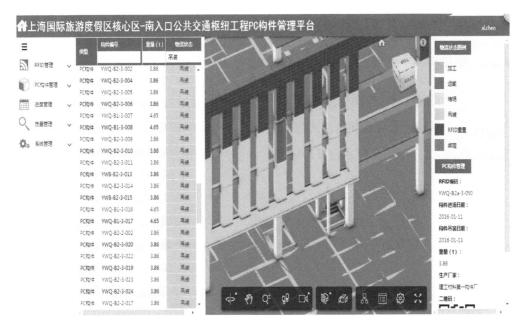

图4-47　工程实例PC构件项目检索管理

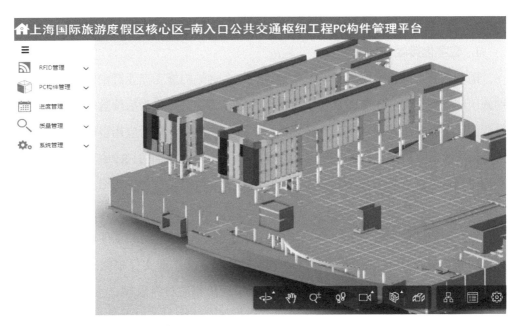

图4-48　工程实例PC构件管理平台

4.4 钢结构数字化加工与拼装技术

4.4.1 钢结构数字化加工技术

钢结构制造业引入智能化设备和信息管理系统，通过将计算机资源管理系统ERP与智能制造系统和设计系统高度集成，将设计信息自动转化为采购信息、库存信息和加工信息（图4-49），可大幅提升生产效率、产品合格率和资源综合利用率。

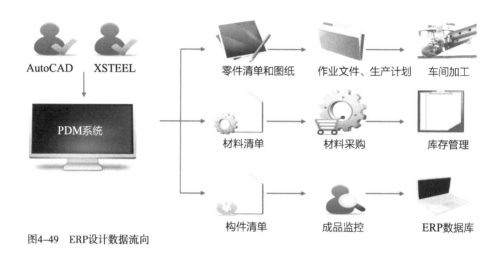

图4-49　ERP设计数据流向

1. 数字化排版

随着数字信息技术的发展，深化设计在整个钢结构施工产业链中已经不单单起到施工图和钢结构施工之间载体和纽带的作用，而是已经成为后续数字化加工的信息源。数字化排版首先基于深化设计进行三维实体建模，然后应用自行开发、能与内部ERP数据库对接的PDM系统导出零件清单和零件图，通过ERP中项目原材料数据库寻找最匹配、料耗最经济的钢板，自动生成材料限额单和排版图。限额单用于材料发放，排版图用于指导下料，具体操作流程如图4-50所示。

钢结构数字化排版工序包括：①在深化设计确保模型准确和零件信息完整的前提下，从Tekla软件中导出零件材料清单和零件图；②作业文件根据工艺要求加放制作余量；③根据作业文件数据在ERP系统中开出相应材料限额；④Sigma软件套料，导入零件图数据；⑤调整切割零件工艺尺寸（加放引入引出线）；⑥导入零件清单数据；⑦排版套料；⑧自动生成NC切割程序；⑨生成套料图，导出排版图以及切割指令用于加工。

2. 数字化节点零件加工

节点零件的加工质量直接影响后续的构件组装质量，采用数控等离子或者火

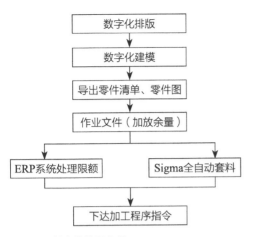

图4-50 数字化排版流程

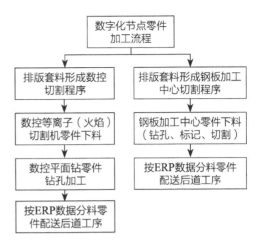

图4-51 数字化节点零件加工流程

焰切割设备进行节点板的下料,能将节点板的切割精度控制在0.5mm以内,为后续的节点板钻孔及组装奠定基础;采用数控平面钻进行节点板的钻孔加工,不但能提高钻孔效率,而且能确保钻孔精度。数字化节点零件加工流程如图4-51所示。

钢板加工中心是集零件钻孔、打码、切割为一体的高效数字化加工设备,在零件的数字化加工中,主要应用于异形带孔零件的加工,如图4-52所示。

3. 数字化型材加工

随着钢结构建筑向标准化和产业化方向发展,H型钢、圆管和方管等型材的使用率逐渐增多。H型钢数控三维钻、数控带锯和数控相贯线切割机等部件数控加工设备应运而生,这些数控设备具有精度好、效率高、操作便捷、易于流水化大生产等特点,在现代化钢结构加工企业中得到广泛运用。钢结构数字化型材加工流程如图4-53所示。

图4-52 钢板加工中心

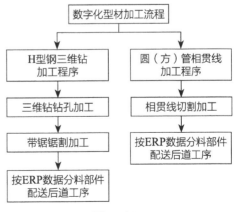

图4-53 数字化型材加工流程

H型钢数控生产流水线操作流程如图4-54所示，主要包括：①从模型导出H型钢的NC原始数据；②对NC原始数据进行整理、拆分和余量设置；③使用数控三维钻对H型钢进行打孔并标记切割基准线；④使用数控带锯按照标记的基准线切断型材。

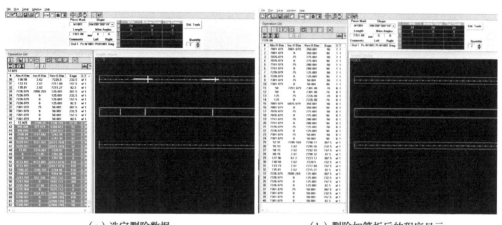

（a）选定删除数据　　　　　　　　　（b）删除加筋板后的程序显示

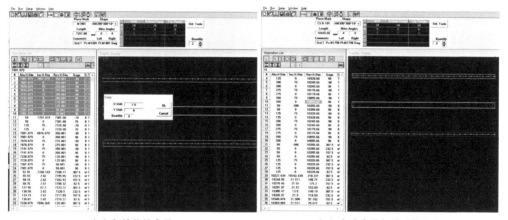

（c）加放收缩余量　　　　　　　　　（d）完成余量加放后的程序

（e）三维数控钻床读取程序并钻孔　　　（f）数控带锯切断加工

图4-54　H型钢数控生产流水线操作流程

4.4.2　钢结构数字化拼装技术

数字化预拼装是指通过三维检测设备采集实物构件结构点位、几何尺寸、三维面域等相关信息，经相关软件处理形成实体模型，该模型与设计模型对比分析，再把相邻两个或多个构件的对比分析结果进行同坐标系下误差分析，得出构件单体误差以及构件间的相对误差的数据处理与分析。由于该过程中需采集、分析三维数字化信息，且省略了实体预拼过程，所以也称虚拟预拼装。

数字化预拼装技术通过计算机中钢结构构件的数学模型与实物生产构件的检验检测结果进行虚拟对比拼装，将复杂单构件的检验和多构件的虚拟拼装替代了传统的实物现场拼装过程，不仅提升了拼装检验效率，而且降低实物拼装所消耗的厂地、设备、人员、工期、材料等相关事项的成本。

1. 工艺流程

在三维分析软件中以单个构件模型建立实物建造时的局部坐标系，测量数据与模型数据对比，得出局部坐标系下的偏差；将多个构件的分析结果导入模拟预拼软件中，软件自动将局部坐标系转化为设计坐标系，同时每个构件的局部坐标系偏差也相应地转化成设计坐标系下的偏差，最终得到相邻构件间同一测量点位相对偏差，即模拟出建造构件拼装时的实际误差。其流程如图4-55所示。

目前钢结构行业内较成熟的检测设备主要有全站仪、三维激光扫描仪、近景摄影测量系统等。针对不同检测对象及精度要求选择适合的检测设备。

（1）全站仪能自动地测量角度和距离，并能按一定的程序和格式将测量数据传送给数据采集器，可以将测量数据直接录入计算机处理或进入自动化数据绘图处理系统；与传统方式相比省去了大量的中间人工操作环节，使劳动效率和经济收益明显提高；通过全站仪的机载程序二次开发测量功能，测量人员可以方

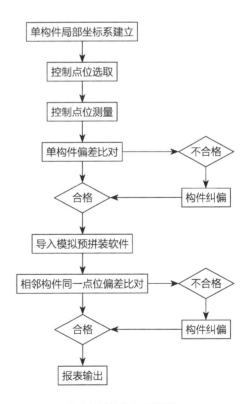

图4-55　大型复杂钢结构数字化预拼装

便地获取构件的空间几何信息，包括空间拟合、坐标转换等算法解算。全站仪三维检测主要应用于结构监测、工业检测、工程测量、地形测绘、隧道工程、铁路工程。

（2）三维激光扫描技术从单点测量进化到面测量，其系统包含数据采集的硬件部分和数据处理的软件部分，在文物古迹保护、建筑、规划、土木工程、工厂改造、数字城市等领域有了很多的应用；应用扫描技术来测量工件的尺寸及形状等原理来工作，主要应用于逆向工程，通过快速测得物体的轮廓数据后进行建构，创建出具有通用输出格式的曲面数字化模型。三维激光扫描主要应用于文物保护、城市建筑测量、地形测绘、采矿业、变形监测、工厂、管道设计、飞机制造、公路铁路建设、隧道工程。

（3）摄影测量具有高精度、自动化、速度快、非接触、便携性、环境适应能力强等特点，被广泛地应用于航空航天、自动化装配、工件变形监测、运动监测、振动测量等技术领域。摄影测量主要应用于航空、航天、通信、造船、重工业、水利水电、汽车工业等诸多工业领域。

2. 应用实例

在钢结构工程检测过程中，往往几种测量手段都会应用到。其中全站仪三维检测作为常规主体检测设备，检测结构点位、几何尺寸等；对于外观、面等逆向工程测量应用三维激光扫描仪；而对于精度要求非常高，达到丝级别的检测对象，可应用摄影测量系统。

下文以上海北横通道ES匝道为例，对钢结构数字化预拼操作流程作详细表述。

ES匝道为一联三跨钢箱梁结构，全长175m，分为4个横向分段，29个纵向分段，共33个分段。现提取ES2-1/ES2-2/ES2-3/ES2-16/ES2-17分段（图4-56）说明钢箱梁数字化预拼装的实施。

典型分段的截面形式如图4-57所示。

为检验各分段（或杆件）在总体尺寸和截面尺寸满足规范要求的前提下，分段（或杆件）之间接口的匹配精度，即接口间隙和错边量，确保现场顺利、准确安装，对分段（或杆件）进行数字化预拼装。通过对不同的数字化预拼装测量设备对比分析可知，全站仪适用于大型构件的空间尺寸检测；三维激光扫描仪更适用于复杂的结构构件检测，并可逆向建模；而摄影测量系统则适用于较小尺寸、精度要求高的构件检测工作。针对ES匝道钢箱梁构件类型及检测要求（对比见表4-2），选择采用全站仪进行测量，其点位检测精度可满足施工要求，且其具有操作简单、自动化程度高等特点，检测效率完全可以满足现场生产的进度要求。

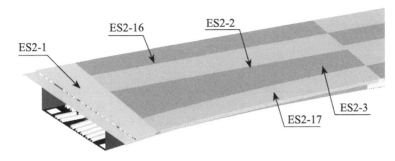

图4-56　ES匝道典型钢箱梁

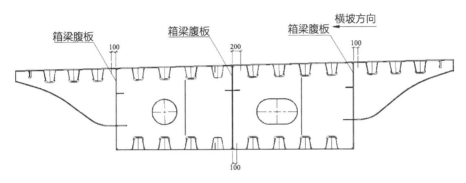

图4-57　ES匝道钢箱梁典型截面

<table>
北横通道项目构件数字化预拼装测量设备选择分析　　　　表4-2
</table>

目录	全站仪	三维激光扫描	摄影测量系统
型号	SOKKIA-FX101	FARO-X130	MPS-S36
实物			
系统精度	测角精度：1″ 测距精度： 棱镜：（1.5+2ppm×D）mm 反射片：（2+2ppm×D）mm 免棱镜：（2+2ppm×D）mm 点位精度：±1mm	测角精度（水平/垂直）： 0.009°/0.009° 测距精度：±2mm 点位精度：2mm	点位精度：5μm+5ppm
检测要求	1. 单构件尺寸长度约20m，高度约2m，宽约3m，共60个点测量点； 2. 检测点位精度要求±1mm； 3. 检测时间效率越高越好		

目录	全站仪	三维激光扫描	摄影测量系统
型号	SOKKIA-FX101	FARO-X130	MPS-S36
检测方案	全站仪结合反射片等测量附件工装现场检测，需两人配合；结合构件尺寸大小通常搬设一站即可，得到待测点的空间三维坐标信息	通过放置拼接靶球，现场架设三维激光扫描仪检测，拟采用1/4扫描密度，单站测量时间20min，需架设5站左右，点云数据在电脑中处理，通过拟合计算出待测点位的空间三坐标	通过强结构点采集工装标靶，提前预制标靶及编码点，测量人员利用相机现场进行数据采集，利用电脑进行数据处理后得到空间三维坐标
检测效率	数据采集：45min（标靶放置和测量同步实施）数据分析：10min共计55min	数据采集：3.5h（点密度1/4）数据分析：5h共计8.5h	数据采集：20min标靶布置：1h数据分析：15min共计1h35min
数据采集方式综述	现场对待测点直接进行数据采集，点位精度±1mm，可以在电脑中快速分析处理得到数据报表，以指导现场快速修正作业	现场测量结束后需在电脑上进行点云数据处理，包括点云数据拼接、杂点剔除、待测点提取及拟合等工作，工作量庞大繁琐，且点位精度较差，为2mm	现场测量结束后，利用电脑进行数据处理，由于单构件尺寸较大所以编码点需密集布设，增大前期工作量，提取到待测点三维坐标后进行数据分析及报表出具

全站仪采集数据时以分段端口主材板角部、主结构安装对接部位、分段端口中间部位、焊接变形易发部位等作为采集点位区域。图4-58、图4-59分别为ES2-1分段和ES2-2分段测量点位示意图。

钢箱梁分段焊接、矫正完成后，使用模拟搭载软件，对分段进行模拟预拼。模拟搭载软件可实现两种搭载关系的连接分析：两个实测点对比和两个实测点误差对比。通过模拟搭载可获得分段偏差状态及整体最佳安装位置姿态，主要用于分段调整、二次划线及避免累计偏差。采用的模拟数据均为分段最后合格分析数据。

数字化预拼装的成果以报表形式呈现，报表制作流程（图4-60）主要包括：①将单个分段焊后最终测控点实测数据导入模拟搭载软件；②将两个分段进行拟合距离绑定，并利用视觉偏移将分段分开，查看分段模拟搭载偏差。X值搭载以ES2-1为搭载基准段、Y值以ES2-2为搭载基准、Z值以整体状态为基准；③如果拟合结果不合理，可利用变换功能进行微调整。以整体主尺度为基准，确认是否

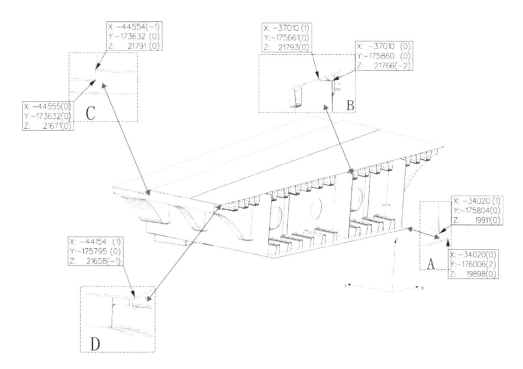

图4-58　ES2-1分段测量点位示意图

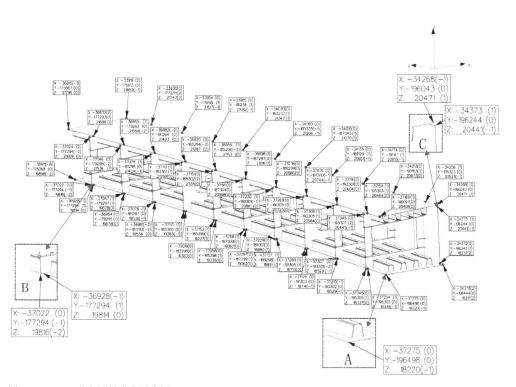

图4-59　ES2-2分段测量点位示意图

进行微调；④数据拟合最佳后，导入2D视图并出具模拟搭载报表。

报表中X值表示横向对接间隙、Y值表示纵向部材对接错位、Z值表示分段水平偏差；X值搭载以ES2-1为搭载基准段、Y值以ES2-2为搭载基准、Z值以整体状态为基准；分段数据绑定后，以整体主尺度为基准，确认是否进行微调。报表显示，X值：右端对接处短3mm，左端对接处长1mm；Y值：部材底部最大错边2mm，顶部最大错位1mm；Z值：顶板最大错边2mm。底板最大错边2mm。模拟搭载报表显示间隙和最大错边量结果均为合格。

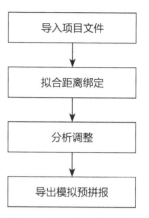

图4-60 数字化预拼装报表制作流程

4.5 幕墙数字化加工与拼装技术

4.5.1 幕墙数字化加工技术

幕墙整体式单元系统在建筑幕墙产业中最具工业化的特质，尤其在工厂制造时更适宜于运用数字化技术实现流水线生产和无纸化加工。整体式单元系统，一般由竖向龙骨、水平龙骨、玻璃面板、不锈钢面板和挂接系统等组成，采用数字化加工技术对材料统计和下单的准确性、数控加工的精度和部件组装的成品检测进行严格控制，再辅以常规的幕墙制作产品质量管控手段，将能够提高幕墙单元系统的产品质量和加工效率。

1. 材料统计和下单

组成幕墙的材料类型广泛，包括石材、玻璃、铝板等面板，轻钢龙骨、铝型材等支撑龙骨，胶条、转接件、结构胶、密封胶等配件附件。幕墙所用材料能够按期配套进厂，是幕墙正常生产的先决条件，影响这一点的因素主要有两个方面：①材料料单确定的速度和准确性；②材料生产商的生产进度。当然这里包括了备料是否充足，对幕墙设计要求是否理解，生产组织是否合理等一系列因素。

传统的模式中，幕墙厂家通常依靠与材料厂家建立的良好合作关系进行质量控制，一些幕墙厂家也会派质检员到供货厂进行现场调度控制，进行发货前检查，缩短不合格产品处理周期，用以缩短施工进度。但这些控制手段并不能从根源上规避问题的产生，尤其是面对工程量大且难度高的项目。

基于工业加工级的幕墙BIM模型（图4-61），通过幕墙板块模型可以直接输出板块数据（图4-62），可以方便地统计出每种规格板块的数量、不同种类的板块、板块内所有不同构件的数量等。可以方便地输出每个板块的细部数据，包括几何数据甚至物理信息数据等。这样可以实现材料生产商与幕墙设计的无缝对接，做到与幕墙深化设计同阶段开展备料以及生产准备等工作，也可通过数据接口的转接，进

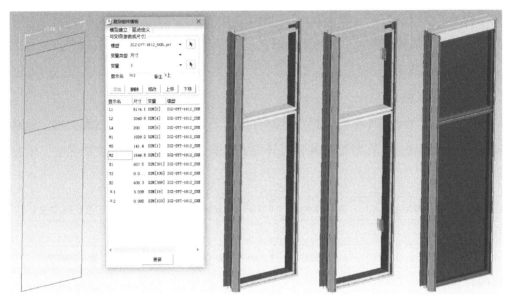

图4-61　建立板块模型

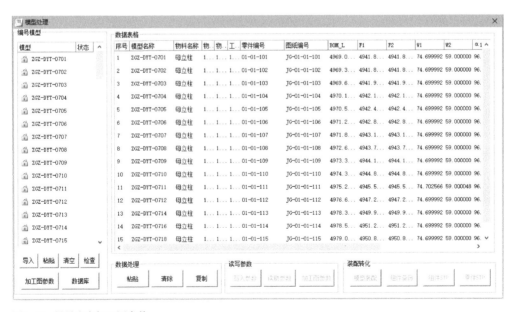

图4-62　批量生产加工图参数

行数字化加工，效率和准确度更高。

2. 数控加工

基于BIM模型的幕墙构件加工也可称之为数控加工，目前主要的实现途径包括直接运用和间接指导两种。直接运用需要有软件支持，如DP、Pro-E等软件，其有着强大的物料管理和良好的数据接口，为从建筑概念设计到最终工厂加工完成全过程提供了完美解决方案。但过程相对复杂，实现难度与成本较高。目前使用较多的基于BIM模型的生产加工仍是从三维BIM模型中导出二维信息，获取数据信息，再通过中间软件转换成数控机械通用的语言，然后进行数控加工，其流程和步骤如图4-63~图4-68所示。

3. 应用实例

在某超高层建筑外幕墙建造中，充分运用了如上数字化加工技术，极大地提高了效率和精确度。在数字化深化设计完成后需要生成幕墙整体式单元加工模型

图4-63　数控加工流程

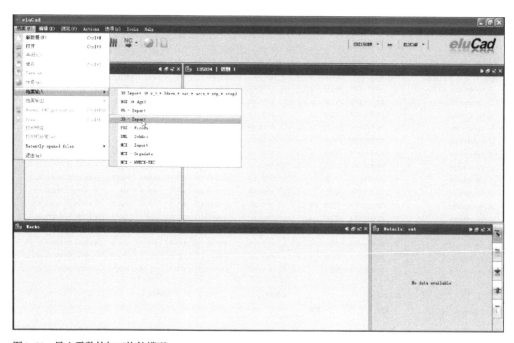

图4-64　导入需数控加工构件模型

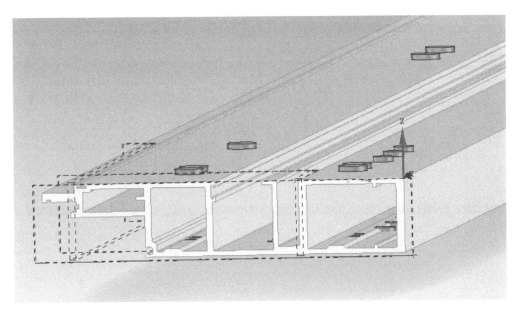

图4-65 统一构件模型与数控设备坐标

Nr.	有效	类型	Prio.	面	X	Y	Z	刀具	F
7	☑ ●	铣圆	0	顶面	1110.56	142.85	0.00	自动	
8	☑ ●	铣圆	0	顶面	308.75	142.57	0.00	自动	
9	☑ ●	铣圆	0	顶面	99.55	142.46	-0.00	自动	
10	☑ ●	铣圆	0	顶面	160.01	35.05	0.00	自动	
11	☑ ●	铣圆	0	顶面	205.01	35.06	0.00	自动	
12	☑ ●	铣圆	0	顶面	250.01	35.08	0.00	自动	
13	☑ ⬩	钻孔	0	底面	79.93	-42.47	0.00	自动	
14	☑ ⬩	钻孔	0	底面	99.52	-42.46	0.00	自动	
15	☑ ⬩	钻孔	0	底面	79.97	-142.47	0.00	自动	
16	☑ ⬩	钻孔	0	底面	4512.54	-142.48	0.00	自动	
17	☑ ⬩	钻孔	0	底面	4521.54	-92.51	0.00	自动	
18	☑ ⬩	钻孔	0	底面	4483.04	-92.51	0.00	自动	
19	☑ ⬩	钻孔	0	底面	4483.04	-142.48	0.00	自动	
20	☑ ⬩	钻孔	0	底面	1173.08	-92.87	0.00	自动	
21	☑ ⬩	钻孔	0	底面	1173.06	-142.87	0.00	自动	
22	☑ ⬩	钻孔	0	底面	1110.58	-92.85	0.00	自动	
23	☑ ⬩	钻孔	0	底面	1110.56	-142.85	0.00	自动	
24	☑ ⬩	钻孔	0	底面	308.75	-142.57	0.00	自动	
25	☑ ⬩	钻孔	0	底面	341.27	-92.59	0.00	自动	
26	☑ ⬩	钻孔	0	底面	99.53	-92.46	0.00	自动	
27	☑ ⬩	钻孔	0	底面	99.55	-142.46	0.00	自动	
28	☑ ⬩	钻孔	0	底面	79.95	-92.47	0.00	自动	
29	☑ ●	铣圆	0	底面	160.01	-35.05	0.00	自动	
30	☑ ●	铣圆	0	底面	205.01	-35.06	0.00	自动	

图4-66 生成数控程序

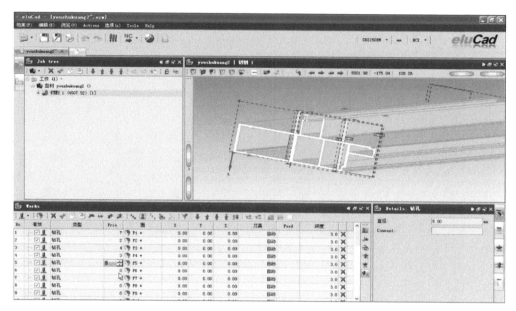

图4-67 优化数控加工顺序

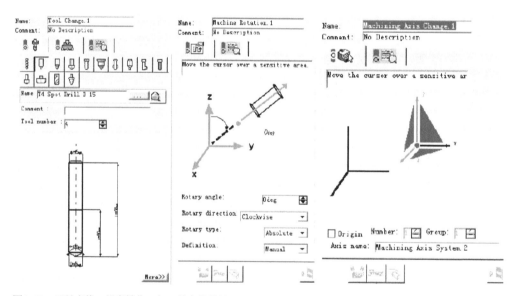

图4-68 刀具变换、机床转位、加工轴变换设置

（图4-69），然后对需要数控加工的型材或面板进行CNC数控数据生成，并利用数控加工中心进行数字化加工，并进行外幕墙型材的数控加工（图4-70）。为了确保加工或组装的构件或单元板的精度，利用数字化测量设备对控制点坐标进行测量，并将数据与理论模型进行比对，合格后方可发货至现场进行安装。幕墙板块组装精度的数字化检测如图4-71所示。

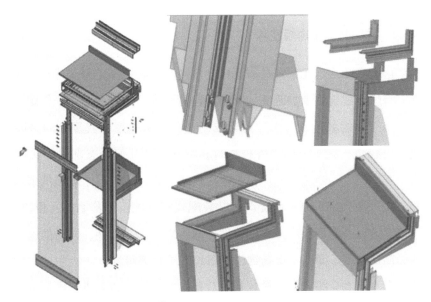

图4-69 外幕墙整体式单元加工模型

图4-70 外幕墙型材的数控加工

图4-71 外幕墙板块组装精度的数字化检测

4.5.2 幕墙数字化拼装技术

幕墙整体式单元系统具有工厂化制造和装配式施工两大优点。①工厂化制造优点：将组成建筑外围护幕墙的材料，包括面板、支撑龙骨及配件附件等，在工厂内统一加工和组装基础。工厂化集成制造可以将体系极其复杂的幕墙简单化、模块化、流程化，在工厂内把各种材料和不同复杂几何形态部件等集成在一个单元体内，整体出厂。当然，工厂化制造对技术和管理也提出了较高的要求，需要从理念和方法上做出相应调整和提高。②装配式施工优点：幕墙单元板块的工厂化制造，可极大地提高现场装配施工的速度，缩短现场施工工期，同时能够同步实现流水线的标准化管理，降低了现场物流组织和施工管理难度。

本节重点介绍数字化拼装技术对幕墙单元板块拼装进行模拟分析，从而改进工艺和提高产品质量。

1. Autodesk Inventor软件平台

Autodesk Inventor软件可以将二维AutoCAD绘图和三维数据整合到单一数字模型中，并生成最终产品的虚拟数字模型，是一套全面的三维机械设计、仿真、工装模具的可视化和文档编制工具集，能够帮助制造商体验数字样机解决方案。在产品实际制造前，借助Inventor软件，工程师可对产品的外形、功能和结构进行验证。通过基于Inventor软件的数字样机解决方案，客户能够以数字方式设计、可视化和仿真产品，进而减少开发成本，提高产品质量。

Autodesk Inventor软件将数字化样机的解决方案带进了幕墙制造领域。采用Inventor软件可以方便地创建单元板块的可装配构件，并运用其仿真模拟工程创建单元板块的装配过程演示。

2. 基于Inventor的模拟拼装技术

基于Inventor软件平台，通过对不同装配方案进行拼装模拟，可以直观地分析判断方案的合理性。同时，通过不同拼装流程和工艺的模拟比较，可优化拼装流程和工艺，大大提升单元板块拼装精度，同时缩短拼装周期。

以某工程外幕墙A1系统标准单元板块为例，通过Inventor对单元板块拼装流程的仿真分析（图4-72），最终将整个外幕墙单元板块拼装流程从121步优化为78步（图4-73）。同时，根据仿真过程中存在的精度不高的隐患，针对性地设计了四种可调节特制安装平台，与流水线配套使用，确保拼装精确到位。

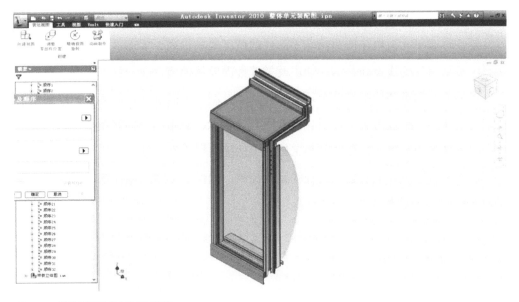

图4-72 拼装模拟的单元板块模型

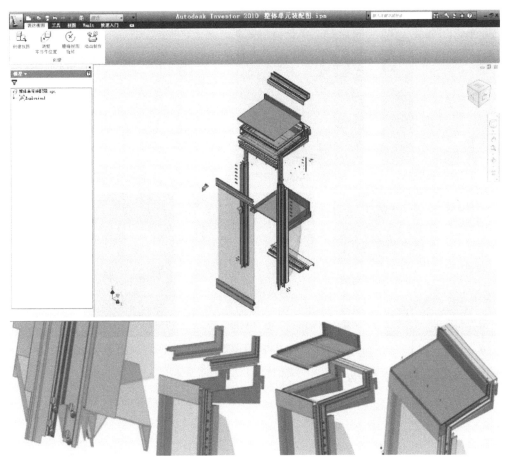

图4-73 单元板块拼装模拟

3. 复杂幕墙的拼装技术

复杂幕墙单元板块往往对特殊零部件的精度要求很高，零部件的误差累积将直接影响板块组装的质量和幕墙功能。此类部件需要从模型创建、料单提取、数控加工、成品检测和拼装模拟等多个环节进行整体控制，才能确保产品质量。以某复杂幕墙的牛腿加工拼装为例，如图4-74和图4-75所示，此带凸台的复杂幕墙单元板中钢牛腿的部件种类繁多，传统的加工技术无法确保精度和工期，采用数字化的加工和拼装技术，通过如上所述全过程的系统控制，确保了牛腿的制作精度，从而确保了单元板块的拼装精度。

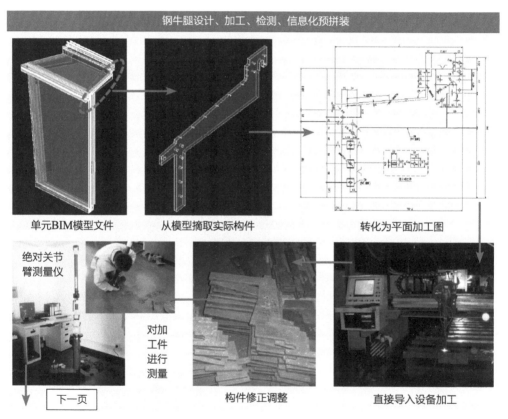

图4-74　钢牛腿模型创建及数控加工

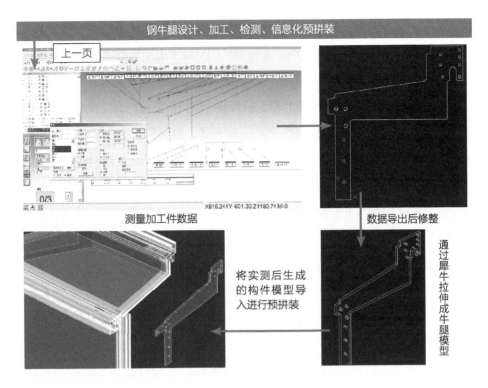

图4-75　钢牛腿数字化检测和拼装模拟

4.6　机电安装管线构件数字化加工与拼装技术

4.6.1　机电安装管线数字化加工技术

我国机电安装行业常年来依靠简单的"人海战术"式的建筑生产模式，因其对人工劳动力严重依赖、简单重复劳动多、科技含量低，使得建筑施工行业作业效率普遍低下、原材料消耗大、环境污染等问题愈发严重。如何扭转当前状态，提升我国机电安装行业整体发展水平和质量，已经成为我们无法忽视的一个重要问题。鉴于此，发展机电安装数字化加工技术，对提升整体机电安装行业的技术水平具有重要意义。

1. 加工范围

数字化加工在生产制造行业已经是非常普遍的一项技术，但对于机电安装行业而言却还处于研究推广阶段。其原因主要是由于传统制造行业加工的产品可以标准模块化制造，同样的东西可以重复生产推广使用，但对于机电安装行业而言，每一项目都是有区别的，不会存在两个完全相同的项目，大量的构架缺乏可复制性。这也是机电安装行业常年处于落后地位的主要原因之一。近几年随着BIM技术的不断扩张，人们重新看到了机电安装行业发展的可能性，BIM技术被视为连接机电安装与数字化加工的技术桥梁。众多的企业开始将BIM技术应用到数字化加工领域中。

但BIM技术并非一项全能的技术，且实现整体数字化加工也并非仅仅依靠BIM就能实现的。因此在结合了实际项目情况后发现，就目前阶段而言，我们还无法实现全专业的数字化加工。我们只能选取一些有一定规律、容易实施的系统，以此作为接入点，从中吸取经验教训，最终实现整体数字化加工的目标。因此现阶段我们的加工范围主要是放在一些大型机房和标准层、设备层区域内。考虑大型机房与设备层的主要原因在于大型机房设备与主干管连接方式相对统一，不会像精装区域一样变化万千，同时大型机房的管道规格较大（图4-76），现场加工工艺无法满足对应的加工需求。而选择标准层的原因则是因为标准层是整个项目中最具标准化、统一化的一个区域，也只有标准层才具有不断复制的可能性，因此标准层的好坏将直接影响到整个项目的优劣。

2. 加工图纸

对于数字化加工而言，加工图纸的精准度是直接决定加工技术成败的关键因素。而传统设计院出具的平面施工图纸由于精度不够只能用于指导现场的安装定位，并不具备指导生产加工的作用。因此要满足生产加工的需求还需要专门的预制加工图纸方能实施。预制加工图纸与传统施工图纸最大的区别在于前者是用于指导产品的生产加工，后者是用于指导现场安装定位，两者的目的与精度要求都截然不同。因此传统施工图纸不能直接作为预制加工图纸来使用，而需要重新绘制专业的加工图纸才能用于后场的材料加工。

完整的预制加工图纸中应包含管道分段图、材料信息表、配件信息表和组装安装图四个主要的部分（图4-77）。管道分段图就是将所有管道按照标准长度拆分后所形成的分段示意图，图纸上应注明每一段管道的具体编号以及连接形式，而材料信息表主要是以表格的形式呈现，内容上包括各管段的编号、名称、大小、长度、

图4-76　BIM技术在上海中心大厦冷冻机房中的运用

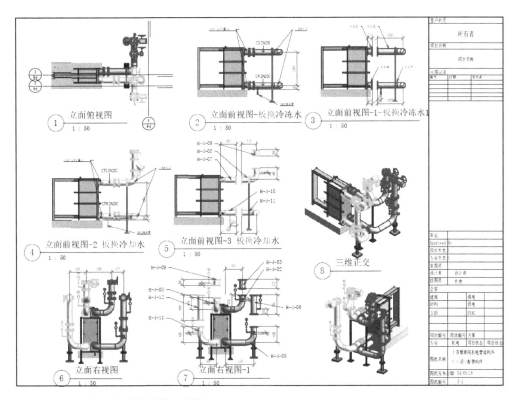

图4-77　Inventor标准层风管预制加工图纸

材料、连接方式、数量等主要信息。配件信息表同样是采用表格的形式，其与材料信息表的主要区别在于前者是用于统计分段管道信息，而后者是用于统计弯头、三通、四通、变径、阀门等管配件信息。配件信息表中包括的主要内容为各配件的编号、名称、大小、材料、连接方式、数量。而将材料信息与管配件信息分开统计的目的在于可以方便后方工厂进行不同材料的加工制作，因为管道加工与管配件的加工分别由两条不同的生产线完成，分开统计可以便于生产线的加工生产。最后的组装安装图则是用于指导现场组装的，因此在组装安装图内需要反映出管道系统的完整走向，有点类似于传统施工图中的机电系统图，与机电系统图的区别在于其中还要标注出所有分段管道及管配件的标号及名称，在这里要重点提一下的就是所有图纸中的编号必须一样，这样才能确保各图纸之间的信息能够统一。

此外，在加工图纸中必须要注明现场实施调整段的位置，现场实施调整段就是解决现场实际安装过程中产生的安装误差而使用的，它的长度是可以根据现场实际测量结果进行适当切割的。而设立现场调整段的原因是因为现场实际安装过程中可能出现的人为操作误差及材料加工过程中产生的生产误差和运输过程中出现的材料变形误差，当这些误差累计到一定程度后就会对现场的安装造成影响，因此需要在一些关键位置设立限产调整段来吸收误差对于现场安装的影响。当然现场调整段的位置需提前与施工人员商讨确认后方能确定。

3. 加工软件

目前市面上的BIM软件有许多，但绝大多数的软件都是用于解决前期设计问题，并不适用于后方的加工生产，且预制加工软件还需与前期的BIM模型相结合，能做到这点的软件就更是凤毛麟角了（图4-78）。在经过了多方的比较和不断尝试之后，我们选用了AUTODESK旗下的一款专业加工软件Fabrication作为实施数字化加工图纸设计的基础软件。选用这款软件的主要原因首先是因为它跟目前市面上最为普及的Revit系列软件是出自同一家公司，两者可以做到无缝衔接，其次是因为这款软件可直接与工厂内的数字加工机床对接，减少了不必要的二道工序。

由于预制加工软件是专门用于工厂加工的，因此它跟普通的设计BIM软件相比有较多的不同之处：①在于图纸的精度上的区别。普通的设计BIM软件主要考虑的是设计的原理及走向，并不能反映不同材料间的连接方式问题，而预制加工软件则能做到在设计管道走向的同时兼顾管道与管道间的连接方式，如当管道与管道间采用法兰连接时，预制加工软件能自动计算对应管道的法兰厚度，并预留法兰连接时所需垫片的距离。同时在计算管道长度时扣除相应的法兰片及垫片的尺寸，实现精细化的长度计算；②分段定义上的区别。普通BIM设计软件在分段定义上不会考虑实际管道的长度，即任何一段管道长度都可以无限延伸，而预制加工软件则考虑了管道的实际长度，及所有管道的长度都无法超越标准长度的限制。也因此才能保

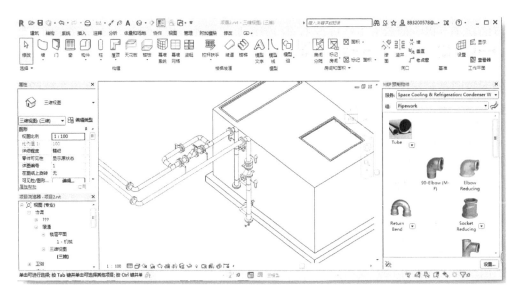

图4-78　预制加工软件的运用

证预制加工的图纸更符合现场实际情况；③出图形式多样性区别。普通的BIM软件只能生成平面图及立面图，无法生产构件的相关加工图纸，预制加工图纸由于是用于产品的加工制造，因此在出图形式上比普通BIM软件更为灵活，除了常规的平面图、立面图之外，还能根据各类构件的区别生成对应的产品加工三视图，加工厂可根据三视图进行构架的加工生产。

4. 效益分析

数字化加工技术对于传统施工而言是一种全新的尝试与创新，与传统现场施工工艺相比，数字化加工工艺能够提高整体施工效率30%～40%，节约现场机械及措施费用10%～20%，节省现场不必要的材料浪费8%～10%。在施工工期方面，通过数字化加工这种创新性施工工艺，可大幅提高现场施工效率，缩短安装工期，且构件预制加工不受施工作业场地的影响。质量方面，数字化加工技术能有效保障现场安装的质量，确保整体管道施工满足设计及施工规范的要求；较之传统做法质量具有显著提升，工厂焊接100%合格，一次性验收合格率100%。

4.6.2 机电安装管线数字化拼装技术

1. 数字化现场结构数据复测

施工现场的结构复测是深化设计的基础，提供准确的现场结构同设计结构数据的误差能减少现场装配安装时碰撞和返工现象的发生。以往结构复测是以纸质图纸数据比对现场测量数据发现误差，数字化现场结构数据复测是以全站型电子测距仪（Electronic Total Station）、三维激光扫描仪等现代化数字测量工具。通过现场图纸或模型的数据提前输入，现场自动测量扫描收集点云数据（图4-79、图4-80），通

图4-79　激光扫描仪现场复测

图4-80　点云数据收集

过专用软件自动比对发现现场数据偏差。通过数据化测量收集的数据真实可靠，避免了人工测量时的操作误差和记录误差。数字化现场结构数据复测的自动数据收集和比对减少了结构数据复测的时间，提高了现场结构数据复测的精度，同时提供了大量的数字化现场测量数据，对提高结构施工精度也有一定的促进作用。

同时，在数字化加工复核工作中可以利用测绘技术对预制厂生产的构件进行质量检查复核，通过对构件的测绘形成相应的坐标数据，并将测得的数据输入计算机中，在计算机相应软件中比对构件是否和数字加工图上的参数一致，或通过BIM三维施工模型进行构件预拼装及施工方案模拟，结合机电安装实际情况判断该构件是否符合安装要求，对于不符合施工安装相关要求的构件可令预制加工厂商进行重新生产或加工。所以通过先进的现场测绘技术不仅可以实现数字化加工过程的复核，还能实现BIM三维模型与加工过程中数据的协同和反馈。

由于测绘放样设备的高精度性，在施工现场通过仪器可测得实际建筑结构专业的一系列数据，通过信息平台传递到企业内部数据中心，经计算机处理可获得模型与现场实际施工的准确误差。通过现场测绘可以将核实、报告等以电子邮件形式发回以供参考。通过实际测绘数据与BIM模型数据的精确对比，并基于差值结果对BIM模型进行相应的调整修正，实现模型与现场实物的一致，为BIM模型中机电管线的精确定位与深化设计打下坚实基础，也为预制加工提供有效保证。此外，对于修改后深化调整部分，尤其是之前测量未涉及的区域将进行第二次测量，确保现场建筑结构与BIM模型以及机电深化图纸相对应，保证机电管线综合可靠性、准确性和可行性。完美实现无需等候第三方专家，即可通过发送和接收更新设计及施工进度数据，高效掌控作业现场。

2. 数字化分拣

管段运至现场后逐一扫描管段上的二维码以核对送货清单的数量及观感质量验收，确认无误后卸车。根据二维码显示的楼层位置进行分拣和场内运输。分拣时应按照二维码信息核对管段的楼层及区域，将同一楼层及区域的管段集中运至相应楼层及区域，核对装配图纸后将管段搬运至指定区域安装。通过二维码的信息收集和整理，完成了进出库台账的自动生成，避免了漏登记和重复登记的情况发生。避免了现场材料分拣混乱情况的发生。

二维码技术的应用，一方面确保了配送的顺利开展，保证现场准确领料，以便预制化绿色施工顺利开展；另一方面确保了信息录入的完整性，从管段的生产到维护的全生命周期，所涉及生产制造到供应链管理等各方面，对技术创新、产业升

项目名称：	浦东机场T3扩建卫星厅项目		
零件名称 Description	空调水管道预制加工组段		
零件号 Part Number	AHU-20-CHS-3/3		
使用地点 Area used	S2-B5-空调机房	包装信息 PKG info	Part5
生产日期 Production Date	2017/11/11	数量 Quantity	1
供应商 Supplier	上海市安装工程集团有限公司		

图4-81 二维码技术在机电数字化中的运用

级、行业优化以及提升管理和服务水平具有重要意义。其亮点还在于二维码技术在预制加工的配套使用中开创了另一个新的应用领域。运用二维码技术可以实现预制工厂至施工现场各阶段的数据采集、核对及统计，确保仓库管理数据输入准确无误，实现精准智能、简便有效的装配管理模式，亦为后期数据查询提供强有力的技术支持，开创数字化建造信息管理新革命（图4-81）。

3. 数字化安装

运用基于BIM技术的深化设计图纸提供的准确数据对现场安装的支架管线位置进行定位，使用红外线激光定位设备对定位进行标注。按设计图集安装管线支架。支架安装时应同步考虑管段的安装方式和顺序。部分支架同时兼备吊装支架的功效，在设计时应一并考虑。将预制管段按装配设计图纸预想的安装流程逐段装配完成。对于调整段进行二次测量，待加工后拼装完成。安装完成后应核对装配设计图纸，并对安装质量外观完整性进行检查，合格后再进入下道工序施工。根据装配化施工的特点，应尽量采用机械化运输及安装模式，结合各类激光红外线定位仪器的使用，加快安装施工的周期，如图4-82所示。

图4-82 BIM模型对实际建造的指导

第 5 章

数字化全过程虚拟及
仿真建造技术

5.1 概述

近年来，我国乃至世界范围内建筑结构体系不断向轻柔化、大型化、复杂化方向发展，这些造型新颖的工程结构施工和安装的难度越来越大，建造过程中存在的不可预测因素日益增多，工程隐患日益加大。在工程施工之前对施工全过程进行数字化虚拟仿真建造，包括结构施工过程力学仿真、施工工艺模拟、虚拟建造等方面，可以提前暴露工程施工过程可能出现的各种问题，为施工方案的确定和调整提供依据，有利于实现工程建设的综合效益最优化。本章重点围绕工程实体数字化建模、基坑地下水环境、基坑变形及环境影响、混凝土裂缝控制及超高泵送、超高建筑结构竖向变形协调、复杂曲面幕墙安装、机电设备等方面，详细阐述了工程建造全过程数字化虚拟及仿真建造技术研究与应用情况。

5.2 构成工程实体的数字化模型建立

5.2.1 构成建筑实体的数字化模型建立

作为建筑信息的载体，数字化模型中融入了建筑物的功能和构造信息，可用于后续的建筑建造和部件组装，实现精细化管理。综合考虑时间、经济、环境等附加维度属性，关键维度数字模型分析方法可实现结构空间设计、功能提升增值、成本控制等方面的仿真模拟。依托数字化模型的数字化建造方法不仅使建造全过程状态直观明了，而且可优化建筑施工工艺，提高施工效率，保障项目顺利完成。

建筑实体的数字化模型以柱、梁、板等建筑构件为基本对象，参数化描述方式是其核心特征之一。一般地，建筑实体模型的建立以实际施工项目为依托，从下往上依次为地基与基础、主体结构和建筑屋面。建筑实体的数字化模型，如图5-1所示，应满足建筑物的功能要求，根据建筑空间布局特征，选择合理的结构形式和施工方案，使其坚固耐久且建造方便。在满足使用要求的同时，建筑物还需要满足美学要求，赋予人们在精神上的良好感受。

建筑实体的数字化模型所包含的信息不仅需与实际建筑信息一致，而且还需充分考虑建筑实体模型与周围空间环境之间的关系建立完整的模型，以便导出多种类型的数据文件与其他软件协同工作。基于数字化模型，技术人员可根据实际需求进行相应的安全、工程量和碰撞等方面的分析以及虚拟和仿真建造，能够解决实际问题以满足项目的需求。建筑实体模型是项目的主要模型，在后期应用中至关重要，

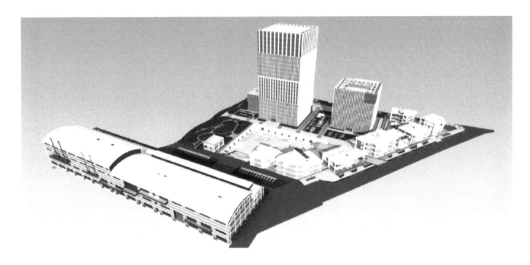

图5-1 建筑实体模型图

其建立过程主要包括以下三方面：

1. 概念设计阶段

这一阶段不进行详细的力学分析和严密的几何关系计算，仅依靠结构之间的关系及凭借设计人员的实践经验，从宏观上确定建筑结构的布置梗概。应用概念性估计技巧，设计师可在建筑设计的方案阶段迅速地创造结构体系，当然这一创造体系也是容易快速调整和修改的。

建筑物内各种构件之间相互耦合、协同工作，存在极其复杂的相互作用关系。为了便于分析，人们在具体的空间结构体系整体研究上还存在较多的简化。因此，技术人员不宜盲目照搬规范和以往经验，而应该把它作为一种参考，并在实际设计项目中做出正确选择，这要求技术人员透彻认识整体建筑结构体系与各基本分体系之间的力学关系，把概念设计应用到实际项目中去。基于建筑实体的功能要求，初步构造建筑物的设计方案，这一过程中往往伴随着大量数字化工具的使用，如图5-2所示三维渲染效果图均离不开数字化工具。

2. 几何模型阶段

几何模型设计在整个设计过程中起着至关重要的作用，是所有后续工作的基础。在几何模型阶段，技术人员将补充概念设计阶段并未赋予的建筑实体的确切几何信息。在此阶段，建筑实体的静态模型，如图5-3所示，清晰可见，技术人员可根据建筑实体的几何模型进行工程量的统计以及相关操作。根据实际项目的需要，建筑实体几何模型可通过计算机以三维图形表示，其中，二维模型借助特定的软

图5-2 建筑实体模型概念图

图5-3 建筑实体几何模型

件，可以从三维模型投影得到，以便与三维模型一致。

　　建筑实体的几何模型是数字化模型建立过程中一个非常重要的环节。几何模型可以通过相关软件进行格式的转换，以便于应用到不同类型的软件中，进行模型的分析，达到相应的要求。建立几何模型过程中暴露的概念设计阶段的不足之处，可在此阶段根据实际需要对概念设计进行修正。

图5-4 上部阶段施工模拟

3. 数字化虚拟及仿真阶段

虚拟建造和仿真在几何模型建立以后进行。利用虚拟建造技术模拟施工过程，人们可在施工前掌握多种施工方案下的各种构件在实际工程中的碰撞情况、力学状态及施工经济效益。由于虚拟建造技术往往涉及大量的CPU数值计算和GPU图形计算，对计算机的计算性能具有较高的要求，有时PC单机无法流畅地完成模拟任务，甚至需要借助计算集群或云计算服务，只有这样方可实现虚拟建造过程中的主要对象进行可靠的预演，及时发现现实建造中的问题，起到降低项目成本、缩短建造周期、提高建造品质的作用。如图5-4和图5-5所示，在数字化虚拟及仿真阶段可以全程预览施工过程，对施工过程进行方案优化。虚拟建造技术为建设单位提供了强有力的技术支持，使得便捷地查看施工过程、把控项目的全局规划成为了可能，此外，虚拟建造技术也有利于设计方、投资方和建设方更好地协同工作。

几何模型由于缺乏数字化仿真所需的各种属性信息，如材料参数、施工工法信息等，一般不能直接为仿真分析所用。在进行有限元分析中，如图5-6所

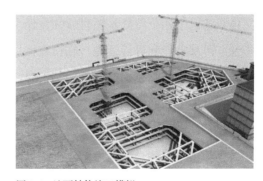

图5-5 地下结构施工模拟

图5-6 应力应变仿真分析

示，CAD实体模型需进行前处理、网格划分、赋予材料属性、施加载荷等过程，方可进行求解分析，在后处理阶段查看和提取需要的数据。仿真模型存储了仿真模拟阶段建筑实体的几何、材料和施工方案等信息，仿真分析的充分利用，可减少返工次数，从而显著降低成本。

5.2.2 构成临设实体的数字化模型建立

临设实体，指可根据场地的变换进行整体或部分的移动和调整，而且又能较简易地组装，具有实体空间的构筑物。临设实体具备以下四个特征：短时效性、经济性、可移动性和可持续性。临设实体的数字化模型以临设建筑构件为基本对象，其建立以建筑实体模型为依托，如图5-7所示，包括脚手架模型、样板房模型和塔吊模型等。临设实体模型应以辅助建筑实体模型的使用功能的实现为前提。

图5-7 临设实体

临设实体的数字化模型所包含的信息应该与实际临设建筑保持一致，同时充分考虑临设实体模型与周围空间环境之间的关系。临设实体的特点决定了其模型的特点和要求：模型应该附着于建筑实体，反映出与建筑模型的关系。此外，临设实体的数字化模型不应该复杂，要满足实际现场的需求。临设实体的数字化模型的建立过程主要包括以下三个方面：

1. 概念设计阶段

概念设计阶段主要从临设实体的功能分析出发，提出临设实体梗概设计方案。这一阶段的主要任务是形成临设实体的方案构图，如图5-8所示，以及临设实体与建筑实体的空间和位置关系，以便于建立临设的几何模型。

图5-8　样板间概念设计模型

2. 几何模型阶段

几何模型是将概念设计进行详细化的关键内容，是所有后续工作的基础，也是最适合计算机表示的临设实体模型。除了几何信息，临设实体模型还具有其他以文字说明的属性特征。几何模型阶段的首要任务是在计算机中绘制出三维和二维的临设实体数字化模型。如图5-9所示，为一脚手架的临时支撑的几何模型。

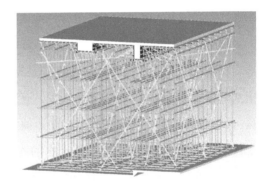

图5-9　脚手架几何模型

3. 数字化虚拟及仿真阶段

基于建完的几何模型，数字化虚拟及仿真在此阶段进行。利用数字化仿真技术，设计人员可提前预演施工过程，事先避免施工过程中可能出现的构件碰撞和不合理施工工法，从而指导实际投资、设计或施工活动，降低项目成本、缩短建造周期和提高施工质量等。如图5-10所示，利用仿真技术可以实现检验单侧钢支模排架施工安全性。

图5-10　单侧钢支模排架施工方案模拟

5.3 基坑地下水环境影响虚拟仿真技术

5.3.1 数字化模型建立

基坑的开挖工程是岩土工程中最常见的工程之一，其数字化模拟核心围绕地基和临时支护结构的力学仿真。基坑所处的土体一般由固-液-气三相多孔介质材料构成，而且土体构成具有不均匀的特点，较为常见的为土体力学参数随着地基深度具有较显著的变化，在数字化建模中需要充分考虑。为了简化分析，土体骨架视项目需要，可考虑为线弹性材料，或非线性弹塑性材料；土体中的水的渗流常用达西渗透定律描述，从而通过土体孔隙水压力与土壤有效应力之间的联系实现流-固耦合。在这一领域Biot[10]是较为早期的贡献者之一，基于Biot的土体固结和渗流理论，目前ABAQUS、ANSYS、FLAC3D等软件均已提供较多的数字化分析功能。

1. 降水引发地面沉降理论概述

由于地表荷载作用或土壤的排水和固结，地面标高往往出现下降，这一现象称为地面沉降。目前主流认为抽汲地下气体和液体引起贮集层内液压降低是地面沉降的主要原因之一，此类现象已有大量的观察和报道。目前地面沉降理论一般可分为：①经典弹性地面沉降理论；②准弹性地面沉降理论；③地面沉降的流变学理论。

2. 地下水渗流问题的虚拟仿真方法概述

在岩土工程中，目前主流的方法是采用Biot的饱和流-固耦合理论[11]描述土体中水的渗流和土体骨架的位移、应变、有效应力等力学物理量。利用Biot建立的瞬态流-固耦合控制微分方程和对应的初边值条件，采用合适的解析解法或者数值方法，土体固相骨架的位移、应力及地下水的流速、流量、压力的求解均成为可能。目前，地下水系统数值模拟方法主要有有限差分法[12]、有限单元法[13]、边界元法[14]等，其中最常用的方法为有限差分法和有限单元法。地下水渗流问题的虚拟仿真方法主要依靠基于有限元法和有限差分法的仿真软件。表5-1总结了目前应用的多种方法的优缺点。

地下水渗流主要分析方法 表5-1

类别	特点	缺点
解析解法	便于机理研究，方便讨论物理参数对分析结果的影响	所求解问题的求解域一般较为简单，边界初始条件也不能复杂
有限单元法	适应于具有复杂求解区域的初边值问题，可以很容易地考虑土体随着空间复杂的变化，计算代价显著小于有限差分	无穷远边界易引起过重的计算负担

类别	特点	缺点
有限差分法	数学上离散直观明了，应用门槛低	由于差分离散属于强式离散方法，离散效率低于有限元、边界元这类弱形式。对于具有复杂求解域和边界条件的问题，应用困难
边界元法	利用高斯公式或者格林公式，对控制微分方程进行降维度运算，使得问题转化为边界插值离散和逼近问题。这种方法具计算量小的特点	降低维度的过程不具备通用性，很多类型的微分方程应用具有难度

3. 三维土-水全耦合虚拟仿真可视化预警模型的建立

借助虚拟仿真技术，工程师可以在工程项目开展之前模拟施工方案的安全性。模拟方法目前主要为有限元方法。在各类CAE软件中，工程师一般通过调整施工参数，如降水井的深度和布置方式，使得地下水位高度和地表沉降均处于合理范围之内。

在确定计算模型的阶段，技术人员需要注意设定定水头边界位置远离源和汇项，计算范围选取因降水井的布置形式、连续墙的插入深度及水文地质特征不同而异，如表5-2所示。

计算范围确定   表5-2

布置形式	地下连续墙（或隔水帷幕）性质	水平方向边界范围	垂直方向边界范围
坑内降水	隔断降水目的层	沿着基坑边界向外拓宽基坑开挖深度的3～5倍	若存在隔水层第⑧层，可取至第⑧层底板；若⑦、⑨层相连，则模型底部与抽水井底端的距离不小于过滤器长度的3～4倍
	部分插入降水目的层	沿着基坑边界向外拓宽基坑开挖深度的10～15倍	
坑外降水	—	沿着基坑边界向外拓宽基坑开挖深度的15～20倍	

当采用坑内减压降水方法时，在确定外边界范围时需要注意：如果连续墙隔断了降水目的含水层，则坑内外水流只能通过弱透水层绕墙址渗流，而水流在弱透水层中水力损失较大，故坑外水位受抽水井影响较小，相应地，其坑外沉降影响也较小，故水平方向计算边界沿着基坑边界向外拓宽基坑开挖深度的3～5倍即可；对于垂直方向，若存在第⑧隔水层，则计算模型可取至第⑧层底板，若⑦、⑨层相连，则模型底部与抽水井底端的距离不小于过滤器长度的3～4倍。如果连续墙未能隔断降水目的含水层，此时连续墙对于坑内外水流起到一定的阻隔作用。根据工程经验，水平方向计算边界可沿着基坑边界向外拓宽至基坑开挖深度的10～15倍位置处，垂直方向计算边界确定方法同前。

当采用坑外减压降水方法时，在确定外边界范围时需要注意：由于减压降水井过滤器的埋深较大，抽水量相当大，故其影响范围也相应较大。根据工程经验，水平方向计算边界可沿着基坑边界向外拓宽至基坑开挖深度的15～20倍位置处，垂直方向计算边界的确定方法与前述相同。基坑止水帷幕或地下连续墙按不透水材料考虑，抽水井可简化为线性，按照各井实际流量赋予节点流量。

初边值条件按照下述方法确定：水平方向计算外边界处，按定水头边界处理，且约束水平向位移。垂直方向计算外边界处，按固定端考虑。根据勘察报告确定潜水和承压水的初始水位，初始位移为零。

为了节约计算空间，基坑开挖的有限元模型网格在水平方向应遵循由基坑中心向外逐渐变疏的原则；由于抽水井过滤器附近的水力坡降较大，垂直方向网格应在其所在含水层中相应位置处细分网格。

基坑各层土体均采用Burgers模型，所需参数为：E_1、E_2、η_1、η_2、泊松比v、重度γ、水平向渗透系数k_x和k_y、垂向渗透系数k_z。其中，参数E_1、E_2、η_1、η_2，根据地质勘察报告及软土、砂土的黏弹性试验试验成果确定；渗透系数根据群井抽水试验水位观测资料进行反演分析而得；地下连续墙或止水帷幕简化为弹性模量E、泊松比v、重度γ的各向同性弹性材料。

经过有限元求解器分析，技术人员关心的物理指标分析结果需要通过图形、报表、数据文件的形式表示，其中，可视化是最为常用的途径之一。经过多年的发展，目前已经有各类开源的和商业化的可视化工具，如TecPlot、Gnuplot和Para View等。当然，大部分有限元软件也自带分析结果可视化功能，本书以ABAQUS软件为例介绍三维流-固耦合问题的数据可视化。ABAQUS软件求解分析完毕后，将得到计算结果数据库文件。这些数据库文件记录了各项用户指定的物理量的解，如超孔隙水压力、水位降深、位移和土体应力，均可以通过平面等势图、剖面等势图、散点图、数据表格、动画录像等多种形式输出和存档。由于岩土中地下水的渗流问题属于瞬态响应问题，因此，ABAQUS的分析结果数据库所记录的分析结果也是支持逐时刻记录的。在软件中，模型的任意点处的物理量随时间的变化曲线也可以在软件中生成。

5.3.2 数字化模型仿真分析

1. 模型计算方法

基坑地下水环境影响虚拟仿真以瞬态分析为主，主要包括渗流分析和固结分析。渗流分析包括稳定流分析和非稳定流分析。稳定流分析中所有物理量随时间均保持不变。非稳定流分析使用即时的边界条件，流入量和流出量随时间发生变化。通过基坑开挖前进行的地下水渗流分析，工程师可以清楚地评价各种井点降水方案的效果，也可以通过优化算法得到最佳的降水方案，起到安全、经济的效果。通过固结分析，工程师可以清楚了解土体中孔隙水压的变化、孔隙流体的迁移和地表的沉降。一般而言，数值模拟过程应当先执行弹塑性计算，再执行不添加荷载的固结分析，也可以在固结过程中添加荷载，但必须确保土体在固结过程中不发生破坏。

在工程中，基坑地下水环境影响虚拟仿真的主要目的是进行降水方案的编制及优化，因此将涉及关键性参数指标的敏感性分析，包括抽水流量、止水帷幕深度、承压含水层渗透系数、承压井滤管长度等，其主要分析方法为：调整上述关键性参数指标的范围，重新进行有限元分析；通过原分析结果和调整指标后分析结果的对比，给出参数优化后的结论。

2. 虚拟仿真流程

给出了基坑地下水环境的有限元模拟基本流程。工程师可以展开三维土—水全耦合虚拟仿真与可视化工作，其主要步骤包括计算模型的确定、计算参数确定和计算结果可视化（图5-11）。

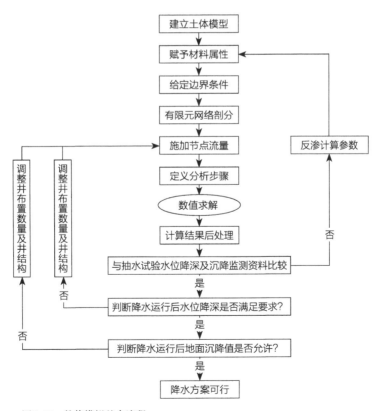

图5-11　数值模拟基本流程

3. 算例——基坑承压井降水参数分析

基坑承压井示意如图5-12所示，其平面尺寸为20m×20m，基坑内均匀分布4口降压井，降压井距离止水帷幕的距离为5m，相邻两口降压井的间距为10m。降压井的井径为0.5m，降压井的滤管长度为a，止水帷幕深入承压含水层的深度为L。承压含水层在地表以下30m处，其厚度为20m；承压含水层的水位在地表以下6m处。承压含水层的土层参数如下：土体的弹性模量为12MPa；泊松比为0.3；水平向和竖向渗透系数分别为k_h和k_z；孔隙比为0.8。图5-13所示三维有限元模型示意图中水平向的计算范围为以基坑为中心向外扩展200m。模型的位移边界条件为：模型四周x、y方向的位移为零；模型底部x、y、z三个方向的位移为零；承压井和止水帷幕x、y方向的位移为零；将模型的四周设为定水头边界。图5-14为承压含水层三维有限元模型网格剖分图，在靠近基坑处网格划分较密，远处较疏。

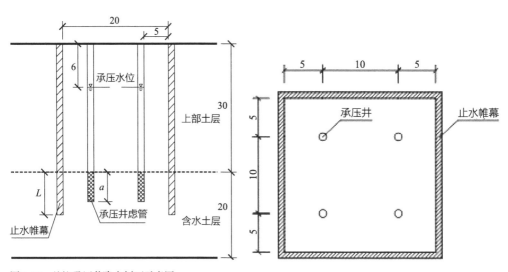

图5-12 基坑承压井降水剖面示意图

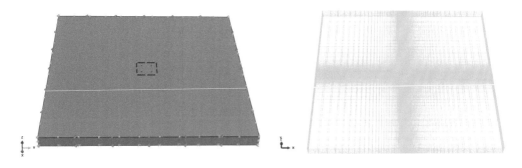

图5-13 承压含水层降水时三维有限元模型　　　图5-14 承压含水层降水时三维有限元网格剖分图

（1）抽水流量对基坑降水的影响

承压井滤管顶部的孔压大小即反映了承压井内水位的高度，而基坑内外沿径向的承压含水层顶部孔压即反映了坑内和坑外承压含水层的水位高度。模型中假设止水帷幕深入承压含水层的深度$L = 6m$。降压井的滤管长度$a = 5m$。水平向和竖向渗透系数均为$5 \times 10^{-5}m/s$。本算例分析了四种不同的承压抽水井表面孔隙流体流速的影响，大小分别为$1 \times 10^{-4}m/s$、$3 \times 10^{-4}m/s$、$5 \times 10^{-4}m/s$和$7 \times 10^{-4}m/s$，将其乘以承压井滤管的面积可得其抽水流量分别为2.83t/h、8.48t/h、14.13t/h、19.78t/h。抽水时间为1天。

图5-15表明当群井抽水流量较小时，承压井内的水位较未抽水时变化较小；随着群井抽水流量的增大，承压井内的水位逐渐下降，可见，抽水流量和承压井内的水位变化呈现线性关系。图5-16显示当抽水流量较小时，坑内承压含水层的水位下降较小；坑外的承压含水层水位变化也不明显；坑内坑外的水位差较小；随着抽水

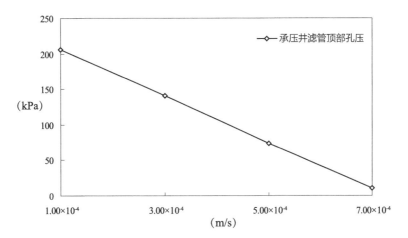

图5-15　抽水流量变化时承压井滤管顶部的孔压变化

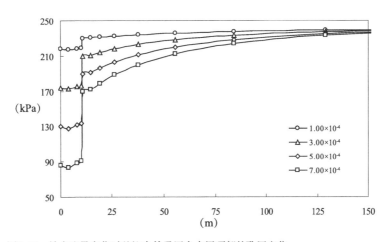

图5-16　抽水流量变化时基坑内外承压含水层顶部的孔压变化

流量的增大，坑内承压含水层的水位下降较大，同时坑内降水对坑外承压含水层的影响也逐渐增大，坑外承压含水层的水位也出现了较为明显的下降。坑内坑外的水位差也逐渐变大，说明大流量抽水时止水帷幕的设置可以有效降低坑内降水对坑外的影响。图5-17分析了抽水流量变化对坑外承压含水层顶部位移的影响，图中可见随着抽水流量的增大，承压含水层顶部的位移逐渐增大。就上海地区土层而言，由于承压含水层上部的不透水硬壳层的存在，地表的沉降较承压含水层顶部位移值可能偏小。在工程施工过程中应根据需要，按需降压，减小降水对周围环境的影响，避免对流量不加以控制，造成超降。从图5-16和图5-17可以看出，承压井大流量抽水的影响范围较大，应做好相应的监测工作。图5-18给出了模型在不同抽水流量下的孔压云图。从孔压云图中也可以看出，随着抽水流量的增大，在靠近群井抽水的区域承压含水层的孔压逐渐减小。

（2）止水帷幕深度对基坑降水的影响

计算模型中止水帷幕深入承压含水层的深度L分别取为0、4m和6m。降压井的滤管长度为a=5m；水平向和竖向渗透系数均为5×10^{-5}m/s；承压抽水井抽水时间为1天；承压抽水井表面孔隙流体流速大小为5×10^{-4}m/s，将其乘以承压井滤管的面积可得其抽水流量为14.13t/h。

图5-19和图5-20显示止水帷幕深入承压含水层越深，起到的隔水效果越好；以相同抽水流量进行抽水时，承压井内的水位逐渐下降，基坑内承压含水层的水位也逐渐下降，基坑外靠近基坑处承压含水层的水位逐渐上升，基坑内外承压含水层的水位差逐渐增大。图5-21显示，在抽水流量不变的情况下，随着止水帷幕深入承

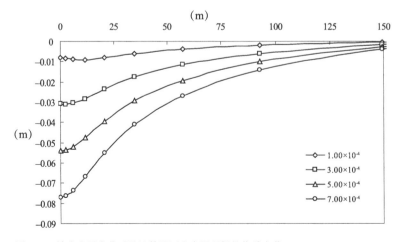

图5-17　抽水流量变化时基坑外承压含水层顶部的位移变化

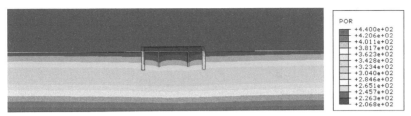

（a）抽水孔隙流体流速大小为$1×10^{-4}$m/s时的孔压云图

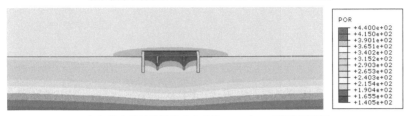

（b）抽水孔隙流体流速大小为$3×10^{-4}$m/s时的孔压云图

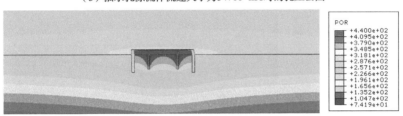

（c）抽水孔隙流体流速大小为$5×10^{-4}$m/s时的孔压云图

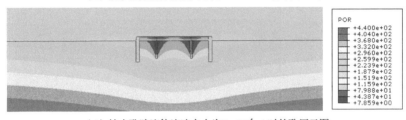

（d）抽水孔隙流体流速大小为$7×10^{-4}$m/s时的孔压云图

图5-18　不同流量抽水时的孔压云图

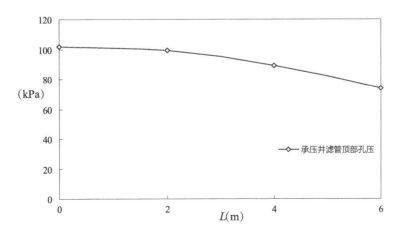

图5-19　L变化时承压井滤管顶部的孔压变化图

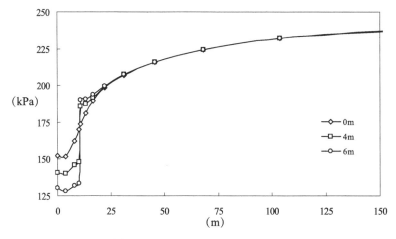

图5-20 L变化时基坑内外承压含水层顶部的孔压变化图

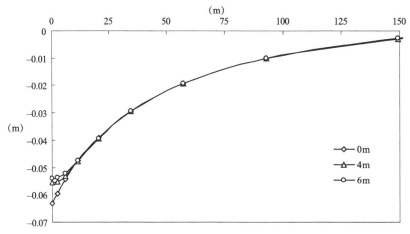

图5-21 L变化时基坑外承压含水层顶部的位移变化图

压含水层，坑外承压含水层顶部的位移变化较小，仅在靠近基坑处的范围内有所减小。在实际工程中，止水帷幕设置越深，在满足坑内降压需求的情况下，所需的抽水流量也越小，故增加止水帷幕的设置深度可以减小对周围环境的影响。在基坑围护设计时应充分考虑止水帷幕的深度对后期承压水降水的影响，合理设置，既有利于后期承压水的降水，减小对周围环境的影响，又能减少围护的费用。

（3）承压含水层渗透系数对基坑降水的影响

模型中止水帷幕深入承压含水层的深度$L=6$m；降压井的滤管长度为$a=5$m；假定水平向渗透系数k_h为5×10^{-5}m/s，竖向渗透系数k_z分别为5×10^{-5}m/s、3.33×10^{-5}m/s和2.5×10^{-5}m/s；设各向异性系数$\theta=k_h/k_z$，即θ分别为1、1.5、2。承压抽水井抽水时间为1天；承压抽水井表面孔隙流体流速大小为5×10^{-4}m/s，将其乘以承压井滤管的面积可得其抽水流量为14.13t/h。

图5-22、图5-23和图5-24显示：随着各向异性系数θ增大，即竖向渗透系数减小时，坑外对坑内的补给减慢，以相同流量进行群井抽水，承压井内的水位逐渐下降，坑内的承压含水层的水位也逐渐降低，而坑外承压含水层的水位基本不变，故其位移变化也较小。在实际工程中，承压含水层参数的选取也是降水设计中的关键，应通过现场试验等方法准确地获得土层参数，进而更好指导降水的施工。

（4）承压井滤管的长度对基坑降水的影响

本算例假定模型中止水帷幕深入承压含水层的深度$L=6\text{m}$，降压井的滤管长度a分别为5m、10m和15m，水平向和竖向渗透系数均为$5\times10^{-5}\text{m/s}$，承压抽水井抽水时间为1天，承压抽水井抽水流量为14.13t/h，将其除以承压井滤管的面积可得表面孔隙流体流速大小分别为$5\times10^{-4}\text{m/s}$、$2.5\times10^{-4}\text{m/s}$和$1.667\times10^{-4}\text{m/s}$。

图5-25、图5-26和图5-27表明：随着承压井滤管长度的增大，承压井的出水量也逐渐增大，当以相同抽水流量进行抽水时，承压井内的水位逐渐上升，坑内承压含水层的水位也逐渐上升，而坑外承压含水层的水位基本不变，故其位移变化也较小，说明随着承压井滤管长度的增加，降压的难度也增大，需要增大抽水流量来满足相应的降压需求，进而需要投入更多的人力、财力。与此同时，抽水流量越大，对周围环境的影响也越大。因此，承压井滤管的设置应根据止水帷幕的深度和土层的性质综合考虑，在满足降压需求的同时，应减小承压井滤管的长度，做到既经济又减小对周围环境的影响。图5-28为不同滤管长度下的孔压云图，从图中可以看出以相同流量抽水，滤管越长，承压含水层顶部孔压越大。

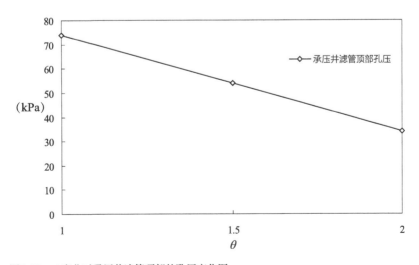

图5-22　θ变化时承压井滤管顶部的孔压变化图

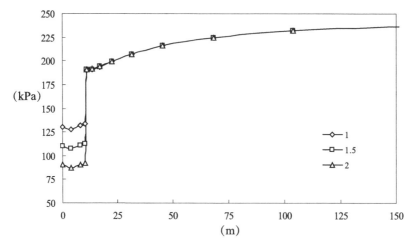

图5-23 θ 变化时基坑内外承压含水层顶部的孔压变化图

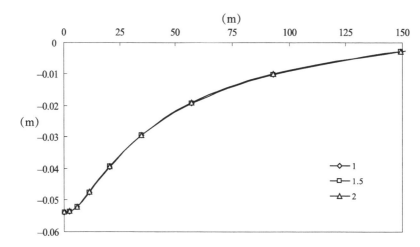

图5-24 θ 变化时基坑外承压含水层顶部的位移变化图

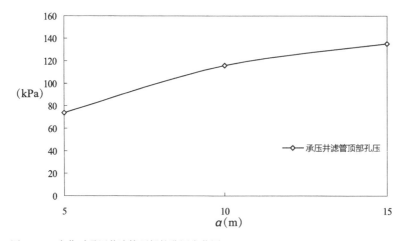

图5-25 a 变化时承压井滤管顶部的孔压变化图

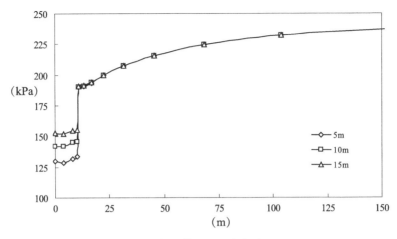

图5-26　*a*变化时基坑内外承压含水层顶部的孔压变化图

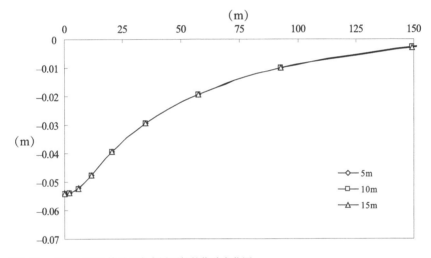

图5-27　*a*变化时基坑外承压含水层顶部的位移变化图

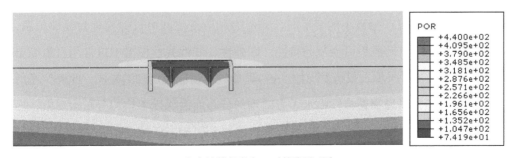

（a）滤管长度为5m时的孔压云图

图5-28　不同滤管长度的孔压云图

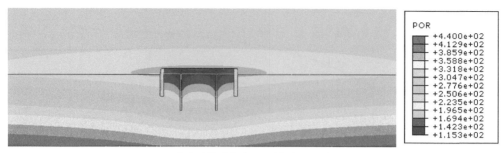

（b）滤管长度为10m时的孔压云图

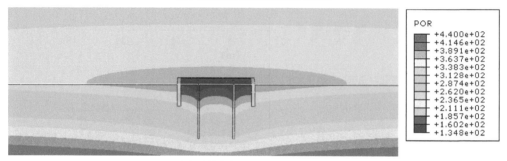

（c）滤管长度为15m时的孔压云图

图5-28 不同滤管长度的孔压云图

5.4 基坑变形及环境影响虚拟仿真技术

5.4.1 数字化模型建立

1. 基坑施工常用本构模型

整个基坑施工工程涉及的模拟对象众多，包括基坑岩土、支护结构、砌体结构、钢结构等。这些对象的材料力学特性各异，选取适当的本构模型是成功模拟的关键之一。合适的模型选取能在模拟精确的同时兼顾模拟效率。岩土材料可选的本构模型主要包括线弹性模型和弹塑性模型[15]。

（1）线弹性模型

当岩土材料仅产生微小的变形时，其应力和应变之间可近似简化为线性关系，而且这种变形具有卸载后可恢复的特性，即弹性。线性弹性模型中最常用且最简单模型属于各向同性类型，仅有2个独立的物理参数：杨氏模量和泊松比；此外，考虑到岩土材料经常呈现物理特性沿水平方向均匀分布而沿深度不均匀分布的现象，另一种常用线弹性模型：横贯各向同性类型，也得到了较广泛的应用，其独立的物理参数有5个。对于特殊的岩土材料，如存在任意解离的岩土材料，这时为了达到更加合理的分析效果，可能需要采用一般的各向异形类型，包含的独立参数就会更多。

（2）弹塑性模型

岩土材料是一种强非线性材料，随着变形的增加，很容易进入非线性状态。因此，在基坑施工过程中，土体的形变仅小部分属于弹性变形，大部分的形变为塑性变形。弹塑性模型常被用于模拟基坑内部及周边土体，常见的土体弹塑性模型包括：①摩尔-库伦。摩尔-库伦强度准则作为一种经典的描述土体剪切摩擦强度的准则在土力学中存在悠久的历史和广泛的应用基础，而且该强度准则的应用仅需3个独立参数：黏聚力、内摩擦角和剪胀角。实践表明该准则具备较简单的实验测试方法，而且在力学分析中表现出较为合适的精度，因此具备广泛的应用。②修正摩尔-库伦。该模型考虑材料的非线性弹性特性和塑性行为，在地基土体模拟中存在大量应用。修正摩尔-库伦的参数由4个模型参数和2个状态参数构成。4个模型参数为临界状态线斜率、泊松比、对数塑性体积模量和多孔介质弹性对数体积模量；2个状态参数分别为先期固结压力和孔隙比。孔隙比取值可根据室内土工试验结果取定。③霍克布朗Hoek Brown。④蠕变软化模型。在该模型中，除了常规的黏聚力、摩擦角、剪胀角3个参数外，还需设置膨胀指标、蠕变指标和压缩指标。

2. 模型简化方法

基坑施工是一个综合性的施工过程，在整个模拟过程中进行合理简化是必不可少的。整个模型简化可以分为两部分：①模拟对象简化。包括支护单元简化、土体单元简化以及接触面模拟。②分析过程简化。包括初始地应力计算简化和施工工况简化。以下就常用的模型简化方法进行介绍。

（1）基坑支护单元简化

基坑支护材料一般包括两种：混凝土和钢材。由于这两种材料相对于一般土体刚度大得多，而且基坑开挖过程中这两种材料一般处于弹性阶段，因此，计算中宜将这两种材料视为线弹性材料。在支撑结构的模拟中，若需要考虑其剪力和弯矩，则采用梁单元模拟较为合适；当只需考虑轴力时，也可以使用桁架单元。在围护墙体的模拟中，常用的单元为板或壳。若需要考虑厚度方向压力，则采用板单元，否则可采用壳单元。基坑施工中地连墙、板桩等一般采用板单元模拟。由于桩体主要受到轴力作用，对于桩的模拟，一般用桁架单元模拟，但在模拟斜桩时，需要考虑桩体剪力和弯矩，应当采用梁单元模拟。

（2）土体模拟

土体单元的模拟一般采用实体单元进行模拟，常用的有八节点六面体单元和四节点四面体单元。根据单元的插值阶次又可划分为线性和高阶插值单元。三维网格划分时，六面体网格比四面体网格的稳定性更好。八节点六面体单元和高阶单元的位移和应力模拟效率较高，可减少模拟计算量。四节点单元的位移模拟结果精度与八节点较接近，但应力结果模拟精度较八节点六面体单元差。在实际建模过程中，试算阶段可以采用四面体网格进行初步分析，正式计算中宜使用八节点六面体单元进行模拟。在曲线边界或复杂形状情况下可以考虑使用高阶实体单元模拟基坑施工过程。

（3）接触面模拟

鉴于基坑围护体和土体强度差异明显，数值模拟中需要在两者之间设置接触面单元。围护墙与墙背土体之间的相互作用包括两个部分，即接触面法向作用（挤压力）和接触面切向作用（包括接触面相对滑动和可能的摩擦剪应力）。在模拟中，技术人员可通过定义接触主面和从面的接触对关系，采用面–面接触模型模拟围护和墙背土体的接触摩擦关系。

（4）初始地应力场简化

土体初始的应力场，在卸载过程中对支护结构产生的影响甚微，因此，在模拟分析前需要消除初始应力场造成的土体位移变化。目前，一般采用初始位移归零方式来消除初始的应力场。鉴于土体内部的结构单元会影响到初始应力和外荷载之间的平衡，而产生一定的初始位移。故当初始位移能够达到10^{-4}或10^{-5}的精度，即认为可以忽略地应力平衡不精确对计算结果带来的影响。

（5）施工工况简化

基坑的分层分块开挖与结构施工过程，均可以通过运用单元生死功能来实现。对于基坑开挖部分的土体，通过杀死单元即单元移除方法进行模拟；对于支护结构和回做结构，根据实际的施工工况激活相应的单元进行模拟，从而达到实现模拟基坑开挖施工工况的目的。单元生死功能的正确模拟关键在于节点力的释放和增加；当节点位于移除单元内部时，节点力归零；当节点位于移除单元与非移除单元接触面上时，需要根据节点位置设定合适的释放比例；对于激活单元位置的节点，则需要额外增加节点力。

3. 数字化模型建立

基坑土体三维模型是后续数值分析的基础，也是成功进行基坑变形及环境影响分析的关键。数字化模型建立过程可划分为四个步骤：几何模型建立、物理参数赋值、模型边界的设定和施工工况的设定。

（1）几何模型建立

几何模型包括两部分，分别为基坑模型和地表及构筑物模型。

基坑的模型建立方式主要有自主手动建模和模型导入两种。在自主手动建模过程中，工程师需人工输入基坑各个角点的坐标形成基坑边界，并定义基坑开挖深度，然后按实际基坑围护方案定义围护结构顶面埋深和插入深度以及支撑水平位置和标高。对于外形复杂的基坑，自主手动建模效率较低，因而，多采用AutoCAD基坑平面图、剖面图导入或BIM模型导入方式建立基坑模型。

地表及构筑物模型主要采用数据导入的方式生成，常用两种方式实现地表及构筑物的三维建模，分别为GIS参数化建模和CAD、3ds MAX专业模型导入。设计人员在GIS参数化建模中，可借助GIS模型的点、线和面几何数据再建三维模型。这种方法操作简单，但在建立复杂模型中较为困难。然而，利用CAD和3ds MAX模型的几何数据，可实现复杂三维模型的导入。

（2）物理参数赋值

完成基坑几何建模后，技术人员需要对土体及支护体系进行物理参数赋值。在土体单元物理参数赋值过程中，技术人员需要根据土体特性赋予对应的本构模型，如各向同性弹性模型需要赋予杨氏模量和泊松比两个参数，摩尔-库伦模型需要额外提供黏聚力、摩擦角和剪胀角三个参数。支护单元的物理力学参数设定通过结构单元参数赋值方法实现。表5-3给出了常见的支护结构类型和对应的可能属性参数。

常用支护形式及主要输入的参数　　　　　　　　　　　　表5-3

支护结构	主要参数
自重式挡土墙	抗弯强度、摩擦系数、重度
地下连续墙	墙体厚度、抗弯强度、摩擦系数、重度
基坑内支撑	支撑尺寸、抗压强度、抗拉强度、抗弯强度、抗剪强度
土钉墙（锚）	土钉和锚杆尺寸及力学参数（强度、摩擦系数）
桩	桩体尺寸、抗压强度、桩侧阻力、桩端阻力
板桩	板桩尺寸、抗弯强度、摩擦系数

（3）模型边界的设定

基坑开挖数字化模型边界可以分为三类，分别为求解域边界或建模范围、渗流边界和力学边界。

1）建模范围

基坑所处位置为半无限大的土体，其真实的求解范围应为无限大，然而，有限元建模无法严格实现这一点，仅能取有限范围的土体作为求解域，从而边界也只能近似为无限远处的情况。大量的国内外工程实践发现在水平方向基坑开挖区域尺寸的3～4倍范围外及基坑底部向下2～4倍基坑尺寸的范围外土体的响应受到基坑施工作用较小，因此，这些区域的土体可以近似截断不建模。为了使得土体有限元模型大小（总自由度）不至于过大而引起过大的计算负担，且又使得分析结果具有合适的分析精度，在实际工程的数值模拟中也基本以此作为模型的几何边界。

2）渗流边界

当需要考虑地下水渗流时，除了土体环境边界外，还要确定渗流边界。渗流边界的确定方法有两种：①设立渗流边界函数。通过设立随时间变化的渗流边界函数，可以确定浸润线。这种确定方式适用于稳定环境下的井点降水。②迭代计算。对于一些无法确定浸润线的渗流情况，需要设定再分析边界，通过反复迭代计算确定渗流边界。

3）力学边界

这是一种位移边界。模型常假定计算模型底部无水平向和竖向位，而基坑四个壁面无水平位移。

（4）施工工况的设定

仿真计算中单元、荷载的变化均发生在施工阶段的开始步骤。当实际施工过程中存在这些变化时，需把该变化时刻定义为一个新的施工阶段起始点。结构变化状态越多，需定义的施工阶段越多。单元、荷载的变化，一般通过激活或钝化单元、荷载来完成施工阶段定义；对于材料参数的变化，常见模拟方法是更换材料性质。基坑施工的典型步骤，首先为初始场地应力计算，其次，坑底加固和立柱桩打入，而后，自地表往下逐层进行土体开挖和支撑安装。

5.4.2 数字化模型仿真分析

1. 模型计算方法

基坑开挖工程的力学分析以稳态分析为主，根据土体所处的应力状态，可分为线性弹性分析、非线性弹性分析和弹塑性分析。在线弹性分析中，围岩材料被视为线弹性材料，分析其在静力荷载下的响应。线弹性分析不考虑破坏，将应力-应变关系理想化为线性关系，计算相对简单方便，但计算分析仅适用于小应变阶段。在非线性弹性分析中，材料的弹性模量随应变发展而改变。邓肯-张模型是典型的三维非线性弹性模型，它可以由双曲函数表示，计算简单，参数易得，但不能考虑破损后的刚度降低。弹塑性分析可以很好地考虑地基的剪切强度和剪切破坏，既能考虑土体变形微小时的弹性行为，也能考虑荷载大于地基剪切强度时地基产生的塑性变形，从而可以实现边坡稳定性等分析，然而，由于线弹性分析和非线性弹性分析均不能考虑材料破坏情况，因此，当需要计算土体稳定性或考虑基坑大应变状态时需要采用弹塑性分析。

虚拟仿真过程中需要进行多轮迭代，当迭代过程中满足规定的收敛标准时，就会自动进入下一步分析。一般而言，在进行基坑开挖变形分析时，仿真软件主要采用位移收敛标准进行迭代。为提高仿真效率，试算阶段收敛精度一般设置为$10^{-3} \sim 10^{-2}$，在正式计算时位移收敛精度宜设置为$10^{-5} \sim 10^{-4}$。

2. 虚拟仿真流程

基坑施工数值模拟全过程包括几何模型建立、物理参数赋值、模型边界设定、工况设定、仿真计算。工况模拟仿真采用累加模型得以实现，各个阶段的分析结果以数据的形式存储。当需要查看数值模拟结果时，通过数据库访问的方式可以高效读取和管理，实现施工虚拟仿真。整个基坑开挖数字化建模分析流程如图5-29所示。

3. 算例——后世博园区B片区工程

（1）工程概况

后世博园区B片区，如图5-30所示，位于上海浦东，工程北至世博大道，南至国展路，东西两侧为世博馆路和长清北路，根据现有道路及规划道路共划分为6个地块。基坑总面积达到15万m^2，开挖深度14.5~20.0m，局部电梯井区域深坑挖深25.2m，地连墙围护，布置3~4道水平混凝土支撑，属于超大、超深基坑。地块西侧紧邻已建成的地铁车站，地块与地铁车站最近距离约11m，部分基坑在地铁保护区范围内。

（2）模型参数

项目中土体离散为八节点六面体单元，地下连续墙和结构板离散为板单元，支撑离散为梁单元。土体材料采用修正摩尔–库伦模型对场地岩土体进行模拟。地连

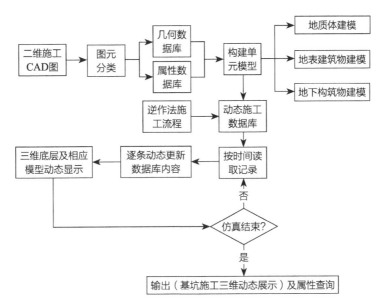

图5-29 数值分析流程图

墙、支撑和周边现有结构采用胡克定律刻画。地连墙和土体之间考虑非线性接触，其中，接触面法向刚度模量和剪切刚度模量均设置为相邻单元较小法向和剪切模量的30倍。

本工程共划分为6个地块，考虑到本次模拟主要分析地铁车站在基坑施工过程中的变形，故针对靠近地铁车站的四个大型基坑进行叠加效益研究，不进行距离较远的基坑的施工模拟。由于既有隧道已存在较长时间，故依据地勘报告提供的土层剖面厚度分布，考虑不同的土体分层重度以及隧道自重，计算基坑

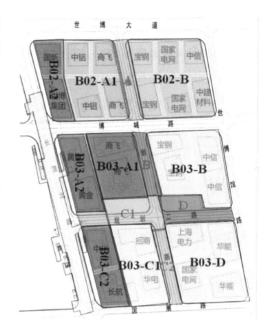

图5-30 后世博园区B片区工程地理位置

开挖前土体初始应力场分布。基坑工程支护结构的建立通过单元激活模拟，坑内土体的分层开挖通过杀死单元模拟。

本基坑开挖最大深度约为16m，故综合考虑基坑开挖施工对周围岩土体及既有隧道区间的影响，确定水平方向基坑围护离模拟边界为50m以上距离，深度方向模拟深度为75m。本模型采用标准边界形式，即基坑底部节点固定约束其水平向和竖向位移，四周面固定约束其水平方向位移，上表面为自由面。根据以上设定，建立模型如图5-31所示。本次模拟采用弹塑性计算，分步施工，根据实际工程施工部署，施工工序如表5-4所示。每一个施工阶段采用位移收敛标准进行迭代，收敛精度设置为10^{-4}。

（3）数值结果

经过上述建模、计算和后处理的数据可视化，图5-32显示了基坑内部和周边隆

图5-31 世博B片区超大规模深基坑数值模型

施工工况　　　　　表5-4

工况编号	工况内容
1	计算场地初始应力分布
2	分层开挖 B03A1 基坑
3	分层开挖 B03-B、C1、D 基坑
4	分层开挖 B03-C2 基坑
5	分层开挖 B03-A2 基坑

沉等势图。数值模拟结果显示：按实际施工部署基坑开挖完成后，基坑内部土体最大隆起变形出现在B03-D，最大隆起变形发生在基坑中部，最大隆起量为7.44cm；隆起变形次之的依次是发生在B03-B、B03-C、B03-A。基坑周边沉降较为均匀，最大沉降量为1.6cm。图5-33给出了基坑围护水平位移（隧道方向）模拟结果，表明基坑围护隧道方向最大水平位移发生在B03-D的南北两道围护墙中央部分，最大水平位移为4.12cm。图5-34给出了车站结构水平位移模拟结果，表明车站结构变形较小，最大水平发生位置靠近B-03A，最大位移量为4.4mm。

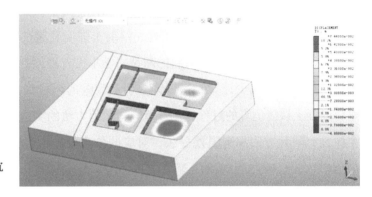

图5-32　基坑内部和周边隆沉云图

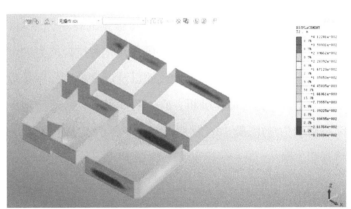

图5-33　基坑围护水平位移（隧道方向）

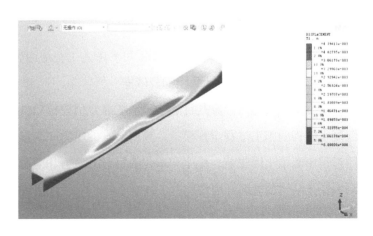

图5-34　车站结构水平位移

5.5 混凝土裂缝控制及超高泵送虚拟仿真技术

5.5.1 混凝土裂缝控制虚拟仿真技术

1. 混凝土裂缝虚拟仿真理论基础及背景

引起混凝土开裂的原因涉及多个学科领域，如热力学、断裂力学、化学等，而且裂缝的开展状态与程度不仅与应力场分布有关，而且还与混凝土本身的构成有关。为了预测混凝土的裂缝发展，对应的虚拟仿真技术目前也得到了充分的重视。在混凝土裂缝虚拟仿真中，人们主要是采用计算力学的方法，考虑混凝土的黏弹性特性（徐变特性）、干缩或湿胀特性、混凝土强度发展过程中的水化热以及从而引发的温度应力，以及混凝土材料的断裂力学本构方程。对于具体的工程情况，为了简化仿真过程及减少计算时间，诸多引起裂缝的因素仅考虑部分是常有的仿真策略。混凝土裂缝仿真的过程也是计算力学数值方法的实施的过程。目前常用的方法主要是有限元方法和有限差分法，对应的仿真分析软件也有较多的选择空间，如ABAQUS、ANSYS、DIANA等。

2. 混凝土收缩开裂机理

混凝土是一种具有较理想的抗压强度的材料，然而其抗拉能力显得十分脆弱，因此混凝土抗裂过程本质上几乎可以转化为抗拉应力的过程。在引起混凝土拉应力的诸多因素中，混凝土的干燥收缩以及温度梯度作用是较为显著的，尤其是在大体积混凝土中。为了简化分析，在工程实践中，一般假定：混凝土形成裂缝的主要原因是材龄为t的混凝土的最大收缩应变$\varepsilon_y(t)$大于其最终极限拉伸应变ε_{pa}^0时混凝土将开裂，即

$$\varepsilon_y(t) \geqslant \varepsilon_{pa}^0 \tag{5-1}$$

$$\varepsilon_y(t) = 3.24 \times 10^{-4} \left(1 - e^{-0.01t}\right) M_1 M_2 M_3 \cdots M_n, \ \varepsilon_{pa}^0 = \varepsilon_{pa} + \varepsilon_n^0(\infty) \cdot K_1 \cdot K_2 \cdot K_3 \cdots K_n \tag{5-2}$$

式中，系数M_i和K_i（i=1, 2, …, n）可参考《工程结构裂缝控制》[16]。

3. 混凝土裂缝仿真计算目的及依据

混凝土裂缝仿真计算其目的主要是依靠数值模拟软件（主要为有限元软件）对混凝土结构的施工过程全程模拟，预测对应的应力和变形情况，从而得出施工和使用过程中混凝土因收缩、徐变和水化热引起的应力和应变状态的发展情况，从而预测混凝土结构的裂缝开展情况。

4. 虚拟仿真建模分析

混凝土结构的仿真建模过程可划分为三个阶段，分别为模型分析、材料属性设置和确定水化热计算参数及边界条件。在模型分析阶段，仿真人员根据施工实际浇筑情况、要求及初始和边界条件，选用合适的单元，采用适当的网格离散分析区域。在材料属性设置阶段，仿真人员可参阅具体工程参数及有关文献确定材料力学参数与热力学参数，其中，混凝土抗压强度发展函数可根据欧洲规范CEB–FIP1990[17]选用；混凝土收缩应变曲线可采用《公路钢筋混凝土及预应力混凝土桥涵设计规范》[18]或CEB–FIP1990。在水化热计算参数确定阶段，混凝土绝热温升K和导热系数a可根据实验确定。如无实验数据，最大绝热温升可按公式$K=Q_0$（$W+kF$）/$c\rho$计算，其中：Q_0为水泥最终水化热；W为单位体积混凝土中水泥用量；F为单位体积混凝土中混合材料用量；k为混合材料水化热折减系数；c为混凝土比热；ρ为混凝土密度。导热系数是与水泥品种、比表面积、浇捣时温度有关，一般取$0.2\sim0.4$。在进行水化热分析时，除了与其他分析相同的支承界面外，还需注意单元对流边界。

5. 混凝土裂缝仿真计算案例分析

（1）工程概况

上海浦东国际机场三期，如图5-35所示，总建筑面积62.2万m^2，由两座相连的卫星厅（S1和S2）组成，形成工字形的整体构型。卫星厅一层楼板属于预应力钢筋混凝土框架结构，其中，混凝土梁和板强度等级均为C40，混凝土柱强度等级为C60。楼板中的后浇带由C45微膨胀混凝土浇筑而成。

（2）混凝土裂缝仿真计算假定及计算工况

混凝土裂缝仿真模拟服从以下假定：①混凝土收缩函和徐变特性的时间依存特

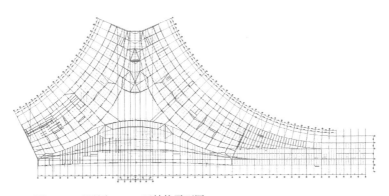

图5-35　卫星厅A5～A7区结构平面图

性按《混凝土结构设计规范》[19]选用；②仿真阶段，混凝土尚未脱模，不考虑结构自重及施工荷载的作用，此外，仿真过程中梁体预应力尚未张拉，不考虑结构预应力的作用；③忽略混凝土水化引起的热应力；④忽略柱的收缩和徐变行为；⑤忽略楼梯以及楼板洞口影响；⑥忽略钢筋对混凝土变形的约束。

（3）结构及施工方案

A5～A7区域均为超大面积结构，为减小结构收缩应力，设计院提出设置后浇带的方案，而施工单位在后浇带内采用跳仓法浇筑混凝土。后浇带宽1000mm，在两侧混凝土块浇筑完成后60天封闭。A5～A7区混凝土浇筑分块方案及后浇带布置如图5-36和图5-37所示。

针对A5区混凝土方案，虚拟仿真方案将施工过程划分为九个施工阶段；A6区混凝土施工过程划分两个施工阶段；A7区混凝土方施工过程划分两个施工阶段。按照不同的施工阶段划分情况，对于两种方案（设置后浇带和采用跳仓法施工不设置后浇带），分别计算各混凝土分块浇筑20天后，因混凝土收缩、徐变产生的板、梁应力。

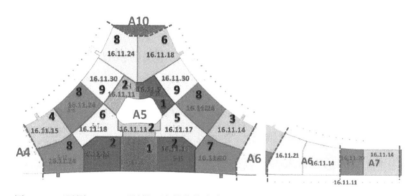

图5-36　卫星厅A5～A7区混凝土浇筑分块方案

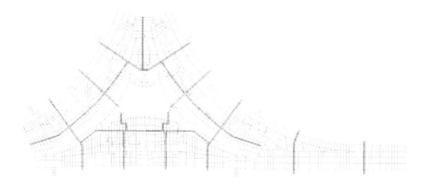

图5-37　卫星厅A5～A7区后浇带设置布置图

（4）材料特性、计算模型及荷载情况

根据计算假定，不考虑柱的收缩、徐变及其强度变化特性。梁、板混凝土等级为C40；柱的混凝土等级为C60；后浇带按照C45微膨胀混凝土建模。混凝土抗压强度发展函数和混凝土收缩应变函数均依据欧洲规范CEB-FIP1990确定。借助Midas Gen软件，图5-38给出了若干相关混凝土的强度和收缩应变随时间的发展曲线。

根据上海浦东国际机场三期扩建工程——卫星厅的结构施工图，Midas Gen软件对其结构（梁、板、柱）进行建模，具体的模型如图5-39所示，其中，梁、柱用梁单元模拟，楼面板用板单元模拟。A5～A7段卫星厅梁板柱结构只考虑混凝土收缩、徐变作用，参照公式（5-1）和公式（5-2），M_1，M_2，M_3，…，M_{10}分别取值为1.0，1.35，1.0，1.42，1.0，1.11，0.77，1.0，1.0，0.68；t取值为20天，得$\varepsilon_y(20)$ $=8.82 \times 10^{-5}$，收缩应力为2.3MPa。

（5）设置后浇带的混凝土应力仿真分析

根据A5设置后浇带的混凝土浇筑分块方案，经Midas Gen施工过程模拟，得浇筑20天后混凝土结构体的收缩、徐变应力。图5-40、图5-41和图5-42给出了A5

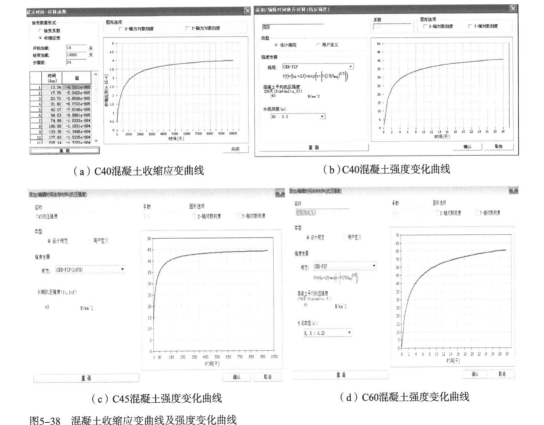

（a）C40混凝土收缩应变曲线　　　　（b）C40混凝土强度变化曲线

（c）C45混凝土强度变化曲线　　　　（d）C60混凝土强度变化曲线

图5-38　混凝土收缩应变曲线及强度变化曲线

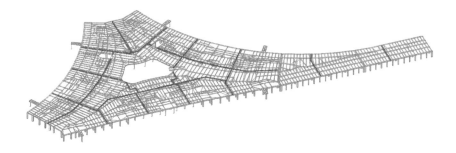

图5-39 A5～A7区卫星厅梁板柱有限元计算模型

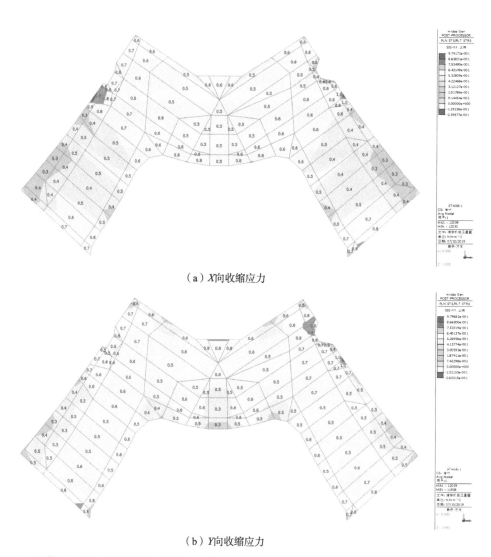

（a）X向收缩应力

（b）Y向收缩应力

图5-40 A5区第1、2分块—板的收缩应力图（MPa）

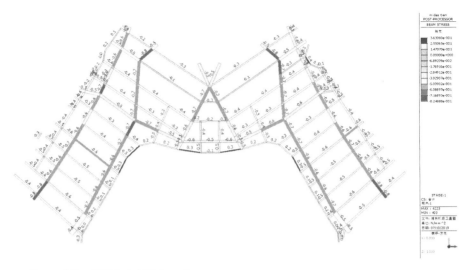

图5-41　A5区第1、2分块—梁轴向应力图（MPa）

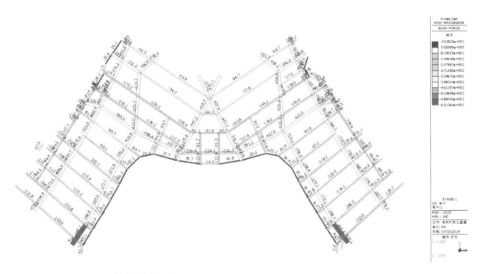

图5-42　A5区第1、2分块—梁轴力图（kN）

区内的第1、2分块浇筑20天后结构应力分布图。图中可见，第1、2分块浇筑第20天，板构件基本处于受拉状态，而主次梁则以受压为主。板构件的x轴方向局部最大拉应力为0.89MPa，且大部分区域拉应力小于0.59MPa；y向局部最大拉应力为0.86MPa，大部分区域拉应力小于0.56MPa；梁的轴向最大拉应力为0.29MPa，大部分区域在0.12MPa以下，最大轴向拉力为36.2kN。第1、2分块浇筑第20天，第1、2分块内的梁和板构件均发生收缩变形，由于板的厚度较小，收缩变形较大，梁的厚度较大，收缩变形滞后于板。因此，板与梁的收缩变形不一致，引起板构件中的拉应力和梁构件中的压应力。

（6）设置后浇带的混凝土抗裂性能分析

根据俄罗斯水利工程科学研究院等机构所做的试验研究发现混凝土收缩、徐变、弹性模量和抗拉强度都是时间的函数，且抗拉强度的变化规律服从 $R_\mathrm{f}(t)=0.8R_\mathrm{f0}(\lg t)^{2/3}$，其中，$R_\mathrm{f}(t)$ 表示混凝土龄期为 t 时的抗拉强度；R_f0 表示混凝土龄期为28天时的抗拉强度。按此式可得C40混凝土20天龄期的抗拉强度为 $R_\mathrm{f}(20)=0.8\times2.39\times(\lg 20)^{2/3}=2.28\mathrm{MPa}$。

混凝土抗裂强度随时间增长的同时收缩变形引起的约束应力亦随时间增长。各自的增长时程曲线如图5-43所示：当抗拉强度曲线高于约束应力曲线时，则不会开裂；当两条曲线相交时，则在相应时刻混凝土开裂。

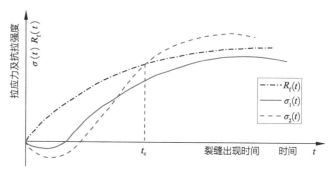

图5-43 应力与抗拉强度随时间的增长

在设置后浇带的混凝土浇筑分块方案中，A5区龄期20天时板最大拉应力0.89MPa，梁最大拉应力0.29MPa；混凝土浇筑第20天时，A5区板梁收缩徐变应力均未超过20天龄期的抗拉强度2.28MPa，其抗裂安全系数 $K=R_\mathrm{f}/\sigma_\mathrm{max}^*>1.15$，抗裂安全系数满足抗裂条件。

（7）跳仓法混凝土应力仿真分析

在跳仓法进行卫星厅楼盖的混凝土浇筑施工中，A5区采用无后浇带的混凝土浇筑分块方案进行跳仓施工顺序划分。以分块较大的混凝土结构为例，分析结构各分块浇筑20天后的应力分布。A5区内的第1、2分块中较大施工块浇筑20天后结构模型如图5-44所示。

第1、2分块浇筑20天后，从图5-44、图5-45和图5-46可见，板构件基本处于受拉状态，其 X 轴方向最大拉应力为0.89MPa，且大部分区域小于0.59MPa；Y 轴方向的最大拉应力为0.86MPa，且大部分区域小于0.56MPa；大部分主梁和一级次梁处于受压状态，而二级次梁以受拉为主，其轴向最大拉应力为0.29MPa，大部分区域在0.12MPa以下；最大轴向拉力为36.2kN。

（8）跳仓法方案与设置后浇带方案的应力比较

图5-47和图5-48给出了A5～A7区设置后浇带的混凝土浇筑分块方案，与不设

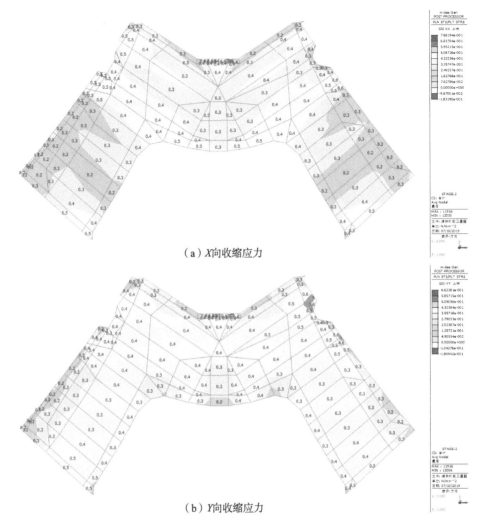

（a）X向收缩应力

（b）Y向收缩应力

图5-44　第1、2分块—板收缩应力图（MPa）

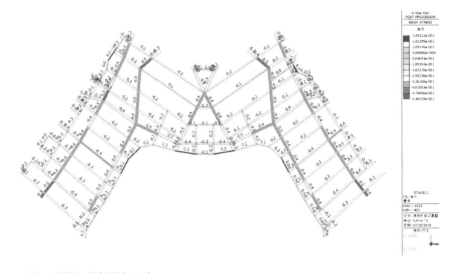

图5-45　第1、2分块—梁轴向应力图（MPa）

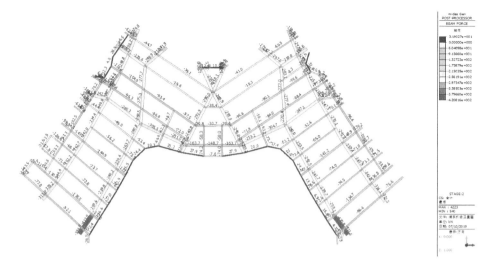

图5-46　第1、2分块—梁轴力图（kN）

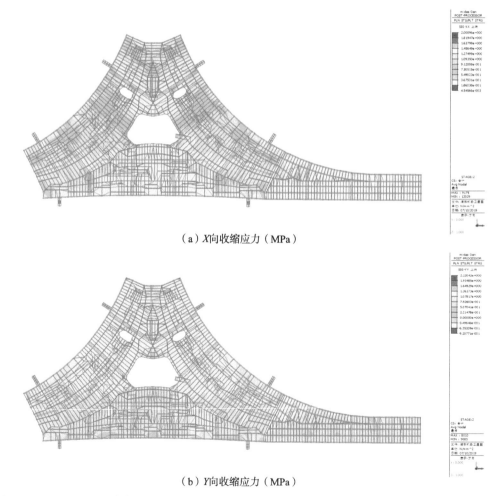

（a）X向收缩应力（MPa）

（b）Y向收缩应力（MPa）

图5-47　A5～A7区设置后浇带分块浇筑完所有梁板后第28天板内应力（有后浇带）

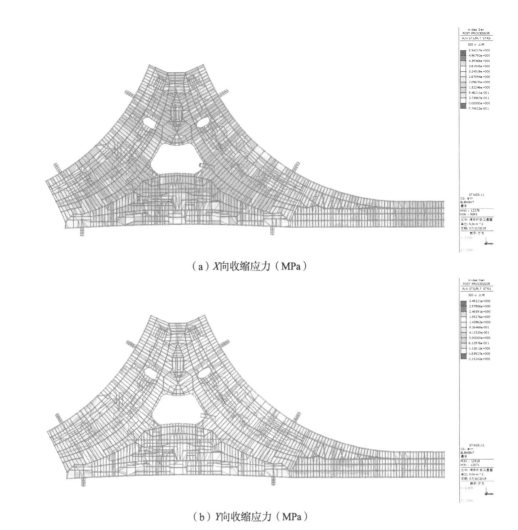

（a）X向收缩应力（MPa）

（b）Y向收缩应力（MPa）

图5-48　A5～A7区未设置后浇带分块浇筑完所有梁板后第28天板内应力（跳仓法）

置后浇带的混凝土浇筑分块方案（采用跳仓法）在最后一块梁板混凝土浇筑完后第28天的所有区域的板内应力情况。如图5-47所示，在设置后浇带的混凝土浇筑分块方案中，A5～A7区板X向影响较大区域的拉应力值在1.41MPa左右，其中局部少量的应力集中点拉应力达到2.00MPa；板Y向影响较大区域的拉应力值在1.12MPa左右，其中局部少量的应力集中点拉应力达到2.22MPa。如图5-48所示，在不设置后浇带的跳仓法施工方案中，A5～A7区混凝土板X向影响较大区域的拉应力值在1.82MPa左右，其中局部少量的应力集中点拉应力达到2.76MPa；板Y向影响较大区域的拉应力值在1.22MPa左右，其中局部少量的应力集中点拉应力达到2.15MPa。A5～A7区设置后浇带的混凝土浇筑分块方案应力大于1.82MPa，分布范围比跳仓法分块方案小；设置后浇带对减小应力峰值并没有显著效果，但是可以减小最大应力分布范围。

5.5.2 混凝土超高泵送虚拟仿真技术

近年来，随着信息技术的快速发展，虚拟仿真技术在混凝土超高泵送领域的研究与应用越来越多，为研究混凝土流变学和泵送行为提供了新手段、新方法。混凝土超高泵送虚拟仿真技术的应用可预测混凝土在泵送过程中的流场分布特征，分析不同因素对泵送压力损失的影响规律，并有可能对混凝土泵送中出现的离析、堵管的机理进行深层次剖析，为超高泵送混凝土性能设计和现场泵送施工提供理论指导。

1. 基于组分与尺度关系的混凝土超高泵送虚拟仿真方法简析

混凝土泵送过程实际上是混凝土在压力下沿输送管内部流动的过程。混凝土泵送过程的虚拟仿真是指利用计算机对混凝土的压力流动行为进行数值模拟。混凝土属于多尺度、多组分的复杂体系，它的各种组分之间还会发生复杂的化学反应并且具有时变效应。混凝土的直接数值模拟涉及的因素太多，对计算资源的需求无法估量，不具实际操作性。因此，必须对混凝土进行合理的假设与近似处理，针对要解决的不同问题，提取主要因素，选择合适的数值仿真方法。

泵送对混凝土的流动性有一定的要求，特别是对于超高层泵送而言，混凝土坍落度一般都要不低于180mm，很多工程已经广泛使用高流态乃至自密实混凝土进行泵送。流动性成为泵送混凝土区别于一般混凝土的一个重要特征。因此，考虑泵送混凝土的流体特性，可采用计算流体动力学的方法对泵送过程进行仿真。从细观方面考虑，新拌混凝土也是由不同尺度的颗粒体（粗细骨料）和胶凝材料浆体组成的复合材料。若要考虑混凝土泵送过程中内部颗粒之间的相互作用，也可采用离散元方法进行仿真模拟。计算流体力学将仿真对象视作连续相，而离散元则按离散相处理。那么，混凝土究竟应该算作连续相还是离散相，这取决于研究对象的特征尺寸。当特征尺寸超过混凝土最大颗粒尺寸5倍以上时，可近似将混凝土作为连续相处理，如研究混凝土泵送压力损失和流场分布时，输送管的特征尺寸为其管径，一般为125mm或者150mm，而泵送混凝土的最大颗粒尺寸约为20～25mm，这时可将混凝土作为连续流体，采用计算流体动力学方法进行数值仿真。若特征尺寸与混凝土最大颗粒尺寸接近或者更小时，则无法忽略颗粒体的作用，如研究混凝土在泵送过程中离析、堵管等问题，可考虑使用离散元方法。

2. 仿真模型的建立

本节以计算流体动力学方法为例，介绍混凝土超高泵送虚拟仿真技术的研究与

$$\Delta p = 0.0583 \text{MPa}$$ $$\Delta p = 0.0576 \text{MPa}$$

（a）二维轴对称模型　　　　　　　　（b）三维模型

图5-49　二维轴对称模型与三维模型及其仿真计算结果

应用情况。仿真采用基于有限体积法[20]原理的Fluent软件。仿真建模的过程主要包括：建立几何模型、网格划分、边界条件设定和本构模型的选择。混凝土泵送仿真主要研究混凝土在输送管中的流动问题，属于典型的圆管流动。Fluent软件在进行此类问题的仿真时可只针对流体进行建模，而输送泵和输送管壁可以直接简化为相应的边界条件。因此，依据输送管的内径可确定模型直径。为了得到流场的更多分析细节，Fluent仿真应尽量采用三维模型，尽管这样对计算资源的要求较高。针对复杂的模型，或计算资源不能满足要求时，模型也可采用二维简化，但需确保仿真对象轴对称。对于混凝土泵送而言，在直管中的输送问题既可以用三维模型也可以用二维轴对称模型，而在弯管中的输送问题则只能采用三维模型。如图5-49所示，图中给出了某1m长直管输送问题的二维轴对称模型与三维模型及其压力损失的仿真结果。由图可见两者的仿真结果还是比较接近的。

网格划分是Fluent为代表的CFD软件进行离散化计算的基础，网格质量直接关系到仿真结果的精度。二维模型可使用三角形、四边形或混合单元组成的网格；三维模型可使用四面体、六面体以及楔形单元或混合单元网格进行离散。四边形和六面体网格属于结构化网格，呈规则分布，存在明确的拓扑结构，适用于几何外形比较简单模型。三角形和四面体网格一般为非结构性网格。这类网格没有规则的拓扑结构和层的概念，支持网格节点的随意分布，具有较强的灵活性，然而，非结构网格计算的时候分析效率较低。图5-50为典型的六面体网格和四面体网格。在混凝土超高泵送仿真中，模型往往具有规则的几何形状，通常采用四边形和六面体网格离散。这种类型的网格分布与流动的方向平行，有助于减少仿真数值耗散，同时网格总数量相比三角形和四面体要少很多，计算速度较快。

边界条件是流场变量在计算边界上应满足的数学物理条件。混凝土泵送仿真，在不考虑温度影响的情况下，只涉及混凝土流动过程的仿真，因此，其边界条件一般仅包括流动出入口和壁面。流动入口边界条件可设置为速度入口或者压力入口，前者适用于混凝土流量已知的情况，后者适用于泵送压力已知的情况。流动出口边

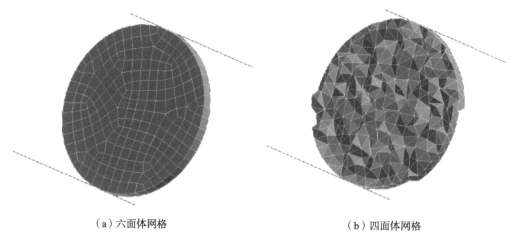

（a）六面体网格 （b）四面体网格

图5-50　典型网格划分形式

界条件可设置为自由出流或者压力出口。为了改善收敛条件，宜将出口边界条件设置为压力出口。

混凝土为非牛顿流体，大部分研究者采用宾汉姆模型[21]来描述混凝土流变性能。该模型仅采用屈服应力和塑性黏度两个参数控制。不同于牛顿流体，宾汉姆流体只有当外力超过屈服应力时才开始流动，这时剪切应力与剪切速率呈线性关系，其斜率即为塑性黏度。宾汉姆模型形式比较简单，同时两个参数物理意义明确，在混凝土流变学研究领域得到广泛应用，大多数混凝土流变仪基于宾汉姆模型。然而，近年来研究表明混凝土剪切应力和剪切速率存在非线性关系，即宾汉姆模型并不能非常有效地反映混凝土的流变性能，因此，研究人员提出了混凝土非线性流变模型，其中最典型的为Herschel-Bulkley模型。该模型可用公式$\tau = \tau_0 + a\dot{\gamma}_b$表示，式中$a$、$b$为与材料相关的常数。事实上，当$b$取值为1时，Herschel-Bulkley模型自动退化为宾汉姆模型，因此，可把宾汉姆模型看作是Herschel-Bulkley模型的特殊形式。Herschel-Bulkley模型能够较好地反映混凝土流变的非线性特征，特别是对于自密实混凝土适用性更好，但是其缺点在于参数物理意义不明确，而且在混凝土流变仪中应用比较复杂。Fluent软件并没有独立的宾汉姆模型，但提供Herschel-Bulkley模型。仿真人员可通过将Herschel-Bulkley模型中的幂律参数设置为1，即可得到宾汉姆模型。

3. 仿真参数的确定

在Fluent软件仿真模拟混凝土泵送的过程中，技术人员需要特别注意三个技术参数和选项：求解器类型、离散格式和压力-速度耦合算法。Fluent软件中提供了两种类型的求解器：压力基求解器和密度基求解器。这两种求解器都可以求解关于动量、能量、质量以及其他标量，如湍流和化学组分守恒的积分方程。在两种求解器中，速度场均是通过动量守恒方程解出，但是压力场的求解有所区别。压力基求解器通过压力方程求解压力场，该压力方程主要通过连续性方程和动量方程得出；密度基求解器则是通过状态方程求解压力场，其连续性方程主要用于求解密度场。压力基求解器主要用于低速不可压缩流，密度基求解器主要用于高速可压缩流。混凝土泵送属于前者，因此，选择压力基求解器。

Fluent中提供的离散格式包括一阶迎风格式、二阶迎风格式、乘方格式和QUICK格式。为了对比不同离散格式对混凝土泵送仿真结果的影响，分别选择一阶迎风格式、二阶迎风格式、乘方格式和QUICK格式进行仿真。图5-51给出了出口截面直径上的速度分布情况。可见，不同离散格式下出口截面直径上的速度分布差异不大，因此，选用一阶迎风离散格式已经能很好地满足实际需求。

Fluent软件支持4种压力-速度耦合计算方法，分别为SIMPLEC、SIMPLE、Coupled和PISO，其中，SIMPLE、SIMPLEC和PISO均为分离算法，对动量方程和压力修正方程分别求解。Coupled算法是基于压力-速度完全耦合的，对定常态计算更加稳健和有效，较分离算法更为优越。分别选用这四种压力-速度耦合算法进行仿真，图5-52列出了不同压力-速度耦合算法时出口截面直径上的速度分布曲线。由图可见，Coupled算法的速度分布比其他三种算法有更好的光滑性。此外，SIMPLE、SIMPLEC、PISO三种算法达到收敛时的计算迭代次数分别为93、83、129，而Coupled算法收敛只需要20次迭代，可见Coupled算法收敛速度大幅提升，因此，选用该算法进行混凝土泵送仿真。

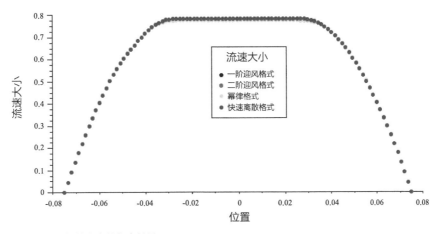

图5-51 不同离散格式的仿真结果

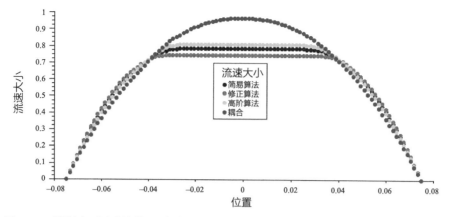

图5-52 不同压力-速度耦合算法的仿真结果

4. 泵送压力损失的关键因素

混凝土在泵送的过程中，随着流经管道长度的增大泵送压力也随之减少，经研究发现：混凝土的流变学参数、泵送流速和输送管道的尺寸是影响泵送压力损失的主要原因。

针对混凝土的流变学参数、泵送流速对泵送压力损失的影响，作者结合某一混凝土样品模拟研究，通过采用宾汉姆模型作为混凝土的流变模型，研究了仿真泵送压力损失在不同屈服应力和塑性黏度取值水平时的变化规律。根据仿真结果，图5-53和图5-54分别绘制了不同塑性黏度水平下泵送压力损失对屈服应力的散点图和

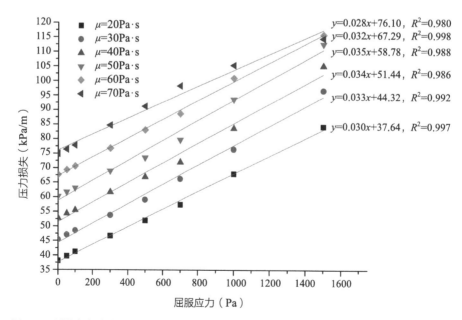

图5-53 屈服应力对泵送压力损失的影响

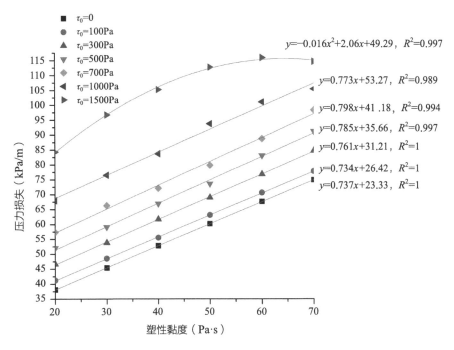

图5-54　塑性粘度对泵送压力损失的影响

不同屈服应力水平下泵送压力损失对塑性黏度的散点图，并对每个水平的数据进行线性拟合。图5-53显示，在保持塑性黏度不变的情况下，泵送压力损失随着屈服应力增大而基本上呈线性增大。图5-54表明，在保持屈服应力不变的情况下，泵送压力损失随着塑性黏度增大而增大，当屈服应力低于1kPa时，泵送压力损失与塑性黏度呈线性变化规律，而随着屈服应力进一步增大，压力损失与塑性黏度呈抛物线变化规律，压力损失随着塑性黏度增大的趋势有所减缓。通过对不同初始流速的混凝土泵送过程仿真分析，得到了图5-55所示的泵送压力损失-泵送初速关系曲线。曲线表明泵送压力损失随着初始流速增大而线性增大。

　　针对输送管道尺寸对混凝土泵送压力损失的影响，笔者研究了常用的直径为125mm和150mm输送管的压力损失情况。经仿真模拟，对比分析了管径（125mm和150mm）、混凝土流体屈服应力和塑性黏度对混凝土泵送压力损失的影响。表5-5中可见，选用ϕ150管较选用ϕ125管可降低泵送压力；增大输送管管径更有利于减少塑性黏度较大的混凝土的泵送压力损耗，而对高屈服应力的混凝土则效果不明显。

　　本节采用计算流体动力学方法对高流态混凝土进行了泵送虚拟仿真研究，通过对混凝土流体的合理假设与近似处理，得到了相对比较准确的泵送压力损失数据，

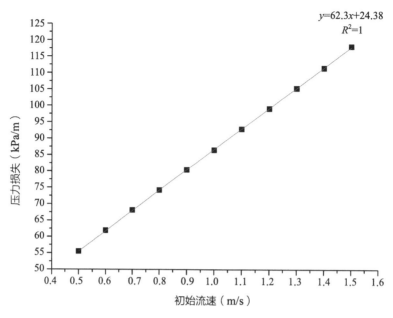

$y=62.3x+24.38$
$R^2=1$

图5-55　流速对泵送压力损失的影响

输送管直径对泵送压力损失的影响　　　　　　表5-5

屈服应力 （Pa）	塑性黏度 （Pa·s）	输送管直径 （mm）	仿真泵送 压力损失（MPa）	压力损失 幅度（%）
1000	40	150	0.0842	17.9
1000	40	125	0.1026	—
100	40	150	0.0555	19.6
100	40	125	0.0690	—
0.1	40	150	0.0527	19.2
0.1	40	125	0.0652	—
0.1	50	150	0.0600	20.5
0.1	50	125	0.0755	—
0.1	60	150	0.0671	22.0
0.1	60	125	0.0860	—

为超高层泵送施工提供理论指导。分析表明：混凝土组分和尺度关系得以精确的参数化表征，有助于大幅度提升混凝土超高泵送虚拟仿真方法的精确性，从而可根据工程建造需求对混凝土泵送施工参数（输送管布置、混凝土流变性能、泵送流量等）进行数字化调控，大大降低传统经验主导式施工方法所需投入的大量劳动力与物力成本，并可避免可能出现的堵管、爆管风险，具有重要的工程意义。

5.6 超高建筑结构竖向变形虚拟仿真技术

5.6.1 超高层结构施工过程竖向变形计算理论

1. 超高层结构施工竖向变形计算方法

超高层建筑在施工期间属于时变结构体系，随着施工进度的发展，建筑物的结构几何构造、边界条件、荷载工况均在发生着变化，同时，混凝土材料的力学特性也在不断地发展。随着有限元分析技术的发展，目前考虑施工过程和材料时变的非线性有限元分析方法成为了施工过程中的竖向变形模拟分析的主要方法，在模拟过程中，根据超高层结构实际的施工方案，将1层或1个区段作为一个施工阶段的整体，逐层或逐段激活，模拟结构逐层逐段施工的过程。在根据实际施工方案进行模拟分析的同时，还需进一步考虑超高层结构混凝土构件强度随时间变化发展以及收缩和徐变的影响。这种方法可以较真实地模拟施工过程中超高层结构变形、内力等结构响应参数的时变发展。目前常用的有限元计算分析软件如Midas/Gen、SAP 2000、ABAQUS、ANSYS等中都内嵌有考虑施工过程和材料时变特性的非线性模拟分析模块，可方便地用于超高层竖向变形的模拟分析。

2. 混凝土收缩徐变模拟及弹性模量演变

混凝土材料的强度、收缩和徐变特性是预测竖向变形的主要影响因素。混凝土的抗压强度与混凝土的配比、养护条件以及强度实验方法有关。混凝土在荷载作用下的应力–应变关系呈非线性，而且研究表明弹性模量与抗压强度有很强的相关性，因此，混凝土的弹性模量可利用其抗压强度来预测，从而建立弹性模量的时变曲线。混凝土收缩徐变机理复杂，且影响因素较多，具有较大的不确定性。尽管世界各地的研究人员对混凝土的收缩徐变性能进行了大量的实验研究，但由于影响因素复杂，尚未有一个收缩徐变模型能涵盖所有的影响因素。目前常用的混凝土材料时变特性预测模型有CEB–FIP模型、PCA模型、ACI模型等。这些模型均在试验和经验公式的基础上提出，便于有限元分析软件调用进行模拟分析，以充分考虑混凝土材料时变特性的影响。

3. 核心筒先施工层数的影响

超高层建筑施工阶段分析影响主要体现在核心筒相对外框架的先施工层数方面。实际施工过程中，往往先进行核心筒施工，待核心筒施工完成一定高度后，再相应进行外围框架结构的施工。核心筒先施工层数对于自身的竖向变形几乎没有影响，但是对于核心筒与外框架的相对差异变形将产生较大的影响。在采用正确的先施工层数进行施工阶段分析和进行高程补偿值计算时，如已经考虑了混凝土收缩徐变和压缩补偿的影响，则先施工层数完成后，核心筒与外框架之间差异变形将逐渐变小。在未进行补偿处理时，先施工层数数量的增加，对于核心筒与外框架相对差异变形是不利的。

5.6.2 上海中心大厦竖向变形分析

1. 分析方法

（1）工程概况

上海中心大厦是中国第一、世界第二高超高层建筑，该建筑地上共127层，地下5层，建筑高632m，如图5-56所示。建筑高度高，结构施工周期长，施工过程中的竖向压缩变形控制难。本节将以上海中心大厦主体结构竖向变形为例，进行分析和讨论。

（2）数值模拟参数

上海中心大厦主体结构采用Midas/Gen进行施工阶段模拟分析，如图5-57和图5-58所示，其核心筒墙体和楼板均采用壳单元模拟，巨型柱采用梁单元模拟。巨型柱底部固结于基础顶部，且考虑深基础与巨型柱底的相互作用。大厦主体结构按从核心筒、外框架到筒外楼板的实际施工顺序建立有限元模型。外框架巨型柱施工进度落后于核心筒8～12层，施工后期差距达到15～18层，楼板浇筑落后

（a）结构封顶后的上海中心　　（b）塔楼结构剖面图

图5-56　上海中心大厦示意图

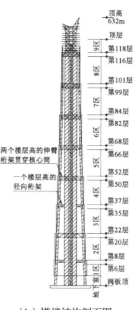

图5-57　整体模型

于巨型柱6～12层，施工典型楼层的施工周期约为每层4～8天，玻璃幕墙落后普通楼层1区进行施工。竖向荷载由自重、附加恒载、活荷载、幕墙荷载以及施工活荷载组成，其中施工荷载随施工进度施加，按照$1kN/m^2$考虑。如图5-59和图5-60所示，计算模型选用欧洲规范CEB-FIP建议的混凝土强度发展时间依存特性，而收缩徐变特性采用《公路钢筋混凝土及预应力混凝土桥涵设计规范》JTG 3362—2018建议模型选用，环境湿度取为70%，加载时龄期均取5天，按构件实际截面与周长之比计算构件理论厚度来考虑构件尺寸的影响。

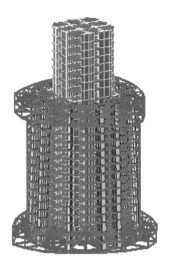

图5-58 部分结构模型

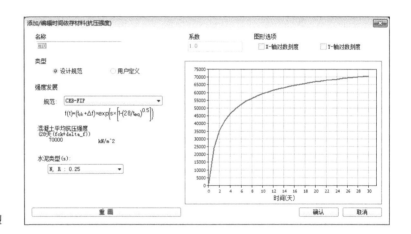

图5-59 强度发展模型

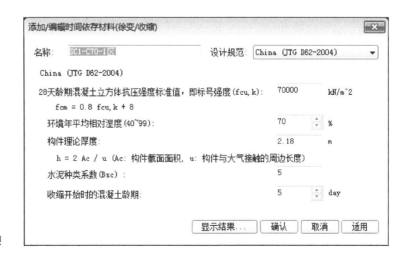

图5-60 收缩徐变模型

（3）计算结果分析

按照上述数值模拟方案，本节得到了结构全部施工阶段的竖向变形，选取巨型柱和核心筒以研究结构封顶时及封顶一年后的竖向变形情况。施工前变形和施工后变形是竖向变形的两类常用划分类型，前者表示施工该层时下部结构已经积累的变形，即结构施工前结构层实际标高和设计标高差异变形；后者表示结构施工后的标高相对于施工标高的变形，又称为考虑找平后竖向变形。两者的变形之和为不考虑找平的竖向累积总变形。图5-61和图5-62分别为核心筒和巨型柱在封顶时及封顶1

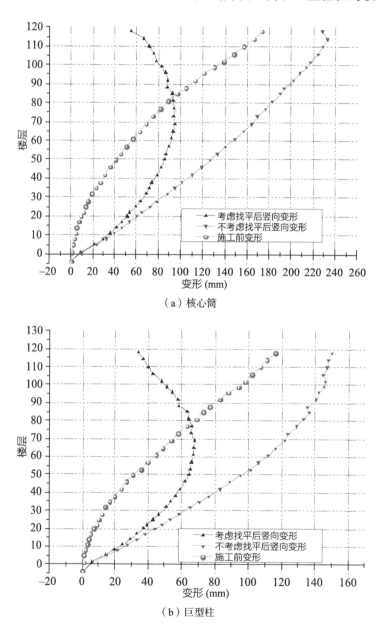

（a）核心筒

（b）巨型柱

图5-61　结构封顶时的竖向变形

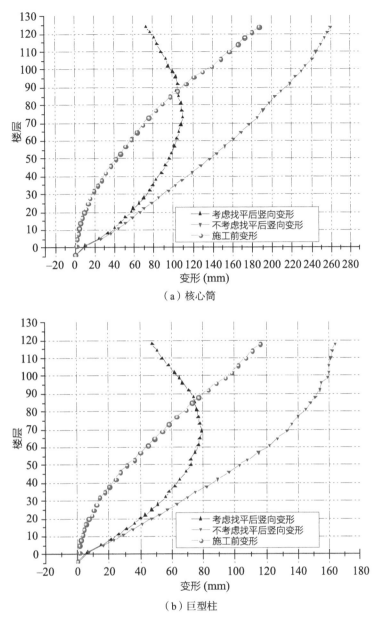

（a）核心筒

（b）巨型柱

图5-62　结构封顶1年后的竖向变形

年后的竖向变形，由图可知不考虑找平的竖向累积总变形及施工前变形随楼层高度的增加而增长，在顶层达到最大值；而考虑找平后竖向变形的特征呈现出顶部、底部楼层变形小，中间部位楼层变形大的规律。结构封顶时，核心筒和巨型柱考虑找平后的竖向变形在结构中间楼层部位69层达到最大值，变形分别为95mm和68mm，封顶1年后，核心筒和巨型柱考虑找平后竖向变形最大值分别为110mm和79mm，核心筒变形增长略高于巨型柱。结构封顶时，核心筒和巨型柱不考虑找平的竖向累积总变形最大值分别为228mm和150mm，封顶1年后，核心筒和巨型柱竖向累积总变形最大值分别增长为260mm和164mm；而在施工过程中，楼层的施工前变形不随时间变化。

图5-63（a）和（b）分别为结构封顶1年后的核心筒和巨型柱不考虑施工找平的弹性和非弹性竖向变形，对于核心筒，下部楼层的弹性变形和非弹性变形的比例基本一致，中上部楼层的收缩徐变非弹性变形超过了弹性变形的比例，对于巨型柱，弹性变形在总变形中占的比例较大，在最高楼层处，核心筒和巨型柱的收缩徐

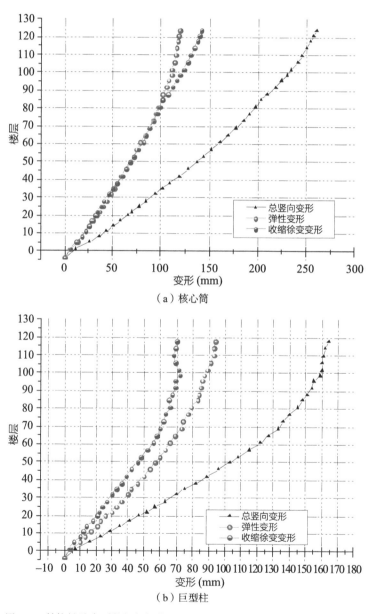

（a）核心筒

（b）巨型柱

图5-63　结构封顶1年后的竖向变形

变变形占总变形的比例分别为54.23%和42.68%，说明在施工过程分析中，不能忽略混凝土的收缩徐变作用。

图5-64和图5-65分别为结构封顶时和封顶1年后核心筒和巨型柱的竖向变形差异，由图可知竖向变形差呈现随楼层高度增高而增大的趋势。结构封顶时，竖向变形差绝对值最大值在上部楼层106层达到33mm，核心筒的竖向变形超过巨型柱，结构封顶1年后，竖向变形差绝对值最大值增加到36mm，由于竖向构件核心筒和巨型柱之间存在差异变形，且随时间增加有增大的趋势，有必要对变形预调方案进行研究。

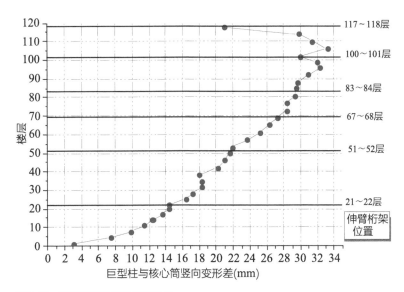

图5-64 结构封顶时的竖向变形差

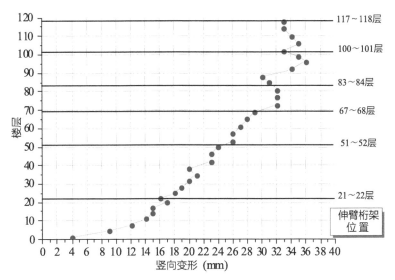

图5-65 结构封顶1年后的竖向变形差

2. 超高层竖向变形实测分析

为了确保超高层建筑施工过程中按照预定的标高成长，现场监测提供实时的施工状态数据，分析后续施工状态，可以起到保驾护航的作用。在上海中心大厦实际施工过程中对各区段的压缩变形进行了实测，测量的工况如表5-6所示。图5-66～图5-71为各区段实测压缩高差与设计高差及预抬高高差的对比。

实测压缩变形工况　　　　　　　　　　　　　表5-6

工况	时间	核心筒	外围钢结构	外围楼板
1	2012年3月	52F	37F	26F
2	2012年5月	62F	48F	37F
3	2012年9月	74F	64F	54F
4	2012年12月	89F	78F	68F
5	2013年5月	112F	100F	88F
6	2013年12月	125F	118F	118F

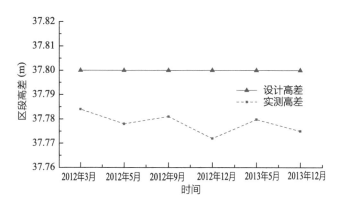

图5-66　一区高差

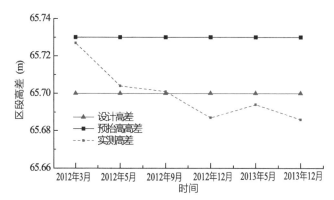

图5-67　二区高差

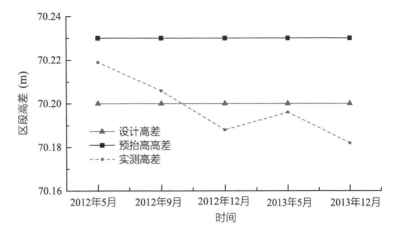

图5-68 三区高差

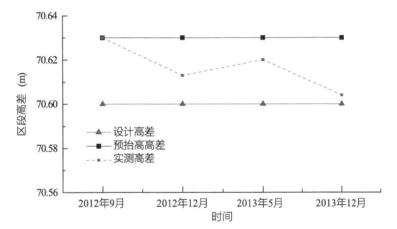

图5-69 四区高差

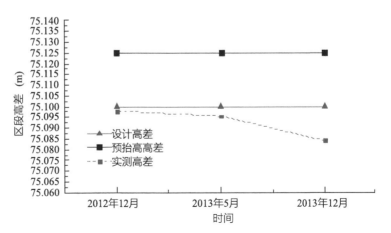

图5-70 五区高差

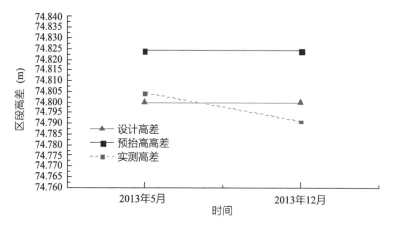

图5-71　六区高差

　　实测结果可见，实测高差小于预抬高高差，初始工况时实测高差高于设计高差，说明实际工程中区段压缩变形正在发展，预补偿变形已经发生但尚未完全发生，结构实际处于预抬高状态。随时间推进，实测高差有进一步减少的趋势，说明压缩变形在不断发展，实测高差小于设计高差说明区段的预补偿变形已完全发生，结构实际处于压缩状态。实测数据整体呈下降趋势，由于监测时间的温度不同，对变形产生影响，数据出现一定范围的波动。

　　为分析各区段实测高差与设计高差的差值，图5-72和图5-73给出了工况5和工况6实测的各区段高差与设计高差的差值，由图可知高差差值基本为负值，说明这两个工况下结构基本处于压缩状态，结构的压缩量超过了标高预抬高值，上部区段由于施工时间较短，其高差差值较下部区段大，且从工况5到工况6，随时间增加，差值有进一步减小的趋势，但高差差值在±30mm以内，结构处于可控状态。

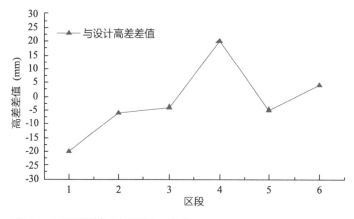

图5-72　工况5实测高差与设计高差差值

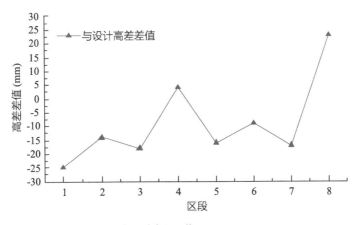

图5-73 工况6实测高差与设计高差差值

5.7 复杂曲面幕墙安装虚拟仿真技术

5.7.1 基于精度控制的安装虚拟仿真技术

在幕墙安装施工时，重点解决两个方面的问题：①对幕墙板块安装的前道工序的施工精度进行测控，确保其达到幕墙板块的精度要求；②幕墙板块的加工制作精度需严格控制，并达到相应设计标准。对第1个方面的问题，需要在幕墙板块施工前对前道工序进行跟踪测量和进行过程中移交，前道工序可能是土建埋件或者是钢结构系统。同时，需要在幕墙挂板前对所有控制点进行再次测量，并将实测数据与理论数据进行静态模拟，并找出局部超差的点位，在幕墙转接件设计时进行提前消化处理。对第2个方面的问题，在幕墙数字化加工环节已得到有效控制，出厂幕墙板块是精度合格产品。

钢支撑属于柔性悬挂体系，在超高层的外幕墙钢结构施工过程中，具有变形控制难度大的特点和施工精度高的要求，常规的钢结构施工方法较难达到幕墙挂板的施工精确度。为了达到理想的施工精度，钢结构幕墙系统采用基于BIM的从设计到施工一体化管理平台，如图5-74所示，给出了精度控制虚拟仿真流程，对幕墙板块批量制作质量起到了强有力的控制作用。

利用基于BIM的预拼装技术，可以在钢支撑的工厂加工阶段就发现加工质量不合格的构件，并给出整改建议。如图5-75所示，为钢支撑及幕墙转接件的某一施工阶段，借助基于BIM的变形预先判断技术控制钢支撑施工质量。施工过程中，将对转接件控制点处的实测结果与BIM系统计算结果进行比对，使得幕墙挂板施工前将连接件调试到位。

5.7.2 基于流程工艺的安装虚拟仿真技术

复杂曲面幕墙安装的流程和工艺非常复杂，需要从施工流程、工艺选择、施工措施、安全生产等多个方面进行一体化管控，在施工流程和工艺选择上，可以通过基于数字化的施工过程仿真模拟，提前展示现场施工的各项工作，对流程安排的合理性和工艺选择的正确性进行预先判定。如图5-76所示为某超高层建筑标准结构分区幕墙安装流程虚拟仿真；如图5-77所示为复杂曲面幕墙安装工艺的安装虚拟仿真。

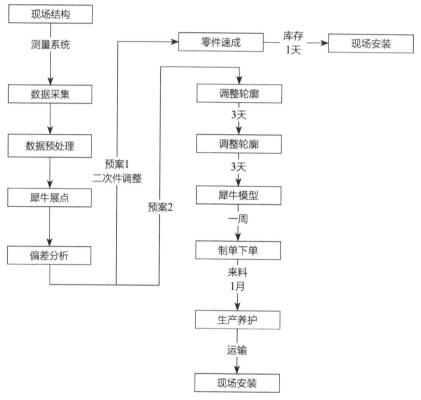

图5-74 精度控制虚拟仿真流程

（a）幕墙转接件施工　　（b）钢支撑施工　　（c）幕墙板块施工

图5-75 基于精度控制的幕墙系统安装施工

图5-76　复杂曲面幕墙板块施工流程模拟

图5-77　复杂曲面幕墙板块施工工艺模拟

　　对于施工措施来说，复杂曲面幕墙往往采用非常规的吊装机具和操作平台，如图5-78和图5-79所示，且与主体结构、幕墙板块存在空间上或时间上的未知干涉，可以通过施工过程的仿真模拟提前选择合适的措施方案，并早做准备，保障幕墙板块的现场连续、高效施工。

图5-78　施工操作平台的仿真模拟

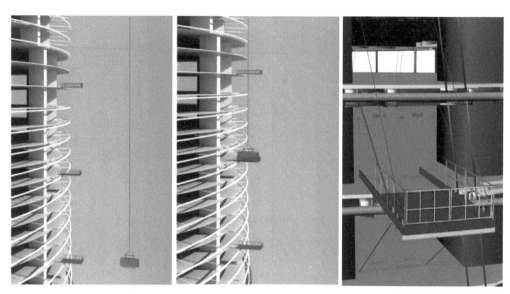

图5-79　施工卸料平台的仿真模拟

5.8　机电设备工程虚拟仿真安装技术

5.8.1　机电设备虚拟仿真安装技术

　　在机电项目中，通过应用BIM软件平台，可很好地模拟施工进度，精确描述专项工程概况及施工场地情况，依据相关的法律法规和规范性文件、标准、图集、施工组织设计等模拟专项工程施工过程，预先查漏补缺，减少专项施工方案的缺陷，确保项目安全进行、如期

图5-80　上海中心大厦工程机电安装过程中的大型设备吊装仿真

结束。在实际工程中，结合项目特点在施工前模拟钢结构吊装方案、大型设备吊装方案、机电管线虚拟拼装方案等施工方案，向该项目管理人和专家讨论组提供分专业、总体、专项等特色化演示服务，帮助确定更加合理的施工方案，可为工程顺利竣工提供有效保障。在上海中心大厦工程中，通过板式交换器施工虚拟吊装方案，如图5-80所示，管理人员可直观地观察施工状态和过程。

　　机电设备的仿真安装模拟技术是指通过直观的三维动画结合相关的施工组织、施工方案，来指导重难点区域施工过程的技术。与传统二维图纸的施工组织及施工方案相比，基于BIM的三维动画模拟仿真技术具有显著优势，尤其是BIM技术能够从

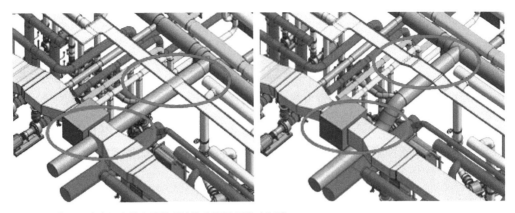

图5-81 某项目冷冻机房综合管线碰撞检验及调整后对比图

根本上解决施工过程中常遇到的碰撞问题。施工模拟仿真安装技术相较于平面施工方案更容易提前发现问题和解决问题。

考虑到仿真安装模拟需要花费一定的人力、物力及时间，项目实施过程中也并非所有区域的机电管道施工都有较大的

图5-82 上海中心大厦B1层管线吊顶精装模拟

难度，因此，施工仿真模拟采取重点区域模拟的原则，对项目重点区域进行仿真模拟，而非全局模拟。大型设备机房主要用于模拟设备的安装运输路线及就位。如图5-81所示，借由三维仿真模拟技术可直观地查看整体运输路线过程中可能出现的碰撞问题。由于部分项目管井内管道尺寸较大，且管井内施工操作空间较小，无法提供足够的施工操作空间，因此，需要利用模拟仿真技术来确认各管道间的施工工序问题，确保现场施工一次安装成功。而设备层则与管道井类似，如图5-82所示，往往实际项目中的设备层管线尺寸较大，数量较多，因此，在实际安装过程中必须协调好各工种间的安装施工顺序，确保现场施工的顺利实施。

利用上述技术，可以更加直观地了解施工过程中的各项技术难点，同时提前发现可能出现的各项技术问题，减少不必要的施工障碍，确保施工的顺利实施。

5.8.2 机电系统调试虚拟仿真技术

机电工程是项目建设的一个重要组成部分，其质量直接影响着建设项目的使用

功能。机电安装工程的实施是机电设备能够实现稳定与可靠运行的前提，而系统调试工作的开展则是机电安装质量能够得到有效评估的关键所在。系统调试可验证设计的合理性、安装的正确性及功能的完整性。随着现代化水平的提升，尤其是自动化设备的应用，超高层建筑和超大规模建筑日趋增多，机电工程越来越系统化、复杂化、智能化，系统调试工艺也日趋复杂。系统相关参数测试、分析及判定也更需要专业硬件和软件来处理，从而形成一套完善的数字化调试技术来服务于项目的建设。

数字化调试指的是采用智能数字式测试仪器仪表设备，通过数据通信的方式在计算机中形成数据库，由系统调试软件对数据库进行分析和统计，在系统的图形界面上显示调试结果，判定调试结果是否符合国家标准、设计要求，并形成调试报告。

如图5-83所示，数字化调试的内容包括供配电系统调试、通风空调系统调试、消防系统调试和仪表调试。在数字化建造BIM技术应用的基础上，工程师可以开发机电系统调试专业应用软件。这些软件的图形功能可直观反映供配电系统、通风空调系统、消防系统和仪表系统的各个设备。工程师利用二维码扫描技术可获得机电设备的制造参数，通过数据线通信的方式记录机电设备的各类调试参数，将设备制造参数和调试参数统一形成数据库，而后经计算机分析形成调试结果。用户在机电

图5-83　机电系统数字化调试

系统的图形显示上点击任何一台设备都能够显示经过处理后的相关数据。计算机强大的数据处理能力能够提供各种形式的调试报告，根据设定的国标和设计参数分析调试结果是否合格。计算机和网络技术的发展，使得基于多媒体计算机系统和通信网络的数字化技术为现代企业虚拟协作、远程操作与监视等提供了可能。局域网实现企业内部通过互联网建立跨地区的虚拟企业，实现资源共享，优化配置，使企业向互联网辅助管理和生产方向发展。

第 6 章

数字化施工过程
实时控制建造技术

6.1 概述

随着数字化施工理念以及物联网、互联网+等最新科技手段在建筑施工各个阶段的应用不断扩大，数字化施工控制技术得到了快速发展，极大地提高了工程建设管控能力。本章重点从地下水实时监测与可视化控制技术、逆作法桩柱垂直度实时监测与可视化控制技术、基坑及环境变形实时监测与可视化控制技术、大体积混凝土温度实时监测与可视化控制技术、超高建筑变形监测与可视化控制技术、钢结构整体安装过程监测与可视化控制技术、基于三维模型的机电安装可视化控制技术等方面系统阐释了较具代表性的数字化施工控制技术在工程建设中的研究与应用情况。

6.2 地下水实时监测与可视化控制技术

6.2.1 地下水实时监测系统

1. 地下水实时监测系统原理

地下水实时监测系统是指在数字化管理理念的基础上，利用现阶段信息及物联网技术的发展成果，实现对地下水数据的实时采集，并依托现代通信手段，将监测数据无线传输至数据中心，最终实现地下水监测数据的分类、汇总及分析管理。该系统应具备以下功能：①自动实现施工降水监测数据的不间断采集、存储、处理、精度评定；②自动实现施工降水监测数据的实时传递，确保数据可以在第一时间内通过网络传送到管理者手中；③自动生成各类地下水监测报表及相关分析曲线图等监测数据分析报表，通过多种预测分析手段进行施工降水风险的实时预警。

地下水实时监测系统的设计思想是建成一个施工降水监测信息管理服务平台，能够实现施工降水监测信息的采集、传递与分析的信息处理。为了实现上述功能，将该系统划分为三个子系统（系统构架见图6-1）：①数据采集系统：实现及时准确地采集现场降水监测数据和信息；②数据发射系统：实现现场施工降水监测数据的实时高效传输；③数据分析中心：实现施工现场各类地下水监测数据的分类、汇总及分析预测。

地下水实时监测系统通过数据采集设备、数据传输设备及数据处理设备完成整个系统的指令和数据交互传输。其具体流程如图6-2所示。

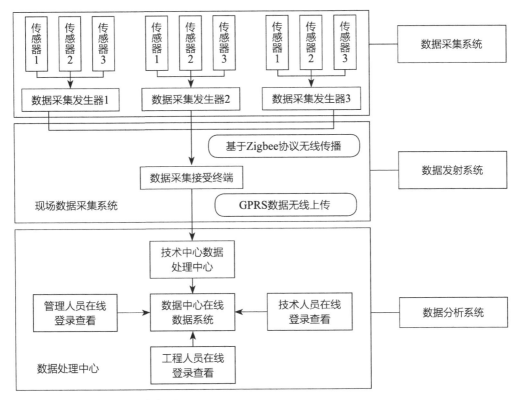

图6-1 地下水实时监控系统框架图

以采集工点1为例介绍地下水实时监测系统的指令及数据传输流程。首先监控系统发布采集地下水位数据的相关指令，该指令通过无线数据中心传输至现场采集单元，在现场采集单元接收到具体指令后，利用现场采集仪器采集地下水原始数据；然后无线数据中心将该仪器采集的原始数据存储至该工点在数据库中对应位置，监测控制软件在将相关数据进行解算的基础上，将结果存储至数据库。最后系统将采集单元中的数据进行清空处理，完成整个指令及数据的传输流程。

2. 地下水实时监测内容

为确保基坑降水顺利运行，有必要对降水运行实时进行信息化管理，其主要的监测内容如下：

（1）地下水水位测量

地下水水位测量是控制降水是否达到目的的主要措施，虽然承压水可以通过程序模拟估算地下水水位，但直接测量地下水水位是唯一有效的方式，通过地下水水位测量可以校验计算模型。地下水水位测量主要是通过在水位观测孔中放入水位计进行测量，同时，应配备多个地下水位观测孔作为水位观测或备用降水井。

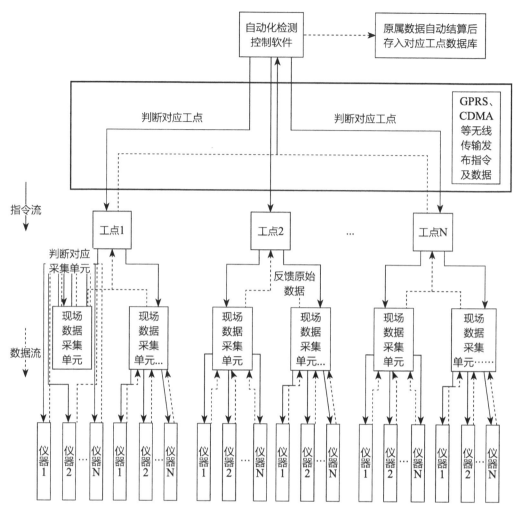

图6-2 系统数据流示意图

（2）抽水量监测

传统手工方法监测地下水位对于水位流量的测量不准确，影响因素较多。用水位传感器和数据自动采集方法监测水位可实现抽水量的每天定时测量，实时性较强。

（3）周边环境监测

地下水抽降及回灌过程中，因地下水位的上升或下降，极易对周边环境造成不利影响，因此在降水过程中应实时进行周边地面沉降、邻近建构筑物沉降/倾斜、土体分层沉降、坑底土体回弹及孔隙水压力等周边环境监测，并依据周边环境监测数据的统计及分析结果进行实时反馈，调整和优化地下水监测及控制技术，最大程度减少地下水降水及回灌对周边环境的影响，实现综合利益的最大化。

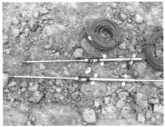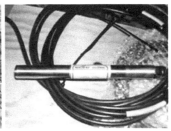

图6-3　地下水数据采集设备

3. 地下水实时监测系统组成

（1）数据采集系统

数据采集系统采用分布式网络结构，主要由两部分组成，一部分为采集元件（传感器），另外一部分为采集箱（数据采集器）。传感器是把物理量转换成电信号的装置，主要负责直接量测地下水位的变化、周边环境的变形等数据信息。数据自动采集仪布置主要负责将传感器采集到的实时数据进行预处理，并将其无线传输至远程数据中心。相关的数据采集设备主要包括：水位计、数据采集单元、供电系统及各类相关导线等（图6-3）。

（2）数据传输系统

由于数据采集设备多数分布于网络信号覆盖面小、干扰因素多的地下，因此地下水监测系统多采用Zigbee+GPRS或CDMA的传输方式进行无线数据传输，该传输方式具有组网简单、传输时效快、在线时间长、无需后台计算机支持、数据传输稳定高效等优点。同时，该数据无线自动传输系统可自动接入数据处理系统，将数据中心的控制指令实时传输到数据采集系统，实现数据流的传输封闭。

（3）数据处理系统

地下水及周边环境实时监测数据经数据采集系统及数据传输系统传送至数据处理系统后，经过初始处理形成数据原始文件，然后根据数据类型、传感器的具体参数及初始值设定等因素，采用不同的处理方式进行数据的换算处理，得到原始监测值（图6-4、图6-5）。数据处理系统可进行监测数据的筛分、汇总、归纳、分析及图像转化处理等。

图6-4　水位数据的分类汇总

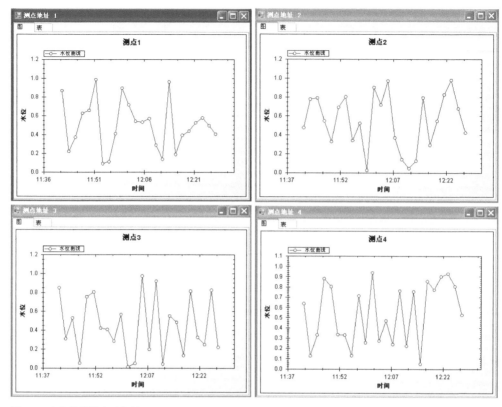

图6-5 水位数据的实时分析

6.2.2 地下水可视化控制技术

1. 地下水位状态可视化监控原理

地下水位状态可视化监控系统如图6-6所示。该系统基于水位自动化采集仪和振弦式水位采集传感器可自动化地采集动态水位，之后在计算机中进行数据处理，最终以各类分析图形进行数据的可视化显示。若施工现场出现观测井水位异常变动时，通过数据可视化显示窗口可清晰地观察到水位测孔中的水位变化情况，分析具体变化原因，为应急处理措施的实施提供数据支撑。

2. 地下水位状态可视化监控功能

地下水监测数据的汇总、分析，有利于综合各类数据的变化规律，对基坑降水的状态进行准确、综合的评价，基于地下水自动化监测技术的地下水可视化监控技术能够提供直观的降水变化趋势，有利于工程技术人员即时做出判断，并判断降水发展规律，提前预判地下水降排过程中可能出现的施工风险，采取有效的防范措施，实现地下水降排过程的安全可控。地下水位状态可视化监控数据分析应能实现以下两种功能：①不同工程监测数据的可视化汇总；②同一工程各类监测数据的可视化汇总。

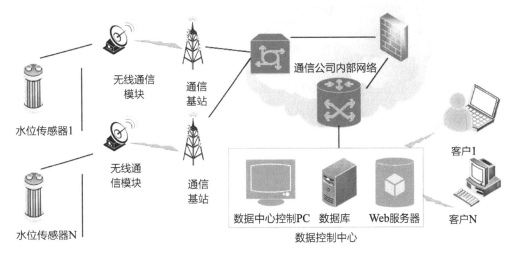

图6-6　地下水位状态可视化监控原理图

3. 地下水位状态可视化监控分析

（1）监测数据可视化分析

监测数据的可视化分析是对数据发展趋势的预测及把握，是地下水降排安全运行的重要保证措施。由于各种综合因素，传统的纯人工分析存在以下问题：①受限于认知水平和现场条件，人工分析难度大；②主观影响因素多，准确性低；③存在隐瞒不报的可能性高。鉴于以上问题，监测数据可视化分析分为智能分析和人工分析两方面。智能分析主要借助计算机设定的分析标准进行评估，功能主要包括：数据汇总/分析、绘制曲线图分析、报表与图形分析；人工分析视工程的重要程度与风险源的大小，可以分为：专家分析、预案分析以及视频分析。

（2）监测数据可视化查阅

地下水状态可视化控制主要侧重于井点水位和土体沉降的变化趋势。因此，对于数据的查阅可以采用多种形式：单点可视化分析、单孔可视化分析、多点可视化对比分析、多孔可视化对比分析。

1）单井点水位可视化分析

单井点水位可视化分析是指某基坑降水井点水位监测点的监测数据随时间的变化曲线，此种可视化分析有利于掌握基坑降水过程中关键井点的水位监测信息，同时便于对水位监测数据的变化规律进行预测。图6-7为单井水位变化可视化曲线。

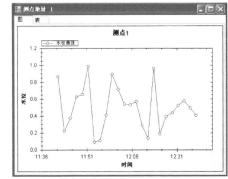

图6-7　单井水位变化可视化曲线

2）土体分层沉降单孔可视化分析

土体分层沉降单孔可视化分析指的是对某一地层剖面上的点沉降值在某一固定时刻的变化规律性进行可视化分析。借助于可视化图形形象显示断面上监测点的沉降变化，可以准确分析基坑降水过程中某一时刻的影响范围、影响深度以及最不利位置。图6-8为一典型的地层沉降单孔可视化分析曲线。

3）多井点水位可视化分析

多井点水位可视化分析是针对某基坑降水的多个监测点的监测数据随时间的变化曲线同时进行分析，用于分析确定监测点降水水位的变化规律、变化趋势，确定对施工最不利影响的降水区域。图6-9为典型的多点水位变化可视化曲线。

4）土体分层沉降多孔可视化对比分析

土体分层沉降多孔可视化分析是将土体分层沉降不同断面的监测数据汇总综合分析，便于了解整个基坑降水过程中的区域土体沉降规律、发展趋势，从整体上把握施工安全性及对周围环境的影响程度。图6-10为一典型的土体分层沉降多孔可视化对比分析曲线。

（3）监测数据可视化后处理

借助商业化软件（如Surfer等），利用其强大的绘制等值线等矢量图的能力，丰富的数据网格化和插值方法，迅速、方便地将监测数据转换为等值线、矢量、表面、线框、地表纹理等图形，实现对降水过程和沉降过程的可视化。

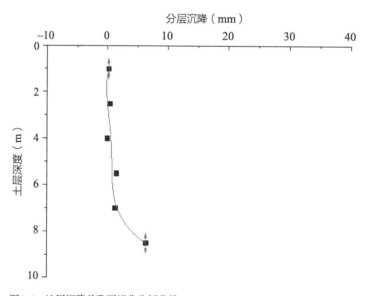

图6-8　地层沉降单孔可视化分析曲线

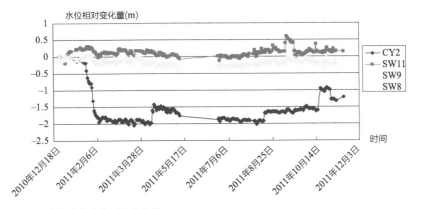

图6-9　多点水位变化可视化曲线

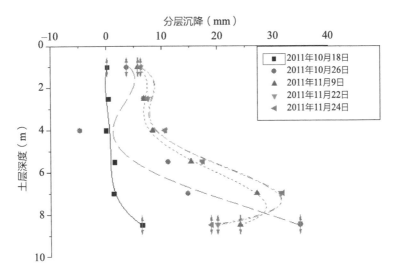

图6-10　土体分层沉降多孔可视化对比分析曲线

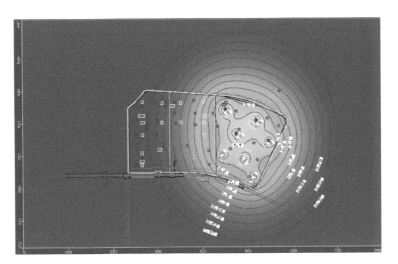

图6-11　基坑降水预测降水深度云图

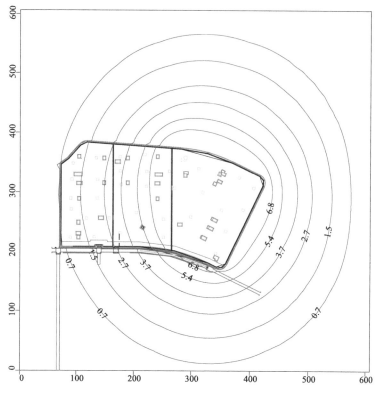

图6-12　基坑预估减压降水引发坑外地面沉降等值线图

6.3　逆作法桩柱垂直度实时监测与可视化控制技术

6.3.1　逆作法桩柱垂直度实时监测技术

1. 传统逆作法桩柱垂直度监测技术

传统逆作法一柱一桩钢立柱垂直度检测方法主要有测斜管法和倾斜仪法。测斜管法即在平行于钢立柱中轴线位置的外侧绑缚测斜管，然后在钢立柱下放就位后，在测斜管用测斜仪按一定距离间隔进行钢立柱的倾斜度测量。其具体测量原理见下图6-13。该方法施工过程中可根据测量结果实时调整钢立柱的垂直度，如不符合要求，可重复上述操作进行调整直到满足设计要求为止，不仅耗时费力，常常因为现场施工干扰因素太多无法达到较高的精度，难以适应施工环境复杂的逆作法桩柱垂直度监测。

倾斜仪法即通过在钢立柱上精准安装倾斜仪来测量钢立柱的垂直度，其测量原理如图6-14所示，首先将钢立柱用起重机吊起，然后用激光经纬仪测量并同时调整

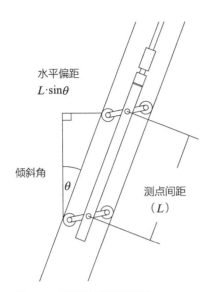
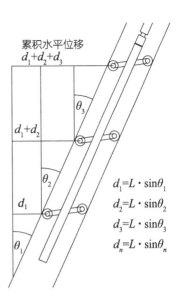

图6-13 测斜管法测量原理图

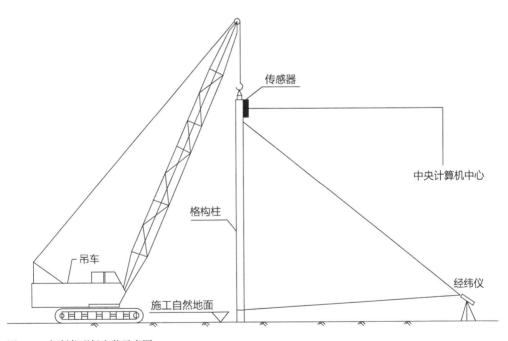

图6-14 倾斜仪现场安装示意图

钢立柱的垂直度，当钢立柱完全垂直时定位倾斜仪，并将倾斜仪归零，然后再在另一方向（90°方向）用同样方法定位倾斜仪并归零，完成倾斜仪安装。该方法的主要缺陷在于倾斜仪的定位是在钢立柱垂直悬吊的状态下完成，高空安装定位难度较大，工效太低且工料成本太大，难以真正在实际工程中应用。

针对地下预埋钢立柱垂直度的高精度自动化检测及监测难题，改变常规测斜管法或倾斜仪法存在测量工艺复杂、测量精度低、测量时效性差、工人劳动强度大、信息化智能化水平低等缺点，迫切需要创新研制一种能够快速、精确、便捷且节能环保的钢立柱垂直度实时监控与评估技术，突破传统施工技术制约瓶颈，实现钢立柱垂直度的智能化实时监控。

2. 逆作法钢立柱垂直度实时监控技术

（1）技术原理

逆作法钢立柱垂直度实时监控技术是利用由激光器和高精度倾角传感器组合而成的新型智能化倾斜仪及其配套激光光靶来实现钢立柱垂直度在施工过程中的实时监控。其中，激光器发射的激光线就是钢立柱的轴线（或某一条能代表钢立柱轴线的母线），也垂直于钢立柱的横截面，同时激光线与倾斜仪的测量轴线相平行。倾斜仪通过移动光靶的高差修正实现钢立柱施工过程中的垂直度实时变化反馈。

（2）逆作法钢立柱垂直度智能化实时监控系统

逆作法钢立柱垂直度智能化实时监测系统主要由智能倾斜仪安装调节机构、激光光靶、智能倾斜仪、显示仪表及程序软件等四部分组成。

1）智能倾斜仪系统及安装调节机构

智能倾斜仪须安装在特殊定制的调节底座上。调节底座可根据基准面对智能倾斜仪进行位置精调，智能倾斜仪可通过与移动光靶的配合完成钢立柱的垂直度测量。图6-15为智能化倾斜仪系统、安装调节机构及移动光靶。

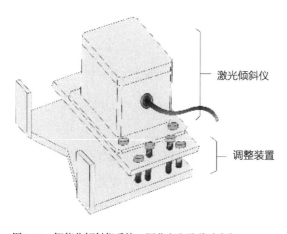
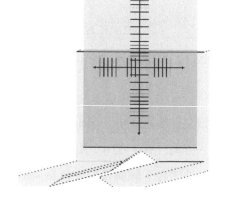

图6-15　智能化倾斜仪系统、调节底座及移动光靶

图6-16 显示仪表

2）显示仪表

显示仪表可实时显示智能倾斜仪的测量数据（图6-16），可完成智能倾斜仪激光发射装置的打开或关闭，并自带充电电池，在无电源的情况下可进行工作。

3）系统软件

可实现智能倾斜仪与计算机之间的实时通信，利用计算机的强大处理能力进行数据分析处理，并将数据分析结果以图形化的方式进行显示，方便观测钢立柱的倾斜变化情况。

（3）智能化倾斜仪高精度测量定位技术

逆作法一柱一桩施工中常用的钢立柱总体上有矩形钢立柱和圆形钢管柱两种，智能倾斜仪在矩形钢立柱和圆形钢管柱上的安装定位方法因钢立柱外形不同略有差异，矩形钢立柱激光线在激光光靶上的定位参数为（X_0，Y_0），而圆形钢管柱激光线在激光光靶上的定位参数为（X_0，Y_0，θ），θ 为光靶重物悬线与直线OA的夹角；以矩形钢立柱上安装智能化倾斜仪为例，介绍说明智能化倾斜仪的高精度、快速化测量定位技术。

1）安装定位前的准备工作

准备相关仪器和工具，包括智能倾斜仪、安装调整架、数据仪表（输出设备）、激光光靶（图6-17）、内六角螺栓和内六角扳手等；用内六角螺栓将智能倾斜仪和安装调整架联接为一体，螺栓保持一定松紧可调范围；将逆作法施工用的钢格构件平放地面，并在构件上焊

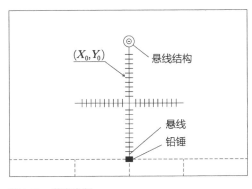

图6-17 激光光靶

接带有四个安装孔的钢板,钢板安装的位置远离钢构件端面,母线方向至少保持原来2个智能倾斜仪的距离。

2)检查矩形钢立柱的外形直线度

目测初步检查钢立柱的直线度;离带孔固定安装钢板从近到远,在钢立柱上位置1、位置2、位置3、……、位置n,分别画出放置激光光靶的基准线。位置1处的画线示例:用卷尺测量钢立柱的径向尺寸,用石笔在钢立柱上画出放置激光光靶的位置1基准线。通过上面类似的步骤,在钢格构件的位置2、位置3、……、位置n进行画线,保证这些基准线共线且平行钢立柱的母线。

3)智能倾斜仪粗调定位

用螺栓将智能倾斜仪、安装调整架及带安装孔的钢板连接起来。与此同时,用通信线连接输出设备(如测量仪表),接通电源,调整放置智能倾斜仪的位置,并拧紧连接螺栓,使得发射出来的激光束照在钢立柱的激光光靶上,完成对智能测斜仪的粗调。

4)智能倾斜仪精调定位

将激光光靶放在钢立柱位置1的基准线上,记录此时光靶上激光光点的位置(X_0,Y_0)。然后,将激光光靶放在钢立柱位置2的基准线上,通过松紧安装调整架上的内六角螺栓,调节智能倾斜仪调整架,实现对激光光靶上光点的上下左右移动,直到激光光点的位置在(X_0,Y_0)处。以此类推,依次将激光光靶放在钢立柱位置3、……、位置n,通过松紧内六角螺栓,调节智能倾斜仪调整架,保证激光光点的位置在(X_0,Y_0)处,最后拧紧智能测斜仪调整架的定位安装调节螺栓,完成对智能倾斜仪的精调定位安装。

5)智能倾斜仪定位校核

将激光光靶重新放到钢立柱位置1、位置2、……、位置n的基准线上进行校核,确保激光光点的位置在(X_0,Y_0)处。如果重合,结束定位安装。如果不重合,需重复步骤3)、4)和5),直到满足要求(图6-18)。

(4)监测数据实时修正技术

1)直柱

通过移动光靶可以记录下钢立柱的高差值,如果钢立柱很直,则高差值近乎相等,将来测出的数据则无需修正,如图6-19所示为直柱。

2)弯柱与折柱

弯柱(图6-20)与折柱(图6-21)的测量同上述直柱,即可通过移动光靶记录

图6-18 具体施工工艺流程图

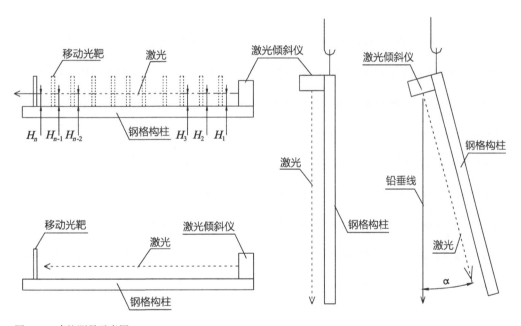

图6-19 直柱测量示意图

下钢立柱的高差值,作为修正值对测量数据进行修正。

3. 逆作法钢立柱垂直度实时监控评估技术

针对逆作法一柱一桩施工垂直度实时监测项目的特点,通过严把钢立柱、监测

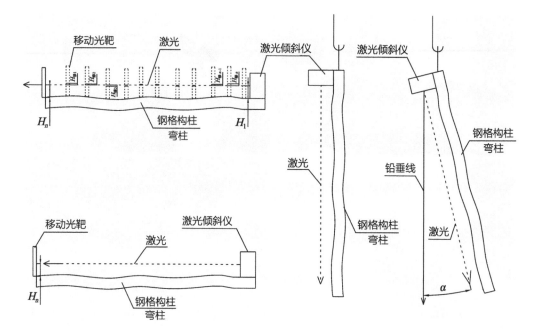

图6-20 弯柱测量示意图

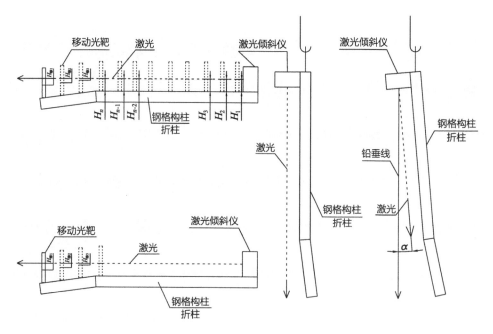

图6-21 折柱测量示意图

仪器等进场质检关,实施及时有效的现场管理,跟踪测定混凝土灌注前、混凝土灌注后以及混凝土终凝后的钢立柱垂直度,及时发现垂直度偏差,并采取措施现场纠正,保证垂直度达到施工要求。

（1）监控评估内容

逆作钢立柱垂直度实时监控全过程评估：对一柱一桩钢立柱垂直度做到事前、事中及事后的全过程检测与评估。其中事前评估包括钢立柱的进场验收、监测仪器的质量验收等阶段，通过材料、设备等质量的把控及前期初始数据的采集来进行钢立柱垂直度初始评估，为后续钢立柱垂直度的实时监测与校正提供数据基础。事中评估包括跟踪测定混凝土灌注前、混凝土灌注后以及混凝土终凝后的钢立柱垂直度，及时发现偏差，并采取措施进行现场纠正，保证垂直度达到施工要求；事后评估是在项目结束后进行终结评估，包括土方开挖后的垂直度复测等。

（2）事中评估技术

以上海某工程一柱一桩施工垂直度实时监测项目为例，来说明逆作法钢立柱垂直度实时监控事中评估技术。该项目桩基础采用钻孔灌注工程桩，地下结构采用逆作工艺，竖向支撑均采用一柱一桩进行施工：钢立柱采用450mm×450mm角铁组成的格构柱，长度不大于15m；钻孔灌注桩直径800mm（上部钢立柱插入部分扩孔至900mm）。钢立柱垂直度要求：不大于1/500（永久性钢立柱）及不大于1/300（临时性钢立柱）。通过对近1个月内112根钢立柱在混凝土灌注前、混凝土灌注后以及混凝土终凝后的垂直度监测数据统计（图6-22），采用3σ准则（拉依达准则）进行处理偏差，并分别绘制混凝土灌注前、混凝土灌注后以及混凝土终凝后钢立柱垂直度折算偏差距离的正态分布图，评估监测数值质量以及垂直度均满足施工要求，即永久性钢立柱垂直度不大于1/500。

图6-22是据钢立柱垂直度折算成的偏差距离绘制而成（其中GJQ为混凝土灌注前；GJH为混凝土灌注后；ZNH为混凝土终凝后），三条曲线均在0～40mm区间波动，说明现场对钢立柱垂直度的监测数据采集较为合理。

接下来采用3σ准则（拉依达准则）进行处理偏差，使得数值分布在（$\mu-3\sigma$，$\mu+3\sigma$）中的概率为0.9974，绘制数据正态分布图（图6-23～图6-25），得出这组数据的均值和标准方差，并对不良率进行预估判断，评估结果表明监测数值质量以及垂直度达到预期。

图6-22　混凝土灌注前、灌注后、终凝后的钢立柱垂直度折算成偏差距离

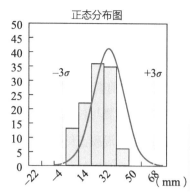

单位(Unit)	mm
最大值(Max)	42.38
最小值(Min)	0
平均值(AVE)	15.86
标准差(STD)	8.73
上管制线(+3σ)	42.07
下管制线(−3σ)	−10.34
样本量(Sample Size)	112
预估不良率(Defect)	0.00
偏度(Skewness)	0.494
峰度(Kurtosis)	0.087

图6-23 混凝土灌注前钢立柱垂直度折算偏差距离的正态分布

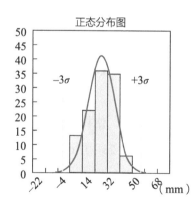

单位(Unit)	mm
最大值(Max)	44.05
最小值(Min)	3
平均值(AVE)	20.52
标准差(STD)	9.54
上管制线(+3σ)	49.15
下管制线(−3σ)	−8.11
样本量(Sample Size)	112
预估不良率(Defect)	0.00
偏度(Skewness)	0.300
峰度(Kurtosis)	−0.611

图6-24 混凝土灌注后钢立柱垂直度折算偏差距离的正态分布

单位(Unit)	mm
最大值(Max)	38.29
最小值(Min)	3
平均值(AVE)	23.04
标准差(STD)	9.79
上管制线(+3σ)	52.42
下管制线(−3σ)	−6.35
样本量(Sample Size)	112
预估不良率(Defect)	0.00
偏度(Skewness)	−0.191
峰度(Kurtosis)	−0.892

图6-25 混凝土终凝后钢立柱垂直度折算偏差距离的正态分布

6.3.2 逆作法桩柱垂直度可视化控制技术

1. 传统逆作法桩柱调垂工艺

我国传统地下结构逆作法钢格构柱调垂工艺差别不大，均是在距地表一定距离的位置直接利用专用的调垂装置通过施加调垂力来进行钢格构柱的垂直度调节，按照调垂装置的具体位置分为地下调垂工艺和地上调垂工艺，其具体工艺原理如图6-26所示。

工程施工中，逆作法钢柱垂直度控制技术主要包括孔下气囊及机构调垂法［图6-27（a）（b）］、定位架调垂法［图6-27（c）］以及导向套筒调垂法［图6-27（d）］等四种调垂技术。其中，孔下气囊调垂法、孔下机构调垂法及导向套筒调垂法属于地下调垂工艺，定位架调垂法属于地上调垂工艺。地下调垂工艺由于调垂装置安装在地表以下，存在调垂装置安装难度大、机构拆除不便等问题；而地上调垂工艺，因为距离地表位置较高，调垂装置的安拆难度虽较地下调垂工艺较小，但仍具有很大的优化空间，同时也给混凝土浇筑增加了难度，越来越不能满足快速施工和更高的垂直精度要求（垂直精度要求达到1/500、1/600或更高）。所以，研究、设计出一种调垂效果好、精度高、调垂便利而且具有经济实用性的全自动调垂系统成为本领域技术人员迫切需要解决的技术难题。

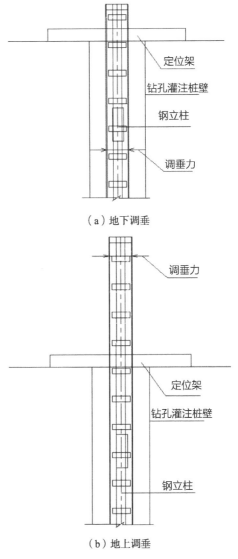

图6-26　钢立柱垂直度直接法调垂工艺原理图

2. 逆作法桩柱垂直度全自动实时控制系统

（1）技术原理

逆作法桩柱垂直度实时控制系统在克服传统逆作法钢立柱垂直度调垂工艺存在的调垂工艺复杂、调垂精度低、劳动强度大、信息化水平低等问题的基础上，以地面为调垂机构基准面，将调垂装置与钢立柱进行固定连接，依靠各个方向的千斤顶进行钢立柱的垂直度调节；同时，为了实现全自动实时调垂，将传感器技术、激光技术及计算机自动控制技术进行系统集成，开发研制了逆作法钢立柱垂

（a）孔下气囊调垂法

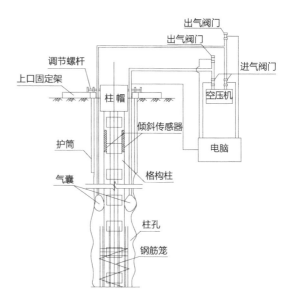

（b）孔下机构调垂法

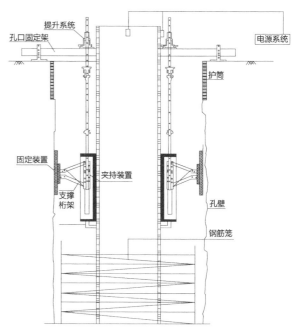

（c）定位架调垂法

（d）导向套筒调垂法

图6-27　传统调垂工艺示意图

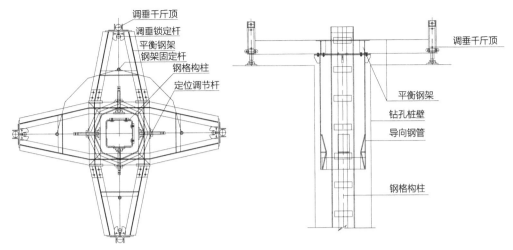

图6-28 钢立柱垂直度间接法调垂工艺原理

直度全自动实时控制系统。

逆作法钢立柱垂直度全自动实时控制系统原理（图6-29）：当钢立柱垂直度发生变化时，通过逆作法桩柱垂直度实时监测技术检测出钢立柱X轴和Y轴两个方向的水平位移角度，通过数据传输发出通信信号给操作控制箱内的PLC，PLC对采集的数据信号进行分析，通过控制千斤顶油缸的伸缩来调整钢立柱的实时姿态，以满足设计施工对钢立柱的垂直度要求[22]。

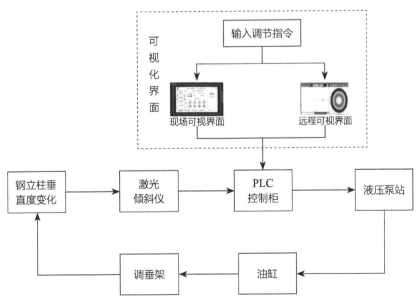

图6-29 系统工作原理简图

（2）垂直度实时控制系统

逆作法桩柱垂直度全自动实时控制系统（图6-30），主要由：高精度监测技术（详见6.3.1）、液压动力控制系统（图6-31）、液压调垂自动控制系统（图6-32）、同步伸缩千斤顶、调垂及定位机构。

液压动力控制系统包括调垂液压动力泵站及电气控制系统，如图6-31所示。

液压调垂自动控制系统研制了具有人机对话友好功能，使钢立柱自动化调垂变得更智能、更直观、更准确（图6-32）。

同步伸缩千斤顶解决了自动调垂过程中千斤顶不同步造成速度快慢的自动调垂难题。调垂及定位机构解决了超低高度钢立柱的调垂难题，还可省去大型机械混凝土泵车，工地橄榄车可以直接将混凝土灌注到桩孔中，大大节约了设备及人力成本，同时也提高了施工效率。

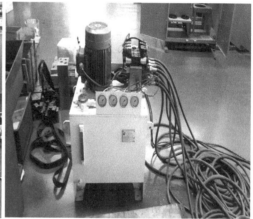

图6-30　逆作法桩柱垂直度全自动实时控制系统

（a）液压动力泵站　　　　　　　　　（b）电气控制系统

图6-31　液压动力控制系统

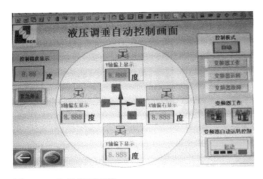

图6-32 自动控制系统

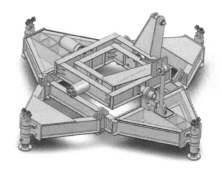

图6-33 逆作法桩柱垂直度多维数字化定位调垂机构

为了进一步提升钢立柱垂直度控制系统的精准性和稳定性，减少施工过程中同步伸缩千斤顶可能出现的"交替爬升"现象，进而导致钢立柱的中心定位出现偏差及机构稳定性降低等问题，上海建工在上一代钢立柱调垂及定位机构研发经验基础上，结合工程实际问题，联同激光技术、液压技术、传感器技术及计算机自动控制系统等先进技术，进一步开发出了第二代逆作法桩柱垂直度多维数字化控制系统，与上一代钢立柱调垂及定位机构不同的是二代机构改变了"整体调垂"设计思路，由水平调整机构、位置精调机构、垂直精度调整机构等组成，实现了钢立柱垂直度的多维、分步、精细化调整（图6-33）。

3. 逆作法桩柱垂直度实时控制可视化技术

（1）逆作法桩柱垂直度实时可视化监控系统

逆作法桩柱垂直度可视化监控系统主要包括：屏保画面、偏移量显示、自动控制、手动控制、参数设置等五大模块，其具体架构如图6-34所示。屏保模块主要作为系统的软件入口；手动控制模块主要通过人为操作来进行垂直度调节；自动控制模块主要依靠计算机进行垂直度调节；参数设置模块可进行控制精度、屏保时间等主要参数的设置，偏移量显示模块可以实时显示X、Y方向的偏移度数和偏移量。除屏保模块外，其他四个模块之间均可以实现数据互通及界面跳转等功能，具体的模块功能界面如图6-35所示。

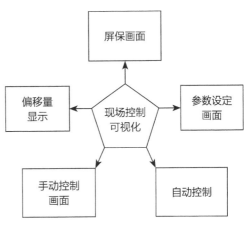

图6-34 现场控制可视化界面架构

（a）屏保模块

（b）手动调垂模块

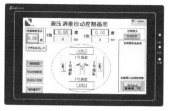
（c）自动调垂模块

（d）参数设置模块

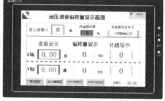
（e）偏移量显示模块

图6-35　模块功能界面示意图

（2）远程可视化控制界面

远程控制可视化界面的创新研发在一定程度上可以帮助工程师进行钢立柱垂直度的数据分析。其界面主窗口包含三个视图，分别为：①x/y向偏移与时间关系图，主要反映钢立柱的垂直度随时间的变化趋势；②x/y向偏移与位置关系曲线图，主要反映钢立柱的垂直度沿钢立柱轴线的分布情况；③指定位置的偏差靶心图，主要反映指定位置钢立柱的偏移位置和偏移方位，便于通过调垂系统进行初步调垂。

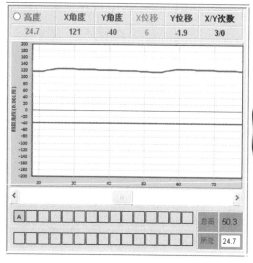

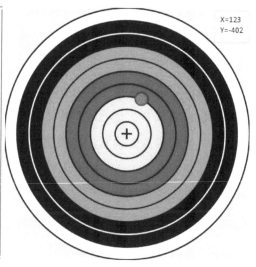

图6-36　远程控制可视化界面工程示例

6.4 基坑及环境变形实时监测与可视化控制技术

6.4.1 基坑及环境变形实时监测系统

1. 基坑及环境变形实时监测系统原理

基坑及环境变形实时监测系统采用两级、三层的系统架构模式，详见图6-37。其中两级包括远程控制级和现场控制级，三层包括监测传感仪器层、现场控制中心层和远程控制中心层。系统通过监测传感仪器层实时采集现场施工监测数据，监测数据汇集到现场控制中心层对施工数据进行初步分析，并通过网络传输至远程控制中心层对监测数据进行深度分析，预测施工风险发展趋势并对影响程度进行评估，做到施工安全风险"及早发现、及时评估、即时预警"。同时，借助现场控制中心层和远程控制中心层的数据处理分析功能实现施工监测数据的可视化。

2. 基坑及环境变形实时监测系统组成

（1）监测传感仪器层

监测传感仪器层主要包括数据采集系统和数据发射系统。其中，数据采集系统的监测仪器由采集元件（传感器）和采集箱（数据采集器）两部分组成。采集元件

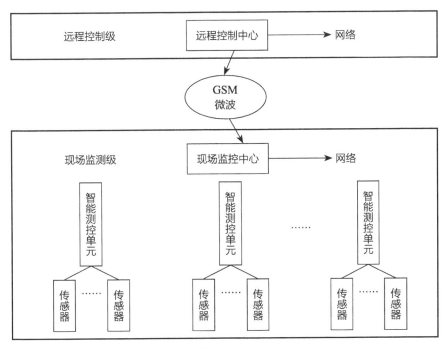

图6-37 基坑及环境变形实时监测系统架构

主要包括采集传感器、供电系统及各类通信电缆等；采集箱（数据采集器）与现场采集元件采用有线连接方式采集数据；数据发射系统主要是为了提高系统的自动化和信息化，采用基于Zigbee的无线数据传输系统，实现了现场监测数据高速率、高稳定传输，可自动接入数据处理系统。

（2）现场控制中心层

为了与自动化监测数据采集系统相匹配，开发了DSC无线数据业务中心系统（图6-38）。该系统可提供短信、GPRS网络及有线3种通信方式；可同时对一个项目的不同采集工点或不同地方的多个项目进行监测数据的实时采集，并将采集数据通过上述通信方式传输至特定数据库。该系统主要功能包括：现场测点的管理、监测仪器采集参数的设置、系统通信资源的管理等。

（3）远程控制中心层

远程控制中心层主要由三个部分组成：数据分析模块、风险评估模块、专家建议模块。主要功能包括：数据整理与分析、数据评估与预警以及超前预警等，其中数据分析模式主要包括人工分析和系统智能分析，其中人工分析包括专家分析、视频分析及预案分析等多种模式，智能分析主要包括后台数据汇总、数据曲线分析、报表分析、图形分析等多种模式。该系统架构图详见图6-39。

3. 基坑及环境变形实时监测内容

基坑及环境变形实时监测与可视化系统监测必须对基坑施工过程中的基坑本体结构和周围环境影响进行有效监控，明确监测内容，确保基坑工程施工安全可

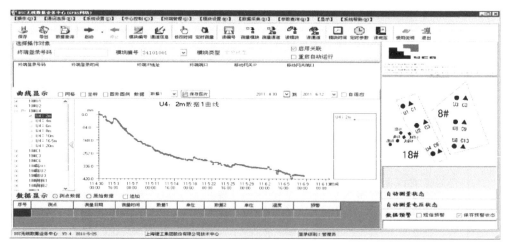

图6-38 DSC无线数据业务中心系统

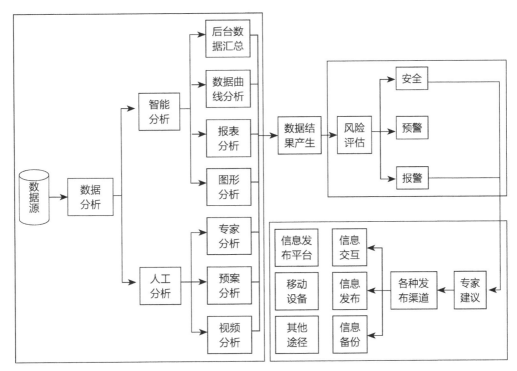

图6-39 基坑及环境风险预警系统架构图

控。基坑施工监测基于两个基本要求：①基坑结构本体施工的安全性；②周边环境的影响。具体监测内容主要包括对支护结构本体（如围护结构水平/垂直变形、围护结构倾斜变形、支撑结构内力、立柱隆沉及坑底土体变形等）、地下水状况、周边土体变形、周边建筑沉降、市政管线及设施、其他应监测的对象。当基坑工程影响范围内存在特殊要求的建构筑物（如地铁隧道、桥梁及其他大型市政生命管线）时，监测内容及其具体控制值应与有关主管部门或单位进行统一协商确定。

6.4.2 基坑及环境变形可视化控制技术

1. 施工数据可视化分析技术

基坑工程由于其地质条件的不确定性、工程施工条件复杂性等因素，工程建设面临着众多安全风险。为了提升基坑工程施工的安全性，往往在基坑围护结构、水平支撑结构、竖向支撑结构及周边建构筑物附近布设大量的监测传感器（如测斜仪、水位计、分层沉降仪、钢筋轴力计等）进行24h不间断数据测量，这些监测设备的存在不仅可以确保基坑工程施工的安全与高效，同时可以为基坑工程施工建设提供可靠的数据源，为后续工程提供宝贵的基础资料。因此，对基坑工程监测数据进行采集、分类、汇总及分析处理对于基坑工程施工具有非常重要的意义。而传统基坑工程数据处理一般仅对数据进行简单的对比分析及汇总等，无法直观地对工程施工现状进行反映，更无法进行深入的数据挖掘以期指导未来工程施工。基坑及环境变形数据的可视化分析技术可以有效解决上述问题，经过计算机的高速处理以图像（图6-40）的形式对监测数据进行实时展示，可以非常方便工程管理人员实时查看监测数据，加深对工程实际数据的理解。数据分析的可视化技术可以非常方便地以交互的方式管理和开发既有原始数据，通过数据的多属性或多变量设置，将其进行分类、排序、组合及显示等，最终以图像、动画等形式进行显示，实现监测数据的深度挖掘和充分利用。

2. 施工过程的可视化控制技术

（1）基坑施工进度的可视化控制技术

基坑施工进度的可视化控制技术是集成BIM、虚拟现实技术、数字三维建模等计算机技术，借助于Autodesk公司的Revit系列软件，给BIM模型中各个对应元素增加相应的时间参数，对基坑工程施工进度进行三维可视化模拟，同时可增强对施工工艺过程的预见性，检验施工工艺、实施方案的合理性，通过对基坑施工进度进行实时三维呈现，并与规划的施工进度模型对比分析，实现基坑工程施工进度可视化管理。以上海中山公园工作井为例，图6-41（a）~（d）分别展示了本工程项目的四个典型工况：围护结构施工、土方开挖、基坑开挖到底、支撑结构拆除。通过将时间维度与已建BIM三维模型进行实时对应，可以实现基坑施工进度的可视化实时

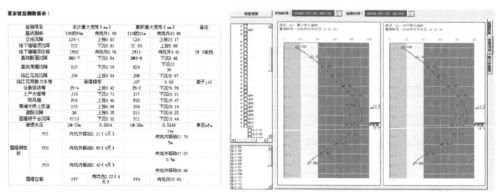

（a）监测数据汇总　　　　　　（b）监测数据分析

图6-40　基坑监测数据汇总及曲线分析

展示，使得项目工程施工进度更加直观、形象，同时，可依据基坑进度分析功能，对后续工作进行进度预判，并将分析结果提供给项目管理人员，为工程施工管理提供决策依据。

（2）基坑施工质量的可视化控制技术

基坑施工项目质量控制中的环节众多，内容繁杂，各种无法预知的因素都可能导致工程质量问题。基坑工程质量的可视化控制技术可以从两方面进行分析：首先是对于技术图纸、施工方案、风险源统计、工程整改及各类工程表格等文字或图形资料可以通过建立统一的工程项目综合管理系统来实现项目管理数据的时时、准确收集，为项目决策提供可靠依据；其次对基坑施工作业全过程（如围护施工、土方开挖及结构施工等）通过物联网、互联网及云处理等现代化信息技术手段，进行施工过程的可视化实时管控，并利用BIM技术的可视化功能进行集成化管理，可有效解决传统施工过程中各

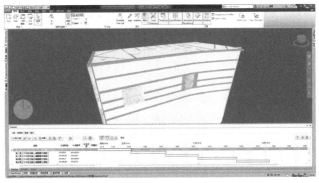

（a）围护结构施工阶段

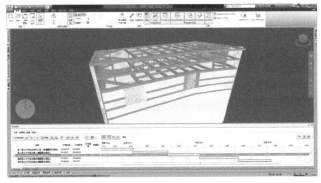

（b）土方开挖阶段

（c）基坑开挖至基底

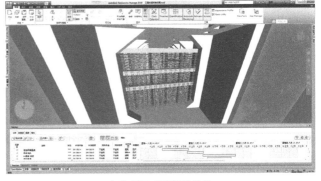

（d）基坑支撑拆除阶段

图6-41　基坑施工进度可视化分析

阶段、各专业之间信息不通畅、沟通不到位等问题，将可能发生工程施工质量问题等各个因素控制在源头。

（3）基坑施工安全的可视化控制技术

基坑工程施工常常会受到周边作业环境、工程复杂程度、施工技术难度及空间边界条件等各类因素的限制，施工现场作业工种较多、交叉作业现象严重、施工作业人员流动性大、大型机械设备较多，工程施工多处于多因素影响下的不稳定状态中。另外，由于基坑工程属于地下工程范畴，工程项目建设周期一般比较长，施工现场的安全管理难度成倍增加。传统基坑工程施工安全管理手段存在着诸多弊端，如管理理念落后、人工管理覆盖面小、管理时效性差、动态可视化管理缺失等问题，已经不再适应新形势下越来越复杂的基坑工程建设。随着工程技术的发展，各类新型基坑安全可视化监控设备及系统的应用为基坑施工过程的安全管理提供了新的发展思路和发展方向，如基坑施工现场无人机航拍（图6-42）、移动端现场可视化监控平台（图6-43）等，新技术的应用为基坑工程安全施工提供了强大的技术保证，有助于我国基坑工程整体建设水平的提高。

图6-42 基坑施工现场无人机航拍图

图6-43 移动端现场可视监控平台

6.5 大体积混凝土温度实时监测与可视化控制技术

6.5.1 基于物联网的大体积混凝土温度实时监测技术

针对传统大体积混凝土温度监控技术存在监测系统实时性差、可靠性低、数据采集与分析自动化程度低、数据无法得到有效分析利用及分析结果与控制脱节等技术难题，在传统监控技术的基础上，结合物联网及"互联网+"等最新科技成果，开发整套物联网架构下的混凝土温度监控技术体系，建立基于物联网的大体积混凝土无线温控平台具有非常重要的意义，该体系主要包括：

1. 无线温度监测硬件设备

（1）无线传输模块

在大体积混凝土浇筑过程中，根据项目需求及现场条件，一般测点个数在几十个到几百个不等，布设的测温模块之间距离也是长短不一，随着施工现场外部环境的不断变化，各种不确定因素可能导致各模块之间的通信变得困难。这就需要对各节点的传播距离以及对障碍物的穿透能力有一定的要求。该系统采用Zigbee模块作为局域网通信手段，该模块具有低功耗、低成本、时延短、网络容量大、可靠安全等优点。同时，针对大体积混凝土温度监控的现场需求，从无线信号穿透性能、跳传性能、稳定传输距离、续航能力、降低丢包率、部分节点故障冗余等多个方面对

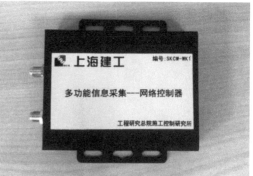

图6-44 硬件实物图

现有的Zigbee无线传输技术进行了优化，使Zigbee无线传输技术可以在各种复杂的施工环境中正常应用，同时保证了数据的完整性和实时性，实现了自动化无线监控的目的。

（2）远程传输模块

要实现用户在任何时间、任何地点都能掌握混凝土内部温度数据以及变化趋势等信息，对现场进行实时有效指挥，需要采用一种实时在线、覆盖范围广、快捷登录的技术来解决远距离传输。该系统采用GPRS技术来负责数据的远距离传输。该技术具有实时在线、接入范围广、接入速度快、传输速率高、成本低等优点。同时，结合云服务器，实现了现场数据实时远程上传到服务器的功能，使用户可以通过浏览器远程查看现场数据情况。

该套硬件设备主要包括温度传感器、协调器（无线传输、自组网、远程上传）、采集节点（采集、存储、无线传输）、路由节点（采集、跳传、无线传输）等，其中采集节点和路由节点集成在同一个模块中，可根据模式进行切换，如图6-44所示。其系统工作流程如图6-45所示。

2. 设备控制和数据采集软件

现场设备控制和数据采集软件（图6-46）可实现功能包括：现场设备参数配置、设备工作模式切换、自动进行数据采集、传感器编号、读取节点中存储的历史数据、温度相关的计算分析等。

远程设备控制和数据采集软件（图6-47）可实现功能包括：远程设备参数配置、自动接收上传数据并进行即时解析、自动将数据存入数据库、传感器编号、实时显示数据趋势及最新数据显示。

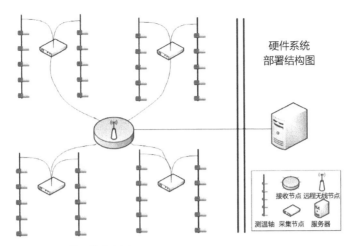

硬件系统
部署结构图

接收节点　远程无线节点

测温轴　采集节点　服务器

图6-45　系统工作流程图

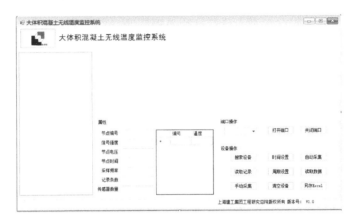

图6-46　现场设备控制和数据采集软件

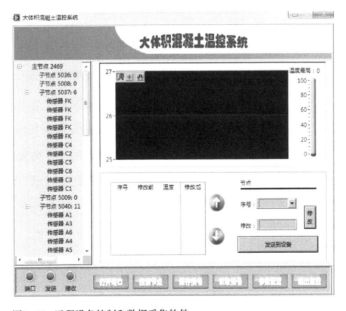

图6-47　远程设备控制和数据采集软件

3. 大体积混凝土温度实时监测工作流程

基于物联网和无线传输技术的大体积混凝土温度实时监测工作流程：首先根据工程实际情况，确定监测方案，然后对传感器进行编号修改以及现场布点。为确保系统的可靠性，在正式监测前需要在现场进行调试，通过给各模块发射不同的命令，根据返回数据判断现场各个模块的工作状态，一旦发现数据异常或者大量数据丢失现象，则需要排查是否是传感器接触不良或者障碍物挡住了信号。如果是传感器接触问题，需将传感器接通重新插入再次测试。如果传输过程中有较大障碍物阻隔，则需要及时调整采集模块的安放位置。在现场调试全部正常后，用户以管理员身份登录系统，在浏览器界面搜索到所有节点，再给相应节点发送采集指令，节点接收到指令后开始进行执行数据采集操作，并将采集到的温度数据传输到协调器，如果距离较远或者之间存在较大建筑结构阻隔则通过Zigbee路由将数据转发给协调器，通过协调器内的GPRS模块将数据传送到GSM网络，通过GSM网络将数据传到云服务器上，在云服务器上进行数据的解析、处理，最后其他用户通过登录系统远程查看分析或者下载数据。

6.5.2 大体积混凝土温度实时可视化控制平台

大体积混凝土温度应力的产生主要由温度梯度、内外温差等产生。实时监测数据无法直观地展示大体积混凝土内部温度差异情况。为能够直观展示混凝土内部温度差异以及混凝土内外温差，开发大体积混凝土可视化控制平台可以实现大体积混凝土温度监测数据的可视化。该平台以实时监测数据为依据，融入数据在线处理技术，对分析结果进行可视化展示，对异常情况进行报警，然后根据展示结果进行相应的温度控制，从而实现了大体积混凝土温度情况进行可视化展示和针对性控制。大体积混凝土温度可视化控制平台实现功能包括：用户管理、工程管理、设备管理、传感器管理、用户权限控制、最新温度数据显示、数据趋势分析、最高温度及最大温差分析、实时预警、自动报表生成等功能。可视化平台根据不同用户需求可进行电脑端展示（图6-48）和移动端展示。考虑到现场监测人员携带PC设备查看实时温度数据状态不方便，通过开发微信平台接口，提供了工程管理、传感器管理、人员管理及后台数据查看等功能，监测人员可通过手机设备的微信监控系统现场实时查看数据情况（图6-49），最快给出温控措施。

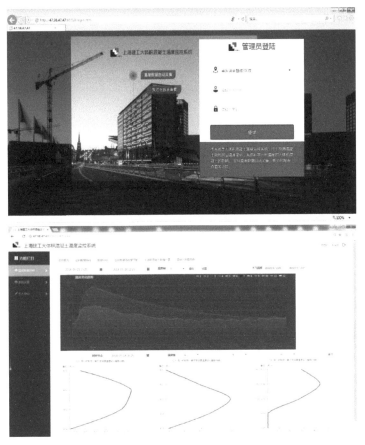

图6-48　电脑端页面展示

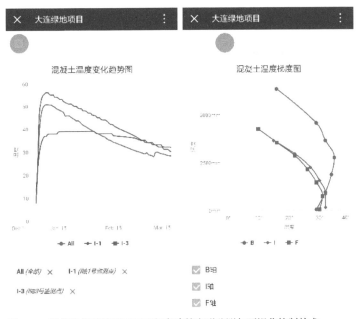

图6-49　微信监控系统展示页面超高建筑变形监测与可视化控制技术

6.6 超高建筑结构变形控制与补偿技术

6.6.1 一般楼层高程控制方法

1. 控制流程

超高层建筑体量大、自重大、高度高，在地基不均匀沉降、混凝土材料收缩徐变、施工过程的非线性、施工荷载以及外部荷载等多重因素的耦合作用下，往往会发生较大的竖向变形（有时高达十几厘米），使得超高层建筑的绝对标高与设计标高间存在一定的差异，若不加以控制还会对幕墙工程、电梯工程等的施工产生不利影响，因而必须采取有效措施来控制超高层结构的绝对标高。目前超高层建筑的绝对标高控制主要采用融合有限元仿真分析和施工测量的预补偿技术，该技术的主要步骤为：

（1）预补偿的准备工作，对超高层项目的特点和难点进行分析，结合施工方案和方法，确定主要的施工工艺、施工顺序以及施工工况等基本信息，为标高预补偿做准备；

（2）施工过程仿真分析，在准备工作的基础上，考虑混凝土结构时变、施工过程时变以及荷载时变等因素的影响，在通用有限元软件中（例如Midas、SAP2000等）对超高层施工过程进行仿真模拟，确定结构在施工过程中不同阶段的竖向变形；

（3）确定各楼层绝对标高与设计标高差异，在施工过程仿真模拟的基础上，进一步确定超高层结构各楼层的实际绝对标高与设计标高的差异值；

（4）确定各楼层标高预补偿值，根据计算分析结果和工程经验，确定各楼层核心筒和巨柱等关键结构构件的竖向变形补偿值；

（5）结构施工标高调整，在施工时按照各楼层设定的预补偿值进行结构施工标高的调整；

（6）监测和调整，结合施工实时监测，重复步骤（2）～（6）直至施工完成，确保结构建造完成时的绝对标高满足设计和使用要求。

2. 变形预调分析补偿原理

竖向变形的预调及预补偿的精确度是绝对高程控制最重要一步，施工过程中为使得施工层的标高达到设计标高，常进行平差处理，以此校正已产生的施工前变形。绝对和相对标高控制方法是平差处理实施过程中的主要方法。绝对标高控制方法可保证结构施工标高与设计标高一致，而相对标高控制方法可确保施工层的层高与设计层高一致。虽然施工过程考虑了设计标高补偿，但由于后续的施工荷载累积作用，结构竖向变形将产生二次累积，而且这种后续累积变形将随结构高度的增加更加显著。实际工程中可以通过预留楼层标高和竖向构件变形预调来实现超高层结构的竖向变形预调控制。

（1）楼层标高预留高度

为了校正构件的竖向变形，施工过程中额外增加一定的构件高度以承担轴向变形是有必要的，这种做法可确保经过当前和后续的轴向荷载作用之后，刚好使得结构标高与设计标高一致。长期荷载作用下的巨柱与核心筒竖向压缩变形存在差异，因此，对应的预留高度也不同。竖向构件的楼层施工标高可通过楼层设计标高和该楼层标高预留高度之和确定。从楼层施工开始直到结构封顶，该层竖向构件标高将会从施工标高逐渐降低至设计标高。

（2）竖向构件变形预调控制

由于在施工过程中，已完工的竖向构件将随着后续结构的施工而不断新增压缩变形。在构件加工时就考虑其在施工过程中的竖向压缩量，即可实现竖向构件的变形预调。不难发现，预调长度等于本楼层竖向构件在全结构及重力作用下一段时间内产生的竖向压缩量。

3. 变形预调分析补偿方法

（1）逐层精确预调控制

借助数字化虚拟仿真技术，仿真人员可以获得全结构成形后的结构每一层的竖向位移。通过这些竖向位移，便可精确计算得到每一层的轴向压缩量，从而可以重新定位每一层施工时的施工标高。这种方法可以指导每一层楼层施工时的下料长度，虽然施工下料复杂，但是精度较高。

（2）楼层组预调控制

每区段内以几个楼层为一组进行补偿，每区标高补偿次数为2～4次，即仅在有层高补偿值的楼层进行标高补偿，这样各楼层的补偿量不精确，但楼层组的总补偿量基本上是精确的。施工过程中，往往若干层构成的整体被作为一段进行安装，对每个施工段的下料长度进行预补偿，增加了施工的方便性。

6.6.2 转换层高程控制方法

超高层建筑中一般设有转换层，且转换层一般常用桁架梁形式以承受较大的荷载。实际施工过程中，随着桁架层上部结构的建造，桁架梁承受的荷载不断增加，其竖向变形也随之增大，造成桁架层实际施工完成的几何位置与设计位置之间存在偏差，通常情况下可通过对桁架层进行预起拱来消除这种变形差异。但如果仅采取预起拱措施，又会对如楼板压型钢板铺设、混凝土浇筑等后续施工产生较大干扰，严重时会导致无法继续施工。因而实际工程中，超高层的标高控制除了预起拱之外，还须配合采用预起拱控制方法（即"消拱"措施）以达到转换层标高控制和高效、高质量施工的目的。目前常用的预起拱的控制方法有预应力法和同步补偿法等。

预应力法是通过在转换桁架层设置预应力调整装置以达到消拱和楼层标高调整的目的。其主要步骤为：在安装转换桁架并起拱后即对转换桁架施加预应力"消拱"，施工完毕相关楼层结构后转换桁架以及楼层发生设计允许的竖向变形，可调整预应力使转换桁架及施工完毕的楼层发生反向弹性变形而平整。预应力法调整技术属于标高同步补偿技术，原理简单、可操作性强、应用效果好，但材料消耗大、成本高。

同步补偿法为转换层设置标高同步补偿装置（主要工具为千斤顶）以达到消拱和楼层标高调整的目的。其主要步骤为：在安装转换桁架并预先起拱后，同步安装同步补偿装置，施工完毕相关楼层结构转换桁架及楼面发生设计允许的竖向弹性变形，可通过调整同步补偿装置使转换桁架发生反向变形以使楼层处于水平状态，继续安装上部相关楼层结构，进入下一个施工控制循环，转换桁架上部相关楼层结构均施工完毕后，即浇筑转换桁架所在楼层的混凝土，拆除同步补偿装置。同步补偿法具有易于操作、控制效果明显、成本低、布置灵活、有利于结构的内力控制等众多优点。

6.6.3　上海中心大厦竖向变形控制技术

第5章给出了上海中心大厦竖向结构考虑施工过程和混凝土时变特性变形分析，在此基础上制定了核心筒和巨型柱的预调方案。即不考虑建筑面层的影响，核心筒每区补偿2~4次，总补偿值包括楼层找平值及找平后的楼层预变形数值，巨型柱的补偿值按巨型柱的分节进行了调整，图6-50和图6-51为标高补偿数值，负值表示压缩，总补偿值均为正值，可以看出，底部楼层处，补偿值较大，楼层较高处，补偿值较小，这是由于底部楼层处的变形较大，为使封顶1年后的楼层达到设计标高，所需的补偿量较大。由于存在变形差异，对不同构件（巨型柱和核心筒）采用不同的楼面标高补偿值（差异补偿法），核心筒的调整值大于巨型柱的调整值，以避免可能出现的楼面倾斜。

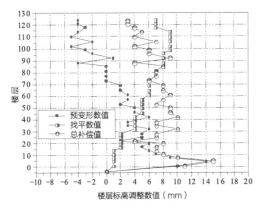

图6-50 核心筒标高调整

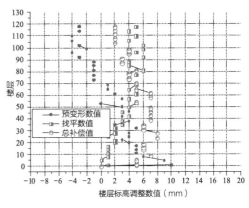

图6-51 巨型柱标高调整

6.6.4 超高层结构焊接变形及控制技术

1. 焊接变形的影响因素

影响焊接变形的因素主要有：①焊缝分布。均匀分布的焊缝形式有利于减少峰值焊缝变形，此外，关于构件截面中心对称分布的焊缝也是较为合适的分布方式，这样有利于弯曲变形的减小。②结构刚度。一般而言焊缝变形的大小与构件刚度成反比。③焊接装配工艺。多次先局部焊接，再拼接的方式有利于提高结构刚度，减小焊缝变形。④焊接顺序。对称焊接的形式有利于焊缝变形减小，在无法对称的情况中，宜先焊接缝少的一侧。⑤坡口形式。坡口内部空间越大，一般越容易使得焊缝变形变大，因此，在焊接时尽量控制坡口形式以减少焊缝变形。⑥焊接工艺。焊接过程中应避免大电流、过分慢速移动焊条、焊条摆幅过大及焊条停留时间过久。

2. 焊接变形控制方法

（1）约束控制焊接变形

劲性钢柱的安装精度对超高层钢结构安装的质量具有较大的影响，其中巨型柱，如图6-52所示，往往不仅横断面构造复杂，而且柱壁厚度大，焊接前的组装对接精度要求高，为了保证焊接精度到位，需要采用稳定结构的辅助设施辅助进行焊接，从而楼面钢梁可以发挥其侧向约束的作用，减少巨型柱的焊接变形。

（2）利用优化的焊接顺序减少变形

对于具有对称分布焊缝的构件，对称焊接可减少焊缝变形。如图6-53所示钢结构巨型柱，为减少焊接变形，实际工程中采用4人对称焊接方案，焊接顺序为A-B-C-D，可有效地减少焊接变形。

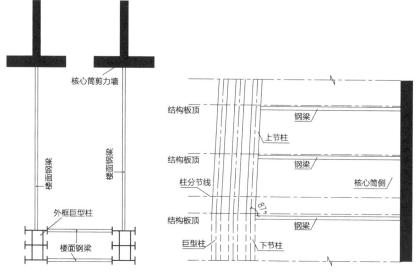

图6-52 外框架局部布置示意

图6-53 巨型柱截面及焊接顺序示意(A-B-C-D)

（3）预设焊接横向变形收缩余量

焊缝的横向收缩变形，在巨型柱焊接时对结构的安装精度具有较大的影响。为了保证钢梁和巨型柱的标高安装精度，工程中往往需要对焊缝的横向收缩进行施工控制。施工过程中，一般在钢结构安装初始，如图6-54所示，对大量巨型柱焊缝收缩进行现场测量，从而进行统计得到焊缝横向收缩变形的统计量。从图6-54可见，2mm收缩的焊缝占比为64%，占据大多数，3mm的焊缝变形次之，因此，为了兼顾施工的效率和标高控制，在巨型柱吊装就位矫正时，将组装间隙在理论值的基础上统一预加2~3mm，以控制了巨型柱标高的安装精度。

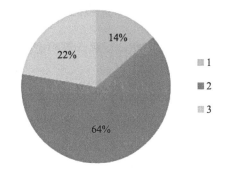

图6-54　焊缝收缩变形实测及分析结果

（4）减少热量输入和熔敷金属量

采用较小的坡口角度和间隙，有利于焊缝变形的减小，如上海中心大厦的桁架层将常用的30°～45°（图6-55）的坡角降低到了15°。减少焊缝面积也有利于减少焊缝变形，如将立焊单面坡口焊接改成双面坡口焊接也可减少焊缝面积（图6-56），从而使得焊缝熔敷金属也减少，降低热量输入。此外，采用小电流施焊也有利于减少热输入量。选用焊接线能量小的焊接方法，可以有效减少焊接变形。

（5）优化焊接工艺

厚板焊接尽量采用多层多道焊，如图6-57所示，每道焊缝收头需熔至上一道焊缝端部50mm处，使得焊道的接头集均匀分散，此外，在钢板两端增设引弧、收弧板也是较为优化的焊接工艺。

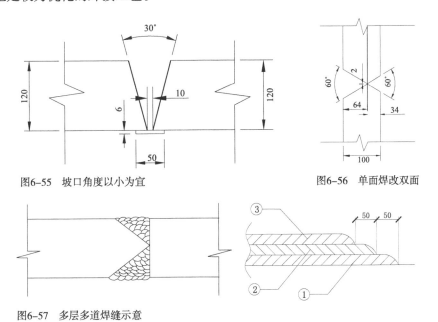

图6-55　坡口角度以小为宜　　　　　图6-56　单面焊改双面

图6-57　多层多道焊缝示意

6.7 钢结构整体安装监测与可视化控制技术

6.7.1 钢结构整体安装计算机虚拟三维图形仿真技术

三维图形仿真技术包括仿真模型的设计和建立，三维场景的设计和转换，三维镜头的定位和漫游，三维视图的设置和使用，施工过程动态仿真和三维动画，对PLC控制系统的通信、监视、检测、记录，历史数据的管理、回放等。

1. 仿真模型的设计和建立

钢结构整体安装计算机虚拟三维图像仿真技术的基础是真实物体结构三维仿真模型的设计和建立。首先应根据真实物体的实际结构尺寸按照特定的比例进行三维结构建模，该模型应精确反映真实物体的几何属性，包括结构组成、相对尺寸等信息，这一步一般统称为结构建模；其次，应在三维模型建立的基础上对真实物体的外观属性进行仿真模拟，即模仿实际物体的材质、色泽、光照度等信息，这一步一般统称为外观渲染。结构建模是对真实对象几何属性的模拟，仿真模型的精准程度将直接影响后续对真实物体的各类三维仿真演示，如果三维仿真模型存在较大尺寸偏差，将无法如实反映真实物体的结构关系，严重的话甚至将直接影响技术人员的施工决策。相比来说，外观渲染主要是提升仿真模型的逼真感，提高仿真模型的视觉效果，不直接影响仿真模拟的结果。

整体提升油缸仿真如图6-58所示。

2. 三维场景的设计和转换

三维仿真模型建立后，需在特定的三维仿真空间中进行演示，一般将其称为三维场景。三维场景的设计应考虑模型的布局、应用及周边环境。如果三维仿真模型较大，而实际构成的三维场景也极为精细，在运行时，将会极大程度地占据计算机内存，导致系统运行缓慢，甚至出现系统崩溃的现象。因此，在三维场景设计之初，应统筹规划可能用到的三维场景，针对具体工程需要进行三维场景设计，通过若干局部场景的组合来控制整个施工过程。单个局部场景的运行，可大幅减少对计算机内存资源的占用，在运行速度得到保证的同时满足了三维模型仿真实时性的要求。

3. 三维镜头的定位和漫游

仿真模型及三维场景建立后，可通过在系统中设置三维镜头来进行全方位、全角度、全过程的立体观察（图6-59）。在三维场景中，操作者可以通过三维镜头查看钢结构整体安装的任意部位，可以通过高空俯视、基底仰视、钻入内部观察、透

图6-58 整体提升油缸仿真图　　　　　　　图6-59 整体提升过程中内部观察图

过障碍物观察、环绕四周观察等方式进行任意角度的观察，克服真实场景中安装摄像头可能出现的视角受限、盲区众多、可视性差等缺点。通过三维镜头的定位和漫游，使得三维仿真模型的作用得到充分发挥，也为工程技术人员深入了解和掌握钢结构整体安装施工的关键环节提供了技术支撑。

4. 三维视图的设置和使用

三维仿真场景的视图主要包括：全景视图、局部视图、特写视图、结构视图和动作视图等，主要指将常用的三维镜头进行静态定位并保存，在实际使用时，可以方便直接调用而无需进行其他操作。因此，三维静态视图主要由三维镜头的系统坐标和三维镜头朝向的角度构成。广州电视塔天线提升所设置的一些常用三维视图如图6-60所示。

5. 施工过程动态仿真和三维动画

施工过程的动态仿真是将不同施工阶段施工对象的物理和几何信息以一系列连续运动图景（即三维动画）的形式进行演示。因此，要实现钢结构整体安装过程的三维动态仿真，首先要获取安装控制系统工作过程中的实时数据，在此基础上计算提升系统及钢结构等的物理和几何信息，并转换为三维仿真模型参数；其次要依靠三维仿真模型的实时动态驱动技术，使模型按照钢结构整体安装不同阶段的实时变化数据进行同步演变，最终形成钢结构整体安装过程的三维实时动画。

6.7.2 钢结构整体安装计算机虚拟仿真实时监控系统

虚拟仿真系统主要三部分组成，分别是：控制系统、图形仿真器和虚拟处理器。其中，虚拟处理系统根据控制系统的指令，通过虚拟运算，进行模型物理仿真，一方面驱动仿真显示系统，以三维动画演绎模型运动，另一方面显示控制流程并将流程状态反馈至控制系统。虚拟处理系统和仿真显示系统都有人机操作界面。

（a）全景视图

（b）局部视图

（c）特写视图

（d）结构视图

（e）动作视图

图6-60 广州电视塔三维仿真场景视图

虚拟处理系统的人机界面供用户使用，可以设置、修改数字样机的各种性能、参数、模式。仿真显示系统的人机界面用于镜头、视图等交互操作，使用者可以全方位、多视角地观看，可以实现透视、隐蔽等各种特殊视觉效果，还可以回放历史数据。虚拟处理系统和仿真显示系统分别安装在PC计算机上运行，与控制系统主机（PLC）以数据通信线连接。下文以广州电视塔天线桅杆提升为例简单介绍虚拟仿真实时监控系统（简称GZ3D系统）。

1. 系统结构

该系统主要由五大模块构成（图6-61），它们分别是：数据通信模块、数据记录模块、仿真运算模块、图像显示模块、回放管理模块。其中，数据通信模块主要负责虚拟仿真实时监控系统与天线提升系统的数据实时通信，将提升数据从天线提升系统的控制器中读取出来后，传输给数据记录模块和仿真运算模块，并将仿真运算模块的运算处理结果（包括对异常情况的检测）反馈给PLC。数据记录模块可实时接收来自数据通信模块的实际提升数据。仿真运算模块依据数据通信模块提供的实际提升数据，通过计算机信息处理后转化为三维仿真模型的实时驱动数据，并传输至图像显示模块。图像显示模块依据仿真运算模块提供的实时驱动数据，以数字表盘、二维图像、三维图像等形式进行施

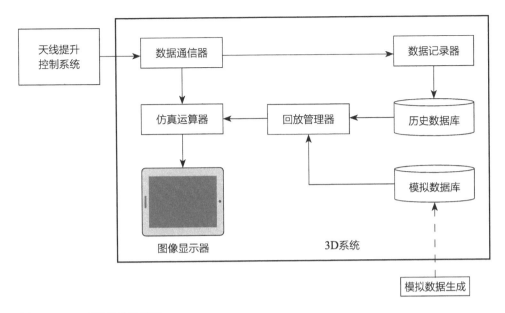

图6-61　GZ3D系统结构示意图

工过程和状态的演绎。回放管理模块可读取数据库的相关数据，并经计算处理后，通过图像显示模块展示整个施工过程。

2. 运行布局

虚拟仿真实时监控系统的五大模块，主要分为后台和前台两种运行方式。数据通信模块、数据记录模块为后台运行，只要天线提升系统的PLC在运行，它们就自动进行不间断的工作，不受用户的干预，类似飞机的"黑盒子"。仿真运算模块、图像显示模块、回放管理模块采用前台运行方式，接受用户的调控。如图6-62所示。

6.8　基于三维模型的机电安装可视化施工过程控制技术

6.8.1　机电设备布局及管线优化模拟

机电设备布局及管线优化方案模拟技术是基于准确的施工图模型，确认安装条件和设备真实信息，利用专业BIM软件及管理平台，完成机电专业施工深化模型和相关专业配合模型，以满足工程量预算、指导机电管线布置和设备安装要求。通过运用BIM技术，可更高效地协调机电系统间管线、设备的空间关系，发现设计中存在的问题，并基于模型快速准确地提取所需的工程信息，更好地指导设备订货与机电安装。

以某超高层机电安装项目为例，传统深化设计手段无法避免各类管线在施工过程中可能出现的位置重叠、标高不准、管线碰撞等问题。通过将BIM技术引入机电

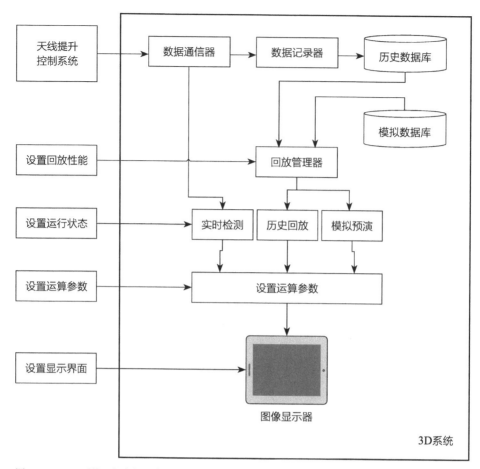

图6-62　GZ3D系统运行布局示意图

工程深化设计中，将建筑专业、结构专业以及机电专业的模型进行合并叠加处理，并将合并后的模型导入BIM专用软件中进行机电管线的碰撞检测，根据模型检测结果对建筑专业、结构专业及机电各专业模型进行调整，不仅直观高效地观察到管线的碰撞情况和位置，而且使得各专业管线排布更加合理、美观。该项目机电设备布局及管线优化部位及具体优化方案如下：

（1）依据已采购的设备数据或材料样本建立设备的BIM构件模型，依据真实的设备尺寸及接口位置进行设备及管线综合布置，进行二次设计；同时，在满足原设计要求基础上进一步确认安装条件，优化设备及管线排布。从图6-63可看出，两台板式换热器并联，冷冻水上进下出，冷冻水回水管为$DN400/FL+5.035$，冷冻水进水主管与支管排布由图6-63（a）调整为图6-63（b），减少了两个90°弯头，而且安装相对便捷。

（2）在保证原有管线机能及施工可行性的基础上，将机电管线的位置排布进行适当调整，不仅提前解决了各类管线的碰撞问题，而且使得管线排布更加合理，空间得到最大优化；同时，施工过程中将现场实际情况实时反映到已有模型中，保证模型与施工现场情况的一致，提高管线安装成功率，减少不必要的返工（图6-64）。

（3）机电深化设计完成后与各专业进行模型碰撞协调，进行结构预留预埋件、结构预留洞、设备基础等相关土建条件的提资（图6-65）。

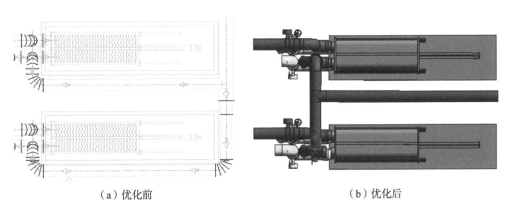

| （a）优化前 | （b）优化后 |

图6-63　设备布局及管线优化方案

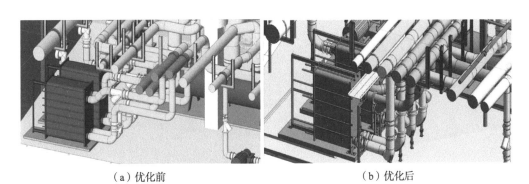

| （a）优化前 | （b）优化后 |

图6-64　设备用房BIM模型管线优化方案对比

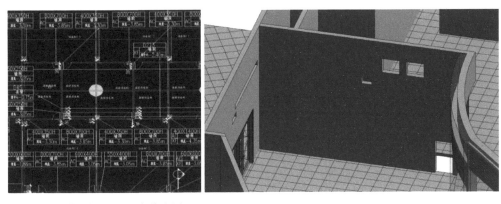

图6-65　BIM模型结构预留洞提资出图

（4）各专业基于深化设计模型进行深化设计出图，由机电深化设计模型按照确定的出图标准按需导出三维图像及二维图纸，经过一定二维处理后得到所需深化设计图纸。

6.8.2 现场三维测绘复核和放样技术

　　施工现场的结构复测是深化设计的基础，提供准确的现场结构同设计结构数据的误差能减少现场装配安装时的碰撞和返工现象的发生（图6-66）。以往结构复测是以纸质图纸数据比对现场测量数据发现误差，较多地依赖操作人员技术水平，数据可靠性低。三维数字化结构数据复测是以全站型电子测距仪及三维激光扫描仪等现代化数字化测量工具，通过现场图纸或模型的数据提前输入，现场自动测量扫描收集点云数据，通过专用软件自动比对发现现场数据偏差。数字化现场结构数据复测的自动数据收集和比对减少了结构数据复测的时间，避免外部因素对机电管线

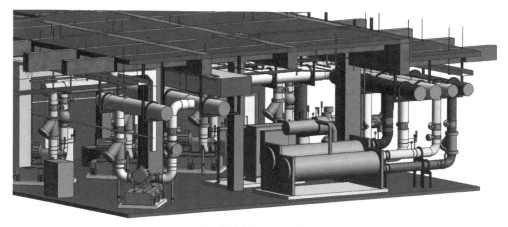

（a）设备层BIM三维模型

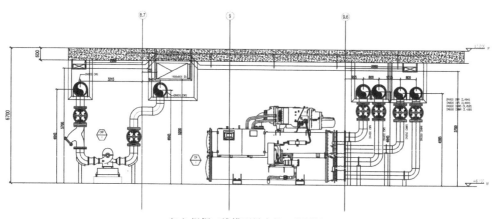

（b）根据三维模型导出的二维图纸

图6-66　BIM模型辅助深化设计图纸

图6-67　网架模型测绘表示点布置图

的安装与检修空间造成影响，为机电管线深化和数字化安装、加工质量控制提供保障。同时运用现场测绘技术将深化图纸信息全面、迅速、准确地反映到施工现场，保证施工作业的精确性、可靠性及高效性。

下面以某联合工房项目为例介绍现场三维测绘复核及放样技术。该项目为挑空结构，网架区域斜撑众多，管线只能在网架有限的三角空间中进行排布，若钢结构现场施工桁架角度发生偏差或者高度发生偏移，轻则影响到机电管线的安装检修空间，重则使得机电管线无法排布，施工难以进行。为了提升现场机电管线安装精度，提高其安装效率，通过采用现场三维测绘和放样技术，对现场网架结构进行复核，图6-67是网架测绘点三维布置图。

通过对设备层上述所有关键点的现场测绘，得到测定值，并与原设计值进行比对，得到误差值，通过误差值判断机电管线与现场网架结构的位置管线，部分数据如表6-1所示。

网架测绘结果数据表　　　　　　　　　　　表6-1

编号	设计值			测定值			误差值			净误差	备注
	X	Y	Z	X	Y	Z	X	Y	Z		
AA1	16.282	16.261	314.401	16.318	16.241	314.401	0.036	0.020	0.000	0.041	基准点
AA2	−15.798	15.444	317.800	−15.810	15.440	317.800	0.012	0.004	0.000	0.013	基准点
AA3	−17.589	17.094	314.956	—	—	—				—	风管遮挡
AA4	−16.745	16.807	314.961	−16.749	16.804	314.959	0.004	0.003	0.002	0.006	H型钢自阻挡
AA5	−16.451	16.430	314.817	−16.607	16.332	314.817	0.156	0.098	0.000	0.184	
AA6	−13.228	13.207	316.883	−13.260	13.227	316.880	0.032	0.020	0.003	0.038	
AA7	−13.397	13.376	317.299	−13.423	13.401	317.232	0.026	0.025	0.067	0.076	

编号	设计值			测定值			误差值			净误差	备注
	X	Y	Z	X	Y	Z	X	Y	Z		
AA8	−16.590	16.361	317.620	—	—	—	—	—	—	—	风管遮挡
AA9	−13.620	13.266	317.800	−13.641	13.281	317.800	0.021	0.015	0.000	0.026	
BA1	−4.600	17.940	315.443	−4.578	17.960	315.442	0.022	0.020	0.001	0.030	基准点
BA2	4.600	17.940	315.443	−4.584	17.949	315.440	0.016	0.009	0.003	0.019	基准点
BA3	4.440	21.191	317.176	—	—	—	—	—	—	—	风管遮挡
BA4	−4.425	23.205	317.250	—	—	—	—	—	—	—	风管遮挡
BA5	−4.425	20.135	317.400	−4.390	20.136	317.420	0.035	0.001	0.020	0.040	
BA6	−4.600	19.435	317.250	−4.537	19.444	317.238	0.063	0.009	0.012	0.065	
BA7	−4.600	18.964	314.359	−4.540	18.956	314.379	0.060	0.008	0.020	0.064	
BA8	4.600	18.964	314.359	4.629	18.952	314.379	0.029	0.012	0.020	0.037	
BA9	4.600	19.435	317.250	4.578	19.442	317.234	0.022	0.007	0.016	0.028	
BA10	4.425	20.135	317.400	4.396	20.142	317.400	0.029	0.007	0.000	0.030	
BA11	4.440	21.191	317.176	—	—	—	—	—	—	—	H型钢自阻挡
BA12	4.625	23.205	317.250	—	—	—	—	—	—	—	风管遮挡

利用得到的测绘数据进行统计分析（图6-68），项目该次测量点共设计42个，由于现场混凝土已经浇筑、安装配件已经割除等原因共测得有效测量点30个。最小误差0.002m，最大误差0.076m，平均误差0.031m。

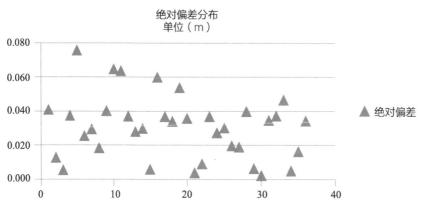

图6-68 网架模型测绘结果误差离散图

从测量数据可看出，误差分布在5cm以下较为集中，共25个点，5～6cm共2个点；6～7cm共2个点，7～8cm共1个点，为可接受的误差范围，故认为被测对象的偏差满足建筑施工精度的要求，亦可认为该区域的机电管线深化设计能够在此基础上开展，并实现按图施工。

6.8.3　机电设备安装数字化控制技术

1. 数字化进度控制

利用进度控制软件排出详细的施工进度计划，对每日、每周、每月、每季度的施工进度进行细分，通过和施工预算及设备、材料进场计划比对，找出关键路线的关键点进行重点控制。利用软件功能实现在计划开始前自动短信提醒相关人员需配备的劳动力及设备材料，在计划完成前自动短信提醒相关人员截止时间。如计划内容发生偏差，进度控制软件系统根据手工输入或项目管理软件自动连接的信息进行比对并根据情况的严重性对不同级别的人员进行自动短信报警，通过对施工计划、施工条件的细分和自动控制最终保证项目施工在可控范围内调整并保证总目标的实现。

2. 数字化质量控制

在传统机电安装施工过程中，工程师仅仅依靠已有的设计或施工图纸来指导施工，工程师之间的沟通交流均以纸质版图纸为基础，不仅携带不方便、容易破损或丢失，而且由于纸质版图纸信息量较少，不利于工程师之间的有效沟通，尤其是在有疑义时，不利于工程师参照整体设计理念来掌握该部分设计意图。对于现场交底来说，由于具体施工人员素质参差不齐，仅靠纸质版图纸无法准确将图纸信息或施工重点进行传达。同时，施工现场出现设计变更或方案调整时，一般采用纸质核定单的方式与设计方进行沟通，极易造成工程信息的遗漏，且纸质核定单流转周期长，容易造成工期延误。随着信息化技术的发展，BIM移动管理平台（如Pad）逐渐在机电安装施工过程中得到了推广应用。该平台（图6-69）可直接将各类机电管线的BIM模型进行加载应用，不仅极大程度地方便了工程师之间的交流沟通，有利于从整体设计意图来控制现场施工；同时，通过三维模型的形象化展示（如三维图纸、三维漫游及工艺预演等）可清

图6-69　移动端应用

楚地表达各类机电管线的位置关系，降低机电工程施工对现场作业人员素质的要求，进一步提升工程施工质量。同时可通过手机移动客户端（图6-70）将BIM模型应用于机电安装作业的现场检查及流程管理，如检查人员在施工现场发现问题，可直接在手机移动端进行文字记录，并拍摄现场照片进行形象化阐述，减少不必要的沟通障碍。另外，可将检查结果传输至云端服务器并发送至指定责任人或上级管理人员，提醒项目相关方在规定时间内进行整改。责任人在接收到具体整改指令后，下达整改措施，并在完成整改任务后将整改结果传输至云端服务器，并提醒上级管理人员或检查人员进行整改核实，最终完成整个整改工作的闭环流程，实现现场问题的高效、准确解决。

3. 数字化安全控制

（1）基于二维码技术的安全信息管理

二维码可以在作业人员的信息管理、施工方案信息、安全技术交底信息等方面进行应用，不仅便于管理人员和施工人员清晰了解项目情况，熟练操作规程，也是项目宣传的另一大窗口。将二维码运用到施工管理具有以下两大优势：①查阅资料不受时间、地点的限制，拿起手机轻轻一扫就能及时掌握安全信息，随时掌握项目动态，时刻提醒作业人员在施工过程中提高安全意识，避免事故的发生；②信息储存量大，存储的信息可根据施工进度不断进行修改和更新，确保信息传递的及时

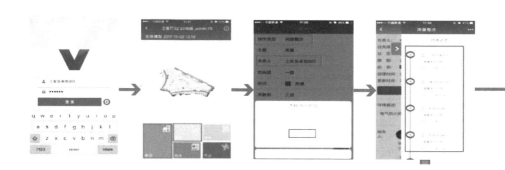

图6-70 质量管理问题照片

性、真实性、有效性。

（2）以VR设备主导的安全培训体验

VR设备价格的平民化以及在实际应用的多样化，给安全教育培训带来了全新的现场真实体验。在对作业人员安全教育培训时，可以设计针对性的安全教育培训课程，根据机电安装行业存在比较高发的事故类型，可以进行预防事故的安全培训3D体验，让作业人员有代入感，比传统的说教式安全培训肯定有更满意的效果。

（3）远程视频安全监控管理

对于机电管线安装专业来说，种类繁多的管线、密如蛛网的排布给施工现场问题的准确反馈带来了前所未有的难度，如管线信息识别难度高（种类、管径、材质等）、管线交叉问题描述难度大等。通过互联网、手持设备组成的远程视频传输，可以有效减少施工现场问题的解决路径，实现现场问题的可视化，降低对施工现场作业人员的专业要求，提高了安全管控的效率。

（4）基于物联网的设备安全管理

在机电安装行业可以把物联网技术应用到大中型设备、机械的安全管理上，甚至可以应用到大型设备、特种设备运行的全过程，对存在有安全风险的动作、状态等情况，可以立即发出报警，从本质安全上进行事先预防。

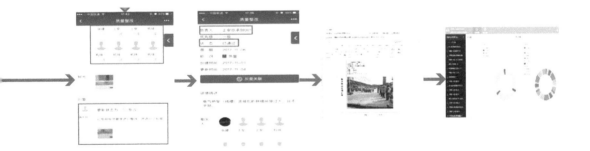

第 7 章

模架装备数字化制造及智能化安全控制技术

7.1 概述

随着我国城市建设步伐的加快，城市土地资源日益紧缺，高层和超高层建筑、超高耸构筑物已成为城市建筑发展的趋势，其高度也越来越高、结构体系越来越复杂，传统滑模、爬模等模架体系已无法满足超高结构核心筒施工技术的高效建造要求。整体钢平台模架装备作为超高、高耸、高大结构建造的一种新型模架装备，其承载能力更大、施工速度更快、安全性更好、整体性更强、封闭性更完善，成了我国超高、高耸、高大结构建造的主流产品。与此同时，整体钢平台模架装备在结构体型适应、协同工作、信息化自动化控制等方面较传统模架装备相比有了较大提升，在数字化设计制造、智能化安全实时管控等方面也在不断取得技术突破。本章通过详细阐述新型整体钢平台模架装备的数字化模型分析方法、设计与加工技术、虚拟仿真技术、智能化监测技术、可视化控制技术等内容，以期为整体钢平台模架装备数字化施工提供参考和指导作用[24, 25]。

7.2 模架构件标准模块化模型的建立

7.2.1 模架构件标准模块化设计思路与方法

1. 整体钢平台模架设计思路

整体钢平台模架体系主要根据核心筒结构的形式和施工工艺要求，综合考虑经济性、安全性等各方面因素来进行设计，而钢平台体系的设计反过来也会对施工工艺产生一定的影响。综合对比现阶段广泛使用的各类模架设施，整体钢平台模架具备较高的承载能力和整体性，在安全性方面具备优势，但与液压爬升模架、整体提升脚手架等相比，其用钢量较大、制作成本相对较高，使得经济性成为整体钢平台模架大范围推广应用的一项制约因素，充分提高整体钢平台模架的周转使用率是钢平台体系设计的重要考量内容，设计时需重视钢平台系统的合理划分以及架体结构的模块化、标准化程度。在整体钢平台模架体系设计中，支撑系统的设计最为关键，系统的其余部分可根据支撑系统进行配套设计。

此外，超高层整体钢平台模架体系的应用要考虑多方面的因素，首要考虑满足超高层建筑施工中的立体作业性能，根据整体钢平台模架体系的大载重需求，采用大作业面设计，以满足施工现场的材料堆放、设备设施集成的要求，保证物料的垂直运输效率。整体设计思路如下（图7-1）：

（1）判断选择整体钢平台模架体系

整体钢平台模架体系有筒架支撑式整体钢平台液压爬升系统和钢柱支撑式整体钢平台液压爬升系统两套设备。在进行设计前，需要根据结构的轴线尺寸、剪力墙的布置、层高、施工的复杂程度、周围的环境条件和工期要求等选择相应的整体钢平台模架体系。

（2）整体钢平台模架的结构布置

在整体钢平台模架设计初期，应根据结构平面布置、剪力墙沿高度方向的变化、塔吊和布料机的位置及施工组织设计，首先对整体钢平台模架进行初步设计。初步设计对整体钢平台模架的结构选型与布置极为重要，尤其是对一些难以精确分析的情况，需要依靠从整体钢平台模架体系各个分系统之间的力学关系与工程经验中所获得的设计思想，从全局的角度来进行整体提升钢平台模架体系的细节布置，通过初步概念设计可以在早期快速、有效地进行整体钢平台模架体系的构思、比较与选择，从而得到概念清晰、易于计算的整体钢平台模架结构方案。

（3）预选截面

结构布置结束后，需对构件截面作初步估算。主要是钢横梁、悬挂脚手架吊杆、走道板等断面形状与尺寸的假定。钢横梁一般采用槽钢、轧制或焊接H型钢等材料。

（4）结构分析

整体钢平台模架结构布置和截面选择后，需要对整体钢平台模架体系进行计算

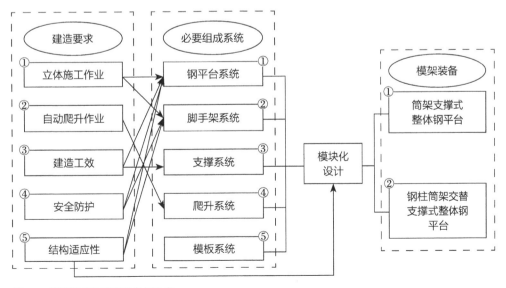

图7-1 模架装备的建造要求与组成

分析。一般选用有限元分析软件进行线弹性分析，钢平台正常工作工况应在8级风以内，但考虑到超高层建筑施工时易受到阵风影响，在整体钢平台模架结构分析时一般按照12级风进行计算，必要时还可根据几何非线性和钢的弹塑性能进行非线性计算，以确保整体钢平台模架体系的安全。

（5）工程判定

在应用结构软件分析的基础上，可对输出结果做"工程判定"，评估各项周期、总剪力、变形特征和承载能力等。根据工程判定结果可以修改模型重新分析或选择修正计算结果。值得注意的是，工程仿真设计与分析中为了获得实用便捷的设计方法，有时会采用误差较大的假定，这种情况下应通过明确适用条件与概念、采用构造措施等方式来保证结构的安全。

（6）钢平台方案实施

在结构分析和工程判定工作之后，需要根据分析结果来绘制相关的加工图纸，然后进行详细的方案编制工作。

2. 模架装备体系构成

在确定超高混凝土结构模架装备所需满足的基本特征后，可有针对性地对模架装备进行改进创新。经探究发现，适用于超高混凝土结构建造的整体钢平台模架一般由五部分组成，包括：钢平台系统、脚手架系统、筒架支撑系统、爬升系统和模板系统，见图7-2。

（1）钢平台系统

为了满足立体作业、材料堆载、提高建造工效的要求，应在模架装备中设置一个面积大、承载力大的钢平台系统。钢平台系统一般布置在整个模架装备的顶部，位于已完成的混凝土结构及施工作业平面的上方，方便塔吊装卸材料；其大承载力的优点，保证一次吊装钢筋量可用于施工半层或一层混凝土结构，极大地提高了建造工效。辅助施工机具，如布料机、人货电梯等可附着在钢平台上，与钢平台实现一体化设计，进一步提高施工效率。

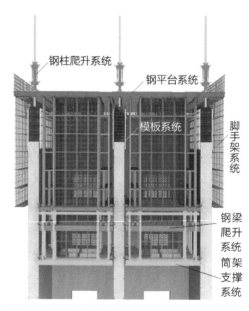

图7-2 整体钢平台模架装备系统构成示意图

（2）脚手架系统

为了满足立体施工作业的需要，在钢平台系统下方环绕混凝土结构墙体、在一定高度范围内布设悬挂脚手架，形成脚手架系统，主要用于为核心筒外侧施工提供作业空间。

（3）筒架支撑系统

筒架支撑系统是整体钢平台模架装备的主要支撑结构骨架，主要功能是在装备施工过程中以及装备爬升力系转换过程中，将整体荷载可靠地传递至核心筒混凝土结构，同时也为核心筒内部施工提供作业空间。

（4）爬升系统

爬升系统是整体钢平台模架装备沿混凝土结构墙面进行攀爬施工的驱动系统，一般由爬升结构和动力装置组成，根据其爬升形式和部位可分为作用在钢平台顶部的钢柱爬升系统和作用在钢平台底部的钢梁爬升系统。

（5）模板系统

模板系统是混凝土成型的必备装置，由面板、肋、围檩、对拉螺栓等组成。为了减轻模架装备爬升时所受的荷载，可以采用钢框木模大模板体系。

3. 模块化设计方法

整体钢平台模架在设计上总体采用模块化、产品化的设计理念，宏观上，模架装备由五个系统拼装而成，每个系统完成一个特定的子功能，所有的系统通过特定设计的通用接口在施工现场组装成为一个整体，完成整体钢平台模架应用的所需功能。而更进一步，五个系统的部件结构可由预制定型模块化产品拼装组成。由此形成的整体钢平台模架装备不仅加工方便，而且可便捷地实现拆除、变体、补缺等操作，从而满足超高层核心筒结构体型变化适应性要求。此外，在混凝土结构施工完成后，整体钢平台模架装备还可分模块进行拆除，还原形成模块化构件，可在后续其他工程施工中重新拼装使用，从而实现周转使用，大幅降低材料消耗，充分体现绿色建造理念[26]。

7.2.2　超大承载力钢平台系统标准模块化模型

超高层建筑的建造对整体钢平台模架装备的安全性、稳定性、适用性均提出了极高的要求，钢平台系统作为施工人员的操作平台及钢筋设备堆放场所，既要采用大操作面设计，又要能提供超大承载力，以满足钢筋和施工设备的堆放和人员操作的需要。钢平台系统一般布置在整个模架装备的顶部，位于已完成的混凝土结构及施工作业平面的上方，方便塔吊装卸材料；其大承载力的优点，保证一次吊装钢筋量可用于施工半层或一层混凝土结构，极大地提高了建造工效。辅助施工机具，如布料机、人货电梯等可附着在钢平台系统上，与钢平台系统实现一体化设计，进一步提高施工效率。

1. 钢平台系统构成

钢平台系统由主次梁、平台铺板、格栅板及围挡板组成。

（1）钢平台框架可采用H型钢梁或桁架梁制成，框架梁根据竖向混凝土结构位置采用主次梁拼接的设计方法。主梁与混凝土结构平行布置，与混凝土墙体保持一定距离，次梁则根据构造要求分布安装在主梁上。由于超高层核心筒混凝土结构施工中常常存在体型变化，钢平台系统必须能根据混凝土的体形变换迅速作出适应性调整，所以将钢平台框架的一部分钢梁设计成可拆式钢梁，可快速拆卸、组装以适应任意结构体型施工的需要；考虑到劲性混凝土伸臂桁架层结构的施工需要，将位于竖向混凝土结构顶部区域的钢梁也设计为可装拆式，在安装伸臂桁架层钢结构时连梁可交替拆除与安装，实现钢平台系统的高效安全施工。

（2）平台铺板由花纹钢板及方管焊接组成，铺设在钢平台框架主、次梁上方，形成安全的作业平面。

（3）在一些未铺设平台钢板的位置，可采用格栅板覆盖，格栅板由包边钢格栅构成，通过限位装置搁置在竖向混凝土结构上方区域的钢平台框架上，既提供安全

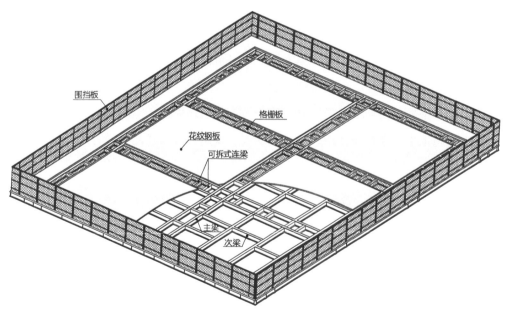

图7-3 钢平台系统示意图

作业平面，也方便钢筋由钢平台向下层作业平面传递，在施工需要时也可将该格栅板翻起。

（4）为满足安全防护要求，防止人、物从钢平台系统的侧面坠落，在钢平台的外围临边设置钢平台围挡，其通常由型钢立柱和钢框网板组成。

钢平台系统部件充分采用标准化模块化集成开发的方式进行设计，钢平台框架由各种规格的标准单元框架、标准跨墙连杆及部分非标准单元框架通过螺栓连接形成，钢平台盖板、格栅板、围挡板等均采用工具化拼配技术（图7-4）。

2. 钢平台系统纵横向主次梁标准化设计

纵横向主次钢梁是钢平台系统的最重要的承力构件，主要由大截面的H型钢组成，考虑外挂脚手的需要，部分钢梁分布在核心筒墙的外侧，所有钢梁上翼缘顶面位于同一标高位置，上部根据工程需要铺设走道板。钢平台系统在大模板提升时要求能够承受相应的竖向荷载，同时能够承受悬挂整体脚手架传递的竖向荷载。

钢平台系统钢梁的布置应综合考虑以下因素：

（1）考虑墙体收分变形后悬挂脚手系统的调整，局部位置钢连梁的拆除与补缺。

（2）考虑钢平台系统顶部布料机的布置，影响位置局部钢梁加强。

（3）考虑钢结构剪力钢板、伸臂桁架、楼面桁架的安装，钢连梁原则以避让为主，如无法避让则将其设计成可拆卸式钢梁，待钢结构吊装完成后，再将其恢复。

（4）考虑墙体收分后塔吊的内移，局部与之相碰的连梁通过拆装的方式同样向内侧移动。

（5）考虑竖向混凝土泵管要穿过钢平台与布料机连接，在平面位置必须避开平台钢连梁。

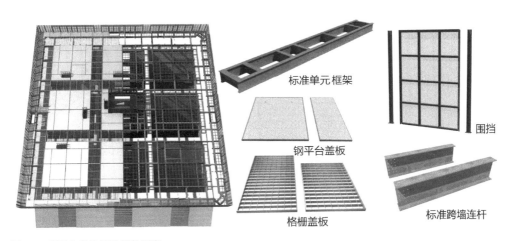

标准单元框架

围挡

钢平台盖板

格栅盖板

标准跨墙连杆

图7-4 钢平台系统标准部件开发

7.2.3 全封闭施工脚手系统标准模块化模型

悬挂脚手架系统以螺栓固定于钢平台的钢梁底部，随钢平台同步提升。悬挂脚手架系统是实现全封闭作业的关键，其内外侧面围挡、底部闸板与钢平台系统的侧面围挡形成全封闭安全防护体系，全封闭的设计可以防止粉尘污染、光污染等，使高空施工如同室内作业，充分展示人性化设计理念，消除超高空施工作业人员的恐惧心理，从而提高结构施工质量。

1. 脚手架系统构成

脚手架系统沿核心筒墙体布置，通过吊架固定于钢平台的钢连梁底部。外挂脚手架位于核心筒墙体外侧，根据施工需要可设计为固定型和滑移型。内挂脚手系统位于核心筒内筒中，底部通过螺栓固定于筒架支撑系统底梁。脚手架系统的自重以及承受的竖向荷载由脚手架吊架传递至钢平台的钢框架梁底部，设计时可根据实际工况确定相应的荷载。如图7-5所示。

外脚手架由吊架、走道板、侧网、闸板、上下楼梯、防护链条等组成，共设计为六层，上三层为钢筋、模板施工区，架体距离墙体较近，以便于模板对拉螺栓的操作施工，下三层为拆模整修区，架体距离墙体较远，以便于模板的清理和修补，因此上段吊架宽度大于下段吊架。外脚手架需在适当位置布置楼梯通道，楼梯宽度按一人考虑，靠脚手外立杆处布置。内脚手架由吊架、走道板、侧网、闸板、上下

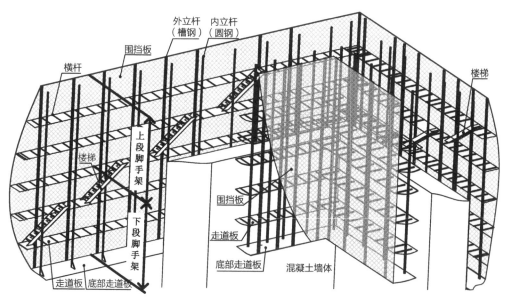

图7-5 脚手架系统示意图

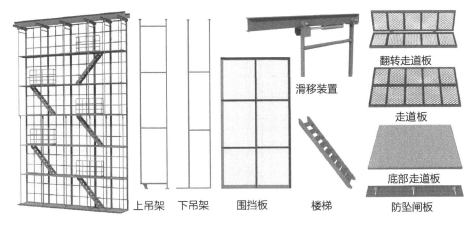

图7-6 脚手架系统标准部件开发

楼梯等组成，共分为六层，层高与外脚手架相同。内挂脚手架中楼梯的设置要综合考虑与垂直人货两用电梯的配合使用情况，从而完成施工人员、材料和机具的垂直运输工作。

脚手架系统的脚手吊架、走道板、围挡板、防坠活动闸板和楼梯均采用工具化拼配技术（图7-6），各部件间通过螺栓连接形成整体。

2. 脚手架系统全封闭设计

（1）脚手架系统最底部的走道板，除发挥施工走廊和作业平台的作用之外，需进一步兼顾对整体脚手架进行底部封闭的作用。底板一般采用角钢焊接框架与花纹钢板结合的形式，在脚手架系统底部形成硬封闭层，从而有效防止施工杂物高空坠落。

（2）围挡板的边框可采用型钢焊接而成，通过拉铆钉将钢板网与钢框架连接，围挡板的两侧分别与吊架的外侧立杆连接，沿吊架层全高布置，从而使脚手架侧向完全封闭。

（3）防坠闸板采用花纹钢板折弯制成，通过螺栓与脚手架系统底部走道板连接。防坠闸板上开设腰型孔，可以沿垂直墙体方向滑动。在施工阶段将防坠闸板推至墙体边缘，从而形成完全封闭的施工环境。在整体钢平台模架爬升过程中，可打开防坠闸板留出间隙，防止整体钢平台模架爬升过程中与墙体发生碰撞。

7.2.4 筒架支撑系统标准模块化模型

筒架支撑系统位于核心筒内部，与内脚手架相连接，是整个装备重要的承重和传力结构。筒架支撑系统与脚手架系统协同工作，确保立体交叉作业的稳定性，在

图7-7　筒架支撑结构

图7-8　筒架支撑底梁

钢梁与筒架交替支撑式模架装备以及钢柱与筒架交替支撑式模架装备中，筒架支撑系统作为模架装备在搁置使用阶段最为重要的承重与传力结构，其受力性能直接影响到整体模架装备的安全性[27]。

筒架支撑系统通常由多个筒架支撑结构（图7-7）组成，每个筒架支撑结构布置于单个核心筒的筒体内，由多个筒架支撑单元与筒架支撑系统底梁（图7-8）组成，多个筒架支撑结构在顶部通过钢平台系统连接形成整体。对于常规的矩形核心筒，可在其四个角部的筒体中设置四个筒架支撑单元，当角部筒体设置遇到障碍时，也可将筒架支撑单元设置在墙体中间部位。

用于钢梁与筒架交替支撑式整体钢平台模架装备、钢柱与筒架交替支撑式整体钢平台模架装备中的筒架支撑系统，其构造方式存在一定的区别，前者采用的为长行程液压油缸，因此在下方增置了一段爬升节，爬升钢梁从爬升节筒架支撑柱之间穿过。

底层钢梁采用型钢组成平面受力钢框架，支撑牛腿以螺栓连接方式安装在筒架支撑系统底梁中，通过液压驱动实现功能需要。支撑牛腿作为整体钢平台模架装备的主要支撑受力构件，是整体钢平台模架设计的关键部位，除了要求有足够的承载能力以外，还需要能在整体钢平台模架爬升过程中可靠地实现多次伸缩动作。

在筒架支撑单元处设置有防倾覆装置，防倾滑轮装置一端与大模板有可靠连接，另一端支撑在单元框架上。防倾覆装置在内筒阴角的两端各设置一个，满足筒架支撑单元前后左右倾斜的功能。防倾覆装置与立柱导轨的摩擦采用滚动摩擦，通过调节满足架体垂直度的要求。

7.2.5 动力内置式爬升系统标准模块化模型

动力内置式长行程爬升系统设置于筒架支撑系统的第6~7层之间，由爬升钢梁、竖向限位支撑装置、长行程双作用液压油缸动力系统以及中央控制系统等组成。

1. 爬升钢梁、支撑牛腿

爬升钢梁是钢平台爬升时的主要承重构件，它的设计是根据荷载大小，采用双拼H型钢制作而成。作为长行程双作用液压油缸的底部支撑，其位置位于下段筒架支撑系统内部，通过设置于下段筒架支撑系统上的水平限位装置（图7-9）进行侧向限位，可独立于筒架支撑系统进行升降运动；爬升钢梁上设置有竖向限位支撑装置（图7-10），其结构形式以及设计方法与筒架支撑系统的竖向限位支撑装置相同。

支撑牛腿是整体钢平台模架装备承担竖向荷载的主要支撑受力构件，并且在整体钢平台模架爬升过程中需可靠地完成伸缩动作，从而达到使交替支承爬升的目的，此外，实际工程中墙体厚度变化次数常常较多，支撑牛腿在设计时需保证有足够的长度，并且需要能做到灵活调整外伸长度，因此在整体钢平台模架装备中采用了小型液压系统完成牛腿外伸与收缩动作，实现了牛腿动作的全自动化，安全可靠，动作时间短。

2. 液压动力系统

长行程双作用液压油缸动力系统是筒架支撑式压爬升整体钢平台模架装备进行自动爬升的核心装置，由长行程油缸、液压泵站、供油管路等组成。液压油缸是顶升钢平台的重要动力部件，固定在内架层的底部；根据整个体系的载荷分布情况及其机构特点，管路的连接采用快速接头，更换使用快捷简便；整个泵站系统选用若干套专用泵站，每套泵站控制4个或5个油缸，通过PLC来达到同步。每套系统可控制4~5个油缸独立工作。由于结构层高通常在4~6m之间，采用单行程6m的液压油缸系统，不但会增加液压油缸系统和筒架支撑系统的造价，还会造成爬升过程稳定

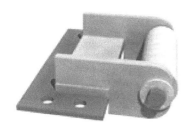

图7-9　水平限位支撑装置

图7-10　竖向限位支撑装置

性下降，综合各方面因素，通常采用一个楼层两次爬升的设计方案。

3. 中央控制系统

中央控制系统主要用于液压油缸系统的控制，由中央控制室、PLC控制系统、人机交互操控界面系统组成。

PLC控制系统主要用于测量、传输、设定和控制操作，达到各子系统协调动作，从而保证液压油缸顶升的同步性。整体钢平台模架爬升系统采用闭环控制系统理论，受控参数为顶升点的压力和位移信号，当某一受控点有超值的可能时，可自动限制该点的油缸升降动作；当某一受控点的信号反馈表明该点反应滞后时，可及时启动该点的油缸进行升降动作；当某一受控点产生的误差不能被控制器修复时，可自动报警并停止工作，直到修复重置后可恢复动作。通过控制系统使整个爬升过程达到精确同步控制的要求，从而有效地保证了整体钢平台模架顶升过程的安全性和可靠性。

7.2.6 筒架支撑式爬升系统标准模块化模型

1. 关键部件装配

在筒架支撑式模架装备中，筒架支撑系统、爬升钢梁与混凝土墙体结构之间均采用液压驱动的竖向限位支撑节点形式（图7-11），其由支撑牛腿、箱体反力架、顶推回缩控制油缸、油缸限位控制装置组成。混凝土墙体结构上预留洞口作为竖向限位支撑装置的支承点；支撑牛腿在顶推回缩控制油缸的控制下进行顶推或回缩操作，可实现其在混凝土结构上的支承或脱离。

筒架支撑系统与混凝土结构之间设置水平限位支撑（附墙导轮）（图7-12），用以保证整体模架装备在侧向荷载作用下的抗倾覆稳定性。水平限位支撑装置由支撑架、滚轮、顶推螺杆、蝶形弹簧及其套筒组成，通过滚轮顶推混凝土墙体结构实现功能需要。

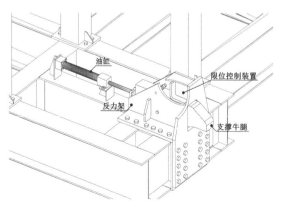

图7-11 液压驱动的竖向限位支撑

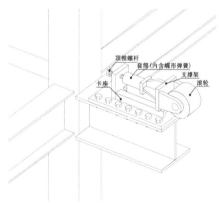

图7-12 水平限位支撑

长行程液压油缸钢筒两侧与筒架支撑系统相连（图7-13）：其中油缸缸体上端通过法兰盘与筒架支撑系统横梁相连，油缸缸体下端与筒架支撑梁相连约束其侧向位移；油缸活塞杆端部与爬升钢梁通过球形支座连接，以减少活塞杆端弯矩。

2. 爬升系统整体装配

对于筒架支撑式液压爬升整体钢平台总体而言，钢梁爬升系统和筒架支撑系统竖向限位支撑装置共用搁置点爬升，内置液压缸活塞端通过球形支座铰接于爬升钢梁上，另一端与筒架支撑系统连接（图7-14），通过液压缸驱动实现相互爬升。爬升钢梁通过水平限位支撑装置约束筒架支撑系统爬升过程平面位移（图7-15）。筒架支撑系统在搁置过程中约束爬升钢梁回提平面位移，并控制模架装备整体稳定。

7.2.7 工具式爬升钢柱系统标准模块化模型

工具式爬升钢柱系统（图7-16）由爬升钢柱、上爬升靴、下爬升靴、型钢提升装置、连接板等组成。

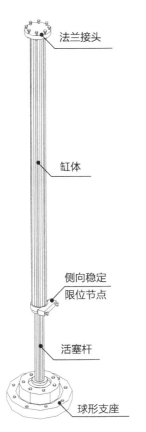

图7-13 长行程双作用液压油缸

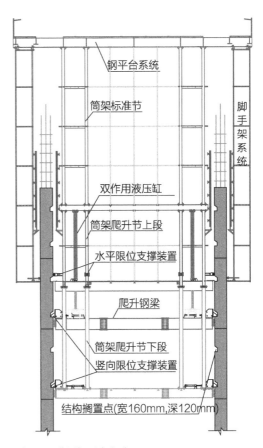

图7-14 共用搁置点爬升

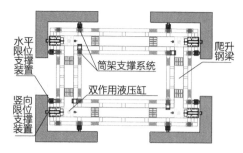

图7-15 爬升钢梁平面构造

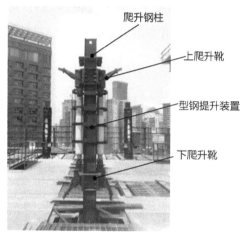

图7-16 工具式爬升钢柱系统

1. 爬升钢柱

工具式爬升钢柱系统的爬升钢柱既是钢平台体系爬升时整个钢平台的支撑构件，又是动力系统工作时的爬升导轨。爬升钢柱根据受力特点设计成有钢板组合焊接成箱形钢柱，箱形钢柱两侧钢板上定距开设爬升孔，用于上下爬升靴组件爬升需要[28]。

2. 爬升靴

爬升靴是短行程液压油缸实现爬升功能的关键，其由爬升靴箱体、换向限位块装置、换向控制手柄和弹簧装置组成，通过操控换向控制手柄控制换向限位块的不同状态，可实现不同方向的支撑限位作用。爬升靴采用仿生学设计，两个爬升靴为一组，分别连接在短行程液压油缸的上侧与下侧，模拟爬升中的上肢与下肢作用。钢柱支撑两侧的上爬升靴通过与型钢提升装置连成一体，下爬升靴采用抱箍的形式连为一体。

固定型的上爬升靴组件通过连接型钢提升装置上端，附着在钢柱上进行限位支撑，型钢提升装置下端连接钢平台系统；活动型的下爬升靴组件通过环箍附着在钢柱上进行限位支撑及爬升。上下爬升靴组件各由两个爬升靴箱体协同工作，爬升靴箱体内设置可定轴转向的爬升爪，爬升爪同轴连接定向控制手柄；定向控制手柄用于控制爬升爪运动方向（图7-17、图7-18），达到单向限位支撑或爬升需要，定向控制手柄通过压缩型弹簧套件进行限位。钢柱爬升系统通过与筒架支撑系统交替支撑实现整体钢平台模架爬升。

钢柱爬升系统中的工具化爬升钢柱以及爬升靴组件均为标准定型构件，可以100%重复周转使用，最大限度减少工程材料的浪费，节省工程成本。

3. 爬升钢柱柱脚连接装置

为实现钢平台体系爬升时爬升钢柱的支撑作用，保证爬升钢柱的稳定性，将爬升导轨钢柱的柱脚的底板设计为开设U形槽孔的板，混凝土剪力墙裸露在外的竖向钢筋（钢筋端部加工为有螺纹），穿过柱脚底板的U形槽孔，通过螺帽与钢筋螺纹

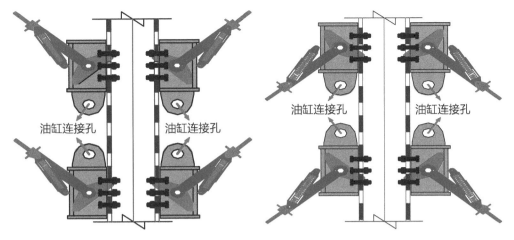

图7-17 钢柱爬升手柄位置　　　　　图7-18 钢平台提升手柄位置

的拧紧连接，柱脚底板以混凝土结构钢筋为锚固筋通过螺栓锚固在新浇筑混凝土结构的顶面，达到导轨钢柱底部固定在钢筋混凝土剪力墙上的目的，当混凝土结构钢筋位置不符合要求时，也可预埋锚固筋。

4. 型钢提升装置

型钢提升装置用于连接爬升靴与钢平台系统，通常采用槽钢形式。其上端与钢柱支撑两侧的上爬升靴连接，下端与钢平台框架梁通过螺栓连接，在下爬升靴位置处穿过下爬升靴抱箍与工具式钢柱之间留出的间隙。这种构造方式可有效控制型钢提升装置的相对位置。

5. 水平限位支撑

为增强整体钢平台模架系统爬升时的侧向稳定性，减小工具式爬升钢柱柱脚弯矩，通常在混凝土墙体外侧模板的顶部围檩处也设置水平限位支撑，其构造与筒架支撑式整体钢平台水平限位支撑相同。

7.2.8 模架装备模块化集成施工

整体钢平台模架在设计阶段就充分采用数字化、模块化的方法与工具化的拼配技术，从而使其成为多个子系统和标准部件的集成体。钢平台框架由各种规格的标准或非标准单元框架、标准跨墙连杆等通过螺栓连接形成，钢平台盖板、格栅板、围挡板以及悬挂脚手架系统等均采用工具化拼配技术，各部件间通过螺栓连接形成整体，综合周转使用率达85%以上。钢柱爬升系统中的工具化爬升钢柱以及爬升靴组件均为标准定型构件，达到100%重复周转使用；钢梁爬升系统中的爬升钢梁采用伸缩框架梁设计，用于不同跨度施工需要；液压动力驱动系统中的液压油缸为通用元件，可根据工程需要选择。竖向限位支撑装置和水平限位支撑装置作为标准受力机构，以螺栓连接方式安装在筒架支撑系统或爬升钢梁系统中，通过液压驱动、自动翻转或顶推实现功能需要。

通过模架装备各子系统参数化建模、模型库管理、模型虚拟预拼装、可视化仿真建造等数字化技术手段，在解决模架装备模型和结构模型之间空间碰撞的基础上，既能最大限度地使用标准件进行最优体型匹配设计，又可大幅提升模架装备的重复周转使用率，从而使整体钢平台模架施工应用中的各种问题迎刃而解。

模架装备通过钢平台系统标准跨墙连杆的设置，满足塔吊可将剪力钢板、伸臂桁架直接吊运至钢平台下方安装的需要；对于部分标准跨墙连杆，采用灵活装拆方式，满足局部位置剪力钢板、伸臂桁架吊装就位需要，新的工艺保证了安全高效施工。对于双层剪力钢板、伸臂桁架吊装工程选择钢梁爬升系统的整体钢平台模架装备，通过筒架支撑系统悬空高度实现双层作业模式，满足高效吊装需要；对于单层剪力钢板、伸臂桁架吊装工程可采用钢柱爬升系统整体钢平台模架装备的单层作业模式。采用悬挂脚手架整体滑移或钢平台悬挂脚手架整体滑移方法，通过滑移轨道和滚轮支座装置，在标准行程液压缸驱动下实现变位，满足墙体收分体型变化施工需要；采用设置标准化翻转走道板的方法，满足悬挂脚手架通过结构外伸部位的施工需要。总之，通过模块化集成施工技术解决了体型转换、剪力钢板、伸臂桁架层的高效建造难题。

7.3 构成模架整体的虚拟仿真设计与加工技术

7.3.1 模架整体三维模型仿真分析与设计

使用虚拟仿真技术对模架进行整体模拟分析，在加工制作前预先了解模架系统与构件在实际结构中的相对位置以及相互关系，计算模架在工程项目应用各种工况的应力应变，完成多种工况的定量对比分析，对模架系统与结构进行优化设计，从而真正实现模架装备的最优匹配施工。

模架装备应用于实际工程时，为保证模架结构在长期工作、多次提升、拆分等情况下的可靠性，可建立模架整体的数字化三维模型，采用通用有限元软件针对不同工况进行计算与设计，对各种工况下整体钢平台系统的变形、主要构件的应力比等方面进行分析研究，为系统实际应用的安全合理性提供理论依据，经过反复论证、多次优化确定出合理的结构布置[29,30]。

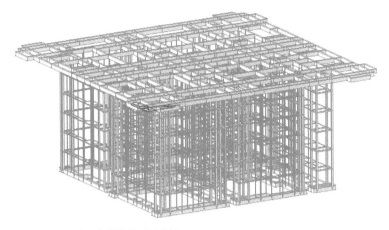

图7-19　钢平台整体结构模型示意图

以图7-19中整体钢平台模架装备有限元模型为例，其主体结构采用梁单元，内脚手吊挂体系采用索单元建立。柱底部的边界条件为铰接，内外支架与核心筒墙体之间为铰接，梁与柱单元之间、梁与梁单元之间根据拆分要求采用刚接、铰接及半刚性连接。

该整体模架正常工作状态共设24只水平限位装置搁置在核心筒剪力墙上，以承受钢平台的重量和施工荷载，钢平台结构设计的合理性能保证以后各次提升及拆分的顺利实施。根据现场施工情况，分成仅有模板荷载与仅有钢筋堆载两个工况进行计算。提升阶段共使用22只油缸，提升过程中严格控制活荷载量值及布置区域，防止提升过程中出现活荷载集中布置，以保证钢平台提升过程中顶升设备不会超载。对于剪力钢板层、桁架层、体型转换层等特殊楼层，在进行整体仿真设计时需考虑模架结构变换对整体结构所带来的影响，需对拆分、变换后的整体模型进行计算分析。

1. 模架施工工况

整体钢平台模架装备实际施工流程中，在不同工况下受力特性不同，应分别进行结构分析，确定最不利的荷载及作用组合。施工工况一般可分为正常工作状态和爬升状态两种工况。

整体钢平台模架在正常工作状态时，根据施工经验以及施工安全的考虑，风力应为8级（含8级）以下，此时总体受力情况需考虑结构自重、施工荷载、模板荷载、顶层钢筋堆载、外挂脚手架荷载以及不同方向风荷载作用下的水平荷载。设计计算时可偏安全考虑，将正常施工阶段的最大设计风荷载按照12级风来进行计算。在实际工程项目中，如遇到风力大于12级的情况，可采用临时加固的措施将整体钢平台模架与结构核心筒连接成整体，依附于结构核心筒来抵抗风荷载。施工过程中的风力可以根据天气预报进行预测，并结合整体钢平台上安装的风速仪进行实时监测[31]。

整体钢平台模架爬升状态时的风力不应超过6级，此时钢平台的受力需考虑结构的自重、外挂脚手架荷载、少量的操作人员荷载及不同方向风力作用下的水平风荷载，而不考虑模板荷载和钢筋堆载。为了偏安全考虑设计计算，爬升阶段的最大设计风荷载也可按8级风考虑。

由上述分析可知，整体爬升钢平台模板工程的荷载包括永久荷载和可变荷载。永久荷载包括钢平台系统、脚手架系统、模板系统、筒架支撑系统、爬升动力系统以及相关设备的自重，可变荷载包括施工活荷载、风荷载、雪荷载及材料堆载。根据相关规范以及工程经验对各部分进行取值，取最不利荷载效应基本组合，采用通用有限元软件计算出结构内力与变形，判断体系的受力合理性。计算风荷载时，由于悬挂脚手架系统的侧向围栏与钢平台侧向围栏一般采用带有型钢框架的冲孔钢板网，可根据钢板网的开孔率、型钢架体的迎风面积比率来确定阻风系数。

2. 模型受力分析

通过有限元软件的分析计算，根据计算结果，以结构内力、变形为标志值进行受力分析。分析中以主要支撑结构（如钢平台系统主梁、筒架支撑系统主立柱等）的应力比为内力依据，同时考虑满足稳定性要求，应力比一般控制在0.8左右；以整体钢平台结构悬挑处挠度作为变形依据，要求计算挠度不大于50mm。

（1）工作状态受力分析

当钢平台顶部没有钢筋堆载，核心筒剪力墙模板下挂在钢平台时，应力比计算结果见图7-20，图中所示应力比由小至大颜色依次加深。计算时偏安全考虑，设定风荷载为12级，在12级风作用下钢平台水平位移反应见图7-21。总体来说钢平台结构整体性较好，构件的强度与刚度满足设计要求，结构侧向变形比较均匀，施工过程中遭受大风停止工作时，可采取钢平台结构与主体结构临时拉结等应急措施。

（2）爬升状态受力分析

整体钢平台模架采用液压油缸作为动力系统，要具有足够的顶升能力保证钢平台正常工作。爬升状态分析时首先应进行液压动力系统的顶升能力验算，根据整体结构的有限元模型，可得到包括材料荷载、结构自重的总荷载，按各油缸有效载荷一致、提升过程各油缸位移差控制原则，即可分析出各油缸在恒载作用下的控制顶升力。本案例中，整体模型荷载总计4753kN，设计使用22只油缸进行提升，单只油缸额定顶升荷载为400kN，总顶升荷载为8800kN，按照提升过程各油缸位移差控制在5mm以内的原则，得出各油缸在提升中的控制顶升力，见表7-1。

由表7-1可知，22个油缸中单个油缸所需的最大顶升力为303.9kN，小于单个油

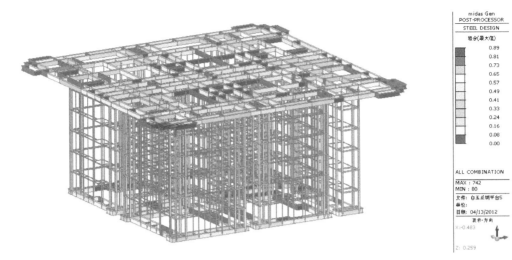

图7-20　正常工作时应力比云图

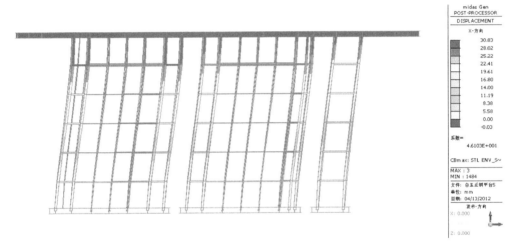

图7-21　正常工作时X向位移云图（mm）

各油缸提升中控制顶升力P（kN）　　　　表7-1

编号	P	编号	P	编号	P	编号	P
1	221.9	7	184.6	13	227.0	19	237.2
2	300.7	8	261.3	14	261.9	20	298.7
3	177.5	9	259.6	15	238.8	21	157.8
4	175.4	10	161.2	16	170.9	22	179.4
5	184.0	11	226.7	17	230.7		
6	212.5	12	303.9	18	218.7		

缸的额定顶升荷载，可以满足整体钢平台模架的爬升需求。

同样要对整体钢平台模架的架体结构进行爬升状态下的有限元分析，该工况下，由22根立柱支撑整个钢平台体系，应力与变形计算结果见图7-22、图7-23，结果表明各杆件应力比均小于正常工作状态，结构设计满足要求，爬升状态计算时取风荷载等级为8级，实际爬升时的控制风力为6级，而且钢平台与混凝土核心筒之间设水平限位支撑装置，以抵抗水平风荷载的影响，从而保证整体钢平台模架结构具备足够的安全储备。

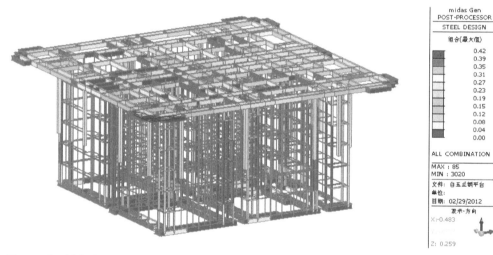

图7-22　钢平台提升时应力比云图

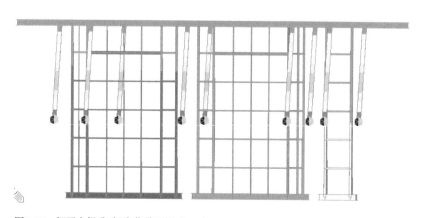

图7-23　钢平台提升时X向位移云图（mm）

7.3.2 模架关键部件仿真分析与设计

基于整体模型中关键构件与节点的力学响应分析结果，针对模架装备的施工阶段与爬升阶段的关键受力部件，如用于竖向限位支撑的牛腿结构、爬升钢柱结构以及用于依附钢柱爬升的爬升靴等，分别建立有限元模型进行细部结构受力分析与设计，是整体钢平台模架的仿真分析与设计阶段中的关键环节，是全面了解模架装备施工过程中的应力应变状态、确保模架整体安全性的必要步骤，在此基础上可以进一步实现对各类关键结构部件的优化提升[32]。

作用在关键结构部件上的载荷数据均可从整体模型中进行读取，比如竖向限位支撑中的支撑牛腿前端作用力即为整体模型的支座反力，选取各种工况下的最大值作为支撑牛腿上的施加载荷，即可分析支撑牛腿的力学响应（图7-24）；根据爬升靴的受力情况，主要对其侧向承重板的承载力进行分析，图7-25为爬升靴侧向承重板简图，板四周固接，分析应力与变形云图可知爬升靴侧向承重板的强度与挠度情况。

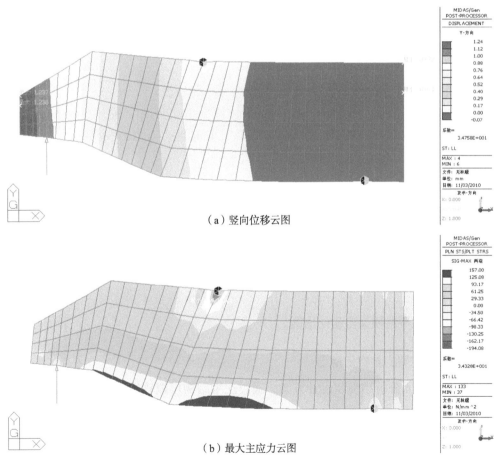

（a）竖向位移云图

（b）最大主应力云图

图7-24　支撑牛腿分析结果图

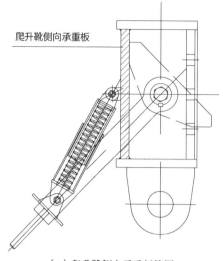

（a）爬升靴侧向承重板简图

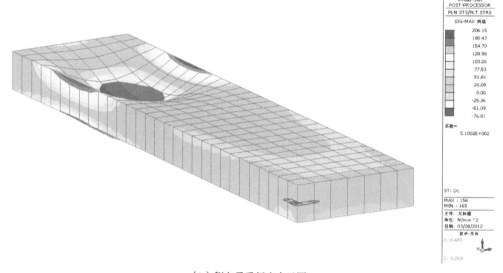

（b）侧向承重板应力云图

图7-25　爬升靴侧向承重板简图

7.3.3　整体钢平台模架自动化出图

1.　建立完整的参数化模型

基于有限元分析结果和设计方案，通过三维结构模拟软件可分别建立钢平台系统、筒架支撑系统、脚手架系统等各子系统模型，并拼装集成为完整的整体钢平台模架模型。除了常规的结构零部件的几何尺寸之外，整体钢平台模架模型也应涵盖材料规格、横截面、材质、节点类型等相关信息。

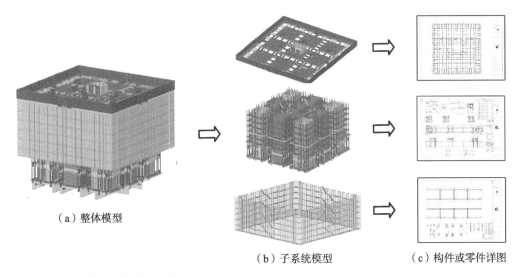

（a）整体模型　　（b）子系统模型　　（c）构件或零件详图

图7-26　参数化模型转化为施工详图

通过访问整体模型数据库可以随时查询整体钢平台模架制作和安装的相关信息，校核部件是否发生碰撞，自动生成所需要的工程图、报告清单等数据信息。当需要改变整体钢平台模架结构设计时，只需对模型的局部构件进行修改，其他数据以及整体模型均可相应改变，因此可以便捷地创建各种新的模型结构文件，可大幅提升工程技术人员的设计效率。

2. 创建施工详图

通过参数化的整体模型可自动导出生成的钢平台系统、筒架支撑系统、脚手架系统等各子系统的构件详图和零件详图，并可根据需要进行深化设计，深化为构件图、组件图和零件图，以供装配和加工使用，其中零件图可以直接或经转化后，得到数控机床所需的数据文件，通过计算机控制实现钢平台模架构件设计和加工自动化，从而提高生产效率、缩短设计生产周期，满足市场的快速响应需求。

7.4　模架整体与结构合模的虚拟仿真技术

7.4.1　结构体型变换全过程虚拟仿真技术

1. 墙体收分施工

墙体收分是超高层建筑核心筒结构中较为常见的体型变化，为了减轻结构自重，超高层建筑核心筒墙体厚度随着高度的升高呈现由厚变薄的趋势，因此核心筒墙体自下而上要进行多次收分，有些墙体的收分幅度较大，给核心筒的施工带来不小的困难。

针对这个问题，可采用悬挂脚手架整体滑移（图7-27）方法，通过滑移轨道和滚轮支座装置（图7-28），在标准行程液压缸驱动下实现变位，满足墙体收分体型变化施工需要，使施工过程中脚手系统始终保持封闭状态；针对桁架层牛腿外伸，可采用设置标准化翻转走道板的方法，满足悬挂脚手架通过结构外伸部位的施工需要。

2. 核心筒变体施工

随着超高层建筑造型的多样化发展，核心筒结构日趋复杂，除了基本的墙体收分之外，许多超高层结构核心筒墙体随着高度的升高会发生体型的变化，这给施工带来了很大的困难。针对这个问题，在模架装备设计之初，就需统筹考虑内外挂脚手系统的调整，使部分内挂脚手顺利过渡为外挂脚手，使钢平台体系仍然保持其整体性、稳定性。图7-29、图7-30是钢平台模架装备变体在上海中心工程中的应用。

为适应超高层建筑核心筒模架装备变体施工要求，需对模架装备在高空进行变换体型的全过程数值模拟分析，以确保模架与核心筒结构的精准合模。模架进行空

图7-27 悬挂脚手架整体滑移

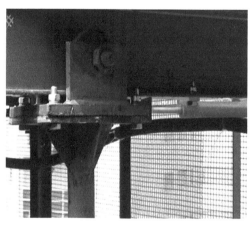

图7-28 液压驱动滑移装置

图7-29 整体钢平台变形前

图7-30 整体钢平台变形后

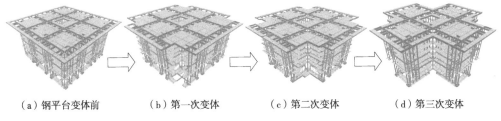

（a）钢平台变体前　　（b）第一次变体　　（c）第二次变体　　（d）第三次变体

图7-31　钢平台体型变换示意图

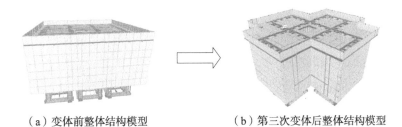

（a）变体前整体结构模型　　　　（b）第三次变体后整体结构模型

图7-32　钢平台体型变换前后整体结构模型对比示意图

中变体施工时，同样要对正常工作状态和爬升状态两种工况进行分析。考虑到不同工况下受力特性不同，应针对变形过程中的各个模型形态分别进行结构分析，确定最不利的荷载及作用组合。

以上海中心整体钢平台模架为例，按照实际施工过程中钢平台结构三次空中变体及拆分情况，建立三维有限元模型，空中体型变换过程的三维模型见图7-31。为了分析12级及以上风速作用下外挂脚手及钢平台结构侧向变形，选取钢平台变体前、第三次变体两个工况建立模型，如图7-32所示。有限元模型主体结构采用梁单元，内脚手吊挂体系采用索单元，外挂脚手杆件采用直线梁单元，各类板材采用壳单元建立。柱底部的边界条件为铰接，内外支架与核心筒墙体之间为铰接，梁与柱单元之间、梁与梁单元之间、梁与壳单元之间根据拆分、变体要求采用刚接、铰接及半刚性连接。

为保证钢平台结构设计的合理性以及各次变体及拆分的顺利实施，分析计算时应对两种工况分别进行计算。根据钢平台变体前与各次变体后建立的有限元计算模型，针对不同工况施加相应荷载，荷载选用承载力极限下的基本组合，计算出结构体系的内力与变形结果。为保证钢平台结构长期工作、多次变体、多次拆分情况下的可靠性，需经大量计算来反复论证、优化结构布置。图7-33、图7-34分别给出了钢平台变体前与各次变体后的钢平台结构竖向和水平变形反应结果。计算结果也反映出施工过程中的控制要点：应严格控制施工活荷载，尤其悬挑不能出现较大堆载，避免产生较大挠度；钢平台遇到多次变体、多次拆分时，应保证钢平台的变

   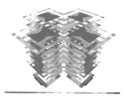

（a）钢平台变体前　　　（b）第一次变体　　　　（c）第二次变体　　　　（d）第三次变体

图7-33　钢平台正常工作状态竖向位移云图（mm）

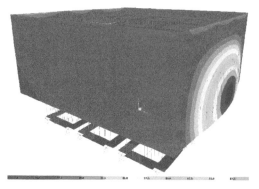

形，尤其是要控制杆件间的变形差；钢平台爬升过程中要严格控制活荷载量值及布置区域，禁止爬升过程中出现堆载集中布置，以保证钢平台爬升过程中顶升设备不超载；在正常使用阶段遭遇8级以上风载时应停止工作，通过外挂脚手与钢平台结构、钢平台结构与主体结构之间采取临时拉结措施，可大幅减小钢平台的整体变形。

图7-34　钢平台整体结构在12级风作用下水平变形云图（mm）

由于模架结构变体施工时的受力复杂，对模架装备的关键支撑部件选取最不利位置进行局部分析。本案例中选取牛腿结构、筒架支撑系统作为分析对象，结构示意见图7-35。通过有限元分析（图7-35～图7-38），对关键构件的材料、尺寸、连接形式进行优化设计。

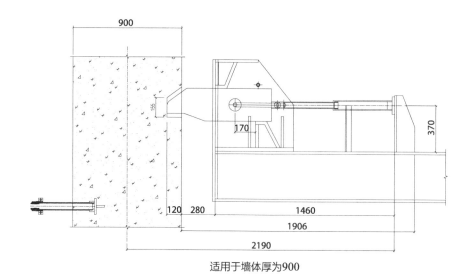

适用于墙体厚为900

图7-35　900mm厚墙体处牛腿结构示意图

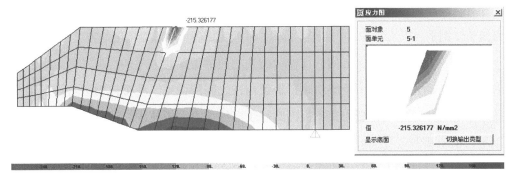

图7-36　牛腿结构最大主应力（Max）云图（MPa）

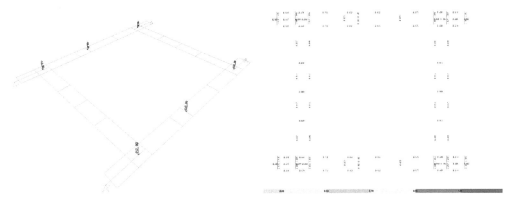

图7-37　筒架支撑系统结构三维有限元分析模型　　图7-38　筒架支撑系统结构应力比

7.4.2　特殊结构层虚拟仿真技术

在高层、超高层建筑结构设计中，为了控制结构侧移，常常采用设置加强结构层的措施，如在核心筒内设置钢板剪力墙、在核心筒与外框柱之间设置伸臂桁架等，从而提高结构的抗侧刚度、减小水平位移。施工流程上，核心筒先于外框架结构施工，故核心筒与伸臂桁架的连接常采用预埋牛腿形式，而由于连接伸臂桁架的预埋牛腿尺寸较大，并且常会突出核心筒墙体，对整体钢平台模架的施工与爬升会造成影响。

在整体钢平台模架跨越钢板剪力墙层、伸臂桁架层等特殊结构层施工时，剪力钢板、伸臂桁架与楼面桁架构件常需要从整体钢平台模架顶部吊入核心筒内进行安装，必然会与钢平台系统的部分钢梁发生碰撞；在整体钢平台模架爬升过程中，悬挂脚手架部分位置会与核心筒结构的外伸桁架牛腿相碰撞。因此，在整体钢平台模架系统中设置标准跨墙连杆，通过采用灵活装拆部分标准跨墙连杆方式，可满足将剪力钢板、伸臂桁架直接吊运至钢平台下方安装的需要；对于双层剪力钢板、伸臂桁架吊装工程，可选择钢梁爬升系统的整体钢平台模架装备，通过筒架支撑系统悬空高度实现双层作业模式，满足高效吊装需要；对于单层剪力钢板、伸臂桁架吊装工程可采用钢柱爬升系统整体钢平台模架装备的单层作业模式，从而完成各种特殊结构层的施工[33, 34]。

整体钢平台模架的自有构件与伸臂桁架之间的关系错综复杂，难以用二维图纸表达清晰，通过三维模型能够清晰了解到构件之间的关系，在整体钢平台模架爬升的动态过程中这些问题更为突出；因此基于虚拟仿真分析技术，对跨桁架层的整体钢平台模架爬升过程进行模拟和动态碰撞检测，预先判断整体钢平台模架部分跨墙连杆拆除和悬挂脚手架位置改变条件，进行钢平台柔性可拆装设计，是确保整体钢平台模架体系稳定性和安全性、方便快捷地完成核心筒结构伸臂桁架层施工的关键环节，便于管理人员进行深度分析，发掘可能存在的问题，支持优化爬升方案。

以上海中心大厦桁架伸臂层施工为例，通过三维仿真软件建立模架结构、核心筒结构以及相关施工设备的整体模型，并充分考虑施工环境以及施工流程，模拟说明伸臂桁架层施工的全过程。

（1）在非伸臂桁架层钢平台系统爬升到位的基础上，继续爬升半层，用于施工桁架层下一层核心筒。

（2）拆除钢平台系统东西方向中部跨墙连杆，吊装南北方向中部伸臂桁架下弦杆（图7-40），吊装完成后重新安装跨墙连杆；拆除钢平台系统南北方向中部跨墙连杆，吊装东西方向中部伸臂桁架下弦杆（图7-41），吊装完成后重新安装跨墙连杆。

（3）拆除钢平台系统井字形外部跨墙连杆，吊装井字形外部伸臂桁架下弦杆，吊装完成后重新安装跨墙连杆，从而完成伸臂桁架下弦杆安装（图7-42）。

（4）进行核心筒混凝土结构施工，待整体钢平台模架爬升到指定位置，进行伸臂桁架腹杆和上弦杆安装。

（a）施工过程仿真模拟　　　　　　　　（b）施工现场实景

图7-39　钢板剪力墙层施工

（5）拆除钢平台系统东西方向中部跨墙连杆，吊装南北方向中部伸臂桁架腹杆和上弦杆（图7-43），吊装完成后重新安装跨墙连杆；拆除钢平台系统南北方向中部跨墙连杆，吊装东西方向中部伸臂桁架腹杆和上弦杆（图7-44），吊装完成后重新安装跨墙连杆；完成井字形中部伸臂桁架腹杆和上弦杆安装。

（6）拆除钢平台系统井字形外部跨墙连杆，吊装井字形外部伸臂桁架腹杆和上弦杆，完成后重新安装跨墙连杆，从而实现整体钢平台模架穿越桁架层施工（图7-45）。

图7-40　南北向中部下弦杆吊装

图7-41　东西向中部下弦杆吊装

图7-42　井字外围下弦杆吊装

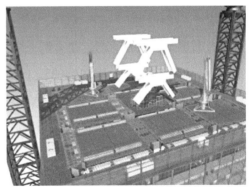

图7-43　南北向中部腹杆和上弦杆吊装

图7-44　东西向中部腹杆和上弦杆吊装

图7-45　井字外围腹杆和上弦杆吊装

7.4.3　施工设备一体化虚拟仿真技术

在超高层建筑核心筒结构施工过程中，模架装备并不是独立运行的，其爬升与施工状况均与塔吊、布料机、施工电梯等其他施工设备紧密相关，时刻需要进行协同与配合，此外，为了满足高效施工要求，发挥整体钢平台模架体系稳定性好、承载力高的突出优势，常常采用整体钢平台模架与其他重大设备一体化协同施工技术，施工电梯、布料机等设备直接附着或安装在整体钢平台上，可有效聚集协调超高层施工中各种装备资源，使各个施工设备协同联动，以减少相互干扰和停工等待时间，大幅提高工效。因此，建立模架装备模型与核心筒模型过程中，应充分考虑各种施工设备设施之间的相互影响，同时建立核心筒结构相关的重大施工设备的模型，进行全过程施工模拟，综合研究各类设备相互之间的安装、附着、运行等一体化技术，预先发现和解决阻挡、碰撞等问题，避免在施工现场发生安全事故。

基于仿真动画、BIM模型、3D处理和虚拟现实等数字化技术，实现模架装备与施工设备一体化的虚拟仿真设计与展示，其核心在于建立模架装备与施工设备一体化三维模型与视景仿真系统。通过三维模型设计方法获得模架装备与施工设备的精确模型参数，根据参数生成三维模型，通过整体钢平台安装、爬升、变体、拆除等全过程施工流程预演，直观地解决整体钢平台模架施工流水与其他设备设施的干涉、碰撞、断层等一系列问题；建立钢平台模架装备以及施工设施设备相关的数据库，搭建用户操作界面，根据现实的施工现场和工艺流程制作模拟动画进行演示（图7-46）。在此基础上，可将模型导入渲染平台，通过光照渲染、凹凸贴图、法线贴图和动态场景布置等三维模型优化处理和真实感增强技术，实现三维模型的真实感处理，增加模型美观性；还可以通过虚拟现实技术，实现对整体钢平台模架与施工设备一体化的施工流程进行虚拟漫游，可让用户在监控与管理施工流程的同时，得到虚拟现实所带来的沉浸式体验，此外还可以采用云平台技术，将这套三维模型可视化系统导入云端，面向客户端开放供展示与管理。

图7-46　钢平台与施工设备一体化仿真模拟动画

7.5 模架施工过程实时智能化安全监测技术

7.5.1 测点布置和监测内容

1. 测点布置原则

在整体钢平台模架应用过程中，应对钢平台在核心筒工程施工的全过程进行监测，即除了正常施工阶段和爬升阶段的实时监测外，还应对安装与拆除阶段、体型转换阶段进行重点监测。基于钢平台体系模块化集成设计与分析的关键问题，结合钢平台典型工况下的数值仿真模拟结果，能够清晰地确定整体钢平台模架的重点监控对象与位置，从而针对决定整体钢平台模架体系安全性的关键构件、关键节点以及环境因素进行监控，如竖向限位装置中支撑牛腿的实时应力应变状态、钢平台系统的变形状态、环境风速等。

在选择测点时，可根据具体的施工过程或施工步骤，基于各钢平台体系进行多状态下全过程的有限元仿真分析，重点关注钢平台应用全过程中输出响应（应力或变形）较大的构件（节点）或输出响应变化较大的构件（节点）。这样可以宏观地把握整个钢平台体系在施工过程中的实际受力情况，且能对可能出现的危险情况做出预警，从而保证体系正常、安全运行。

2. 风速监测

整体钢平台模架自振频率较低，结构阻尼较小，属于风敏感结构，研究钢平台模架的风致响应对于优化钢平台设计或计算具有重要意义。现场实测是研究结构风效应最直接和最可靠的手段，其可以弥补风洞试验及计算理论、模型等不足。因此，可以实际工程项目中的钢平台模架为研究对象，开展钢平台所处高空的风场、表面风压和结构风致响应的同步实测工作，借助同步实测数据分析钢平台的风压分布规律及风致响应。

进行风速监测的意义主要包含两个方面：一是为理论计算提供实测数据，实测获取的钢平台上风速数据可转化为有限元计算的风荷载，可作为精确理论分析的有力保证；二是为安全施工提供预警与保障，钢平台在8级风以下可正常施工，6级风以下可进行平台爬升作业，风速监测的实时数据可以直接反应风速状态与变化趋势，指导现场施工人员及时采取应对措施。

风速风向监测采用三向风速风向仪，一般在钢平台顶部对角位置各布置1台（图7-47），其数据传输方式可根据与中控室距离的远近采用有线传输方式（采样频率高，一般20Hz）或无线传输方式（采样频率低，最小采样间隔为1min）。

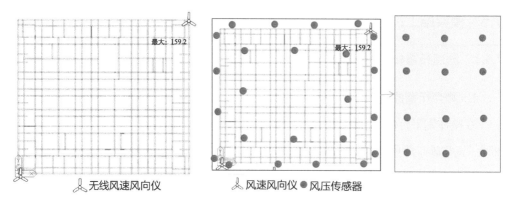

图7-47　钢平台上风速风向仪布置　　图7-48　风压传感器布置方案

3. 钢平台风压分布监测

风压与风致响应的现场实测是研究建筑风荷载和风致响应的极为重要的基础性工作，也是检验风洞试验结果、改进风洞试验技术、验证理论分析方法和荷载规范的重要依据。钢平台属于风敏感结构，现场实测取得良态风或台风作用下整体钢平台的外围护及内筒架风压分布、结构动力特征，及结构风致响应等相关结果，可作为风洞试验研究和虚拟仿真分析的有益补充。

选用风压传感器及采集系统进行钢平台悬挂脚手架及筒架支撑系统的风压监测。考虑到采集频率较高，数据量大，一般采用有线连接方式进行，即将所有采集数据集中于中控室服务器，而后集中通过无线网络形式发送到云端服务器，图7-48为风压传感器布置方案。

4. 应力应变监测

根据虚拟仿真分析的结果，对整体钢平台模架体系的应力应变监测应主要包含钢平台系统中的钢横梁、筒架支撑系统中的钢立柱以及工具式爬升钢柱系统中的爬升钢柱的应力应变监测。

（1）钢横梁

根据有限元计算分析，钢平台系统四个角部的钢横梁应力较大，应对其进行应力应变监测。测点如图7-49所示，各测点布设1个双通道应变采集模块，2个应变传感器（测量双向梁的应变）。

在钢平台一端放置4个双通道无线应变采集模块，在四角钢横梁处布置两个相互垂直的应变传感器。所有无线应变采集模块放置在钢平台同一侧，根据现场实际情况布设走线。

（2）钢立柱应力

根据有限元计算分析结果，筒架支撑系统中四个角部的钢立柱应力较大。考虑到整体钢平台的对称性，在筒架支撑系统角部的钢立柱顶端布置1个单通道无线应变采集模块，在采集模块下方连接一个传感器，同样的，所有无线应变采集模块放置在钢平台同一侧，根据现场实际情况布设走线，如图7-50所示。

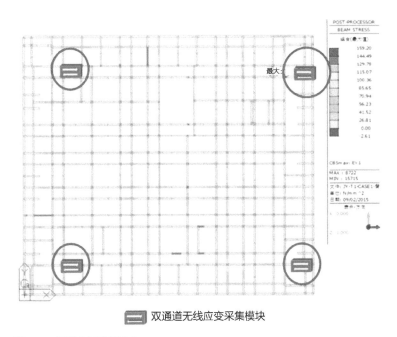

▱ 双通道无线应变采集模块

图7-49　钢平台梁应变测点

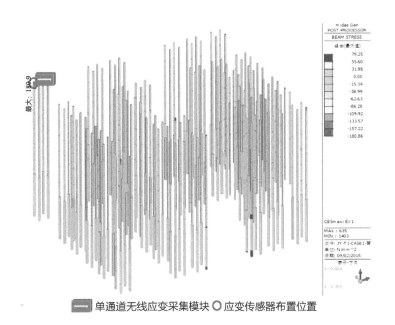

▱ 单通道无线应变采集模块 ○ 应变传感器布置位置

图7-50　钢平台柱应变测点

（3）爬升钢柱应力

整体钢平台模架在爬升状态下，中部区域的爬升钢柱受力较大，应在爬升钢柱底端设置应力应变测点（图7-51）。可采用三通道无线应变采集模块进行数据采集和传输，在每个爬升钢柱底端布置一个传感器，沿着钢横梁布线，连接无线应变采集模块及应变传感器。

5. 变形监测

实际监测过程中，为了实时把控钢平台空中姿态及变形规律，可结合GPS、静力水准仪及倾斜仪等手段，重点对钢平台系统的空间变形（垂直方向及水平X、Y方向）、液压油缸的侧向变形以及爬升钢柱的侧向变形进行监测。

（1）钢平台系统变形

在钢平台系统的四个角部分别布置4个GPS卫星信号接收机，通过GPS实时监测，可同时给出钢平台搁置或顶升状态下的整体空间姿态，有助于把握钢平台实时高度；在钢平台四周边中部及中部支点缺失处等布置6台水准仪，其中1台水准仪放置在理论不动点位置，作为参考点，通过与参考点的相对位移差计算其余测点的实际位移；为把握钢平台整体变形规律，在角部钢横梁上设置四个辅助倾角仪，见图7-52。

（2）液压油缸侧向变形

在爬升状态下，受侧向荷载的影响，液压油缸会产生一定的侧向变形。可在液压油缸上端设置无线倾角仪（图7-53），对液压油缸在爬升状态下的侧向变形进行

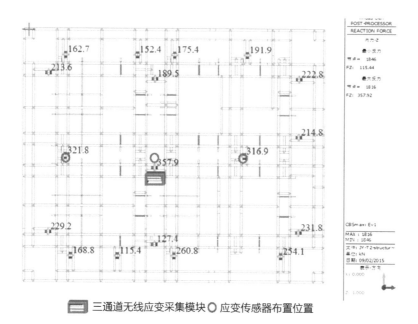

　　▭ 三通道无线应变采集模块 ◯ 应变传感器布置位置

图7-51 钢平台爬升钢柱应变测点

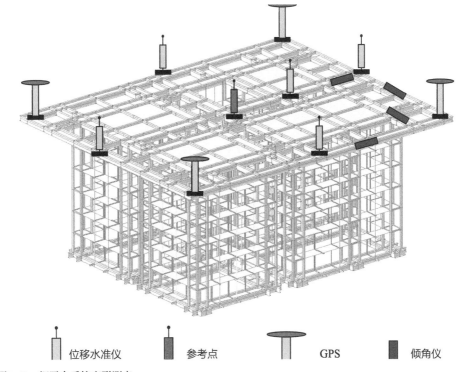

位移水准仪   参考点   GPS   倾角仪

图7-52　钢平台系统变形测点

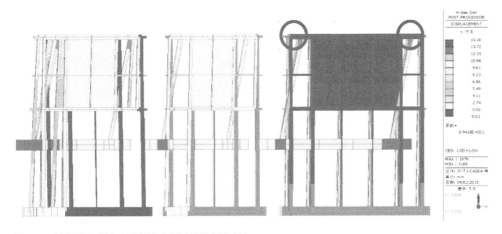

图7-53　液压油缸侧向变形测点布置（无线倾角仪）

监测，通过倾角的变化间接反映油缸的侧向变形。

（3）爬升钢柱侧向变形

爬升钢柱的侧向变形是反映整体钢平台模架稳定性和决定整体钢平台模架能否顺利提升的关键参数，爬升钢柱的侧向发生小变形即有可能对整体钢平台模架的正常提升带来不利影响，故应选择典型爬升钢柱进行侧向变形的监测。

如图7-54所示，采用无线倾角仪对整体钢平台模架的单根爬升钢柱进行监测，

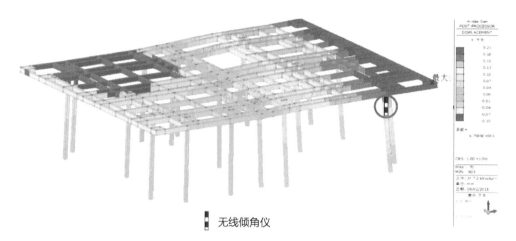

■ 无线倾角仪

图7-54　导轨柱侧向变形测点布置（无线倾角仪）

通过倾角的变化间接反映爬升钢柱侧向变形。通过虚拟仿真分析发现，爬升钢柱的侧向变形一般较小，故无线倾角仪要求具有较高的精度。

6. 其他变量监测

（1）支撑牛腿的伸入度

在正常施工或爬升状态下，整个钢平台的重量和施工荷载（材料堆载、机械设备及施工人员荷载）最终传递到了水平限位装置中的支撑牛腿上，而支撑牛腿是否正常伸入预留洞口是其能否正常工作的关键。因而，可采用视频监测的方式对每个支撑牛腿是否正常伸入进行远程监测。同时可在塔吊上方布置视频设备，用于监测钢平台整体，从而构成整套的视频监控系统。

（2）液压油缸压力

整体钢平台模架在爬升状态下，液压油缸的压力是反映整个爬升系统是否正常运行的关键参数。一般的液压控制系统本身就具备在爬升过程中实时监测油缸压力的功能，可通过无线网关设备将液压油缸压力的监测数据纳入整体钢平台模架的监测系统中，实现数据的共享应用。

（3）整体钢平台模架与其他施工设备协同监测

为协调整体钢平台模架与塔吊、施工电梯、布料机等施工设备的正常运行，保障各类施工设备的互不碰撞、互不干扰，可采用全向摄像头及红外测距仪，实时监测整体钢平台模架与塔吊、施工电梯等设备间的距离变化。红外测距仪一般用于张拉预应力时伸长量的测量，精度较高，如牛腿结构上有足够设备安装空间，则可以采用红外测距仪对牛腿的正常伸入进行监测。

7.5.2 监测数据传输方案

核心筒施工过程中，整体钢平台模架的动态作业状态对监测数据的无线传输造成一定困难，如易带来传输距离远、周边信号干扰和信号屏蔽不利影响等。对于采集数据量较少的整体钢平台模架可采用无线数据传输+无线入云技术方案，以满足整体性实时监测的需要；而对于采集数据量较大的整体钢平台模架可采用有线数据传输+无线入云技术方案。

1. 无线数据传输方案

针对可进行现场无线传输及数据量较小的监测设备，将其组建为局域网络，数据通过直传或跳传方式传输至远程入云模块，并经由入云模块发送至远程服务器进行数据存储，包括应力应变采集模块、倾角仪、静力水准仪、风速风向仪等。跳传采用增设长距离跳传模块的方式进行；远程入云模块统一固定在塔楼底部信号较好位置。具体如图7-55所示。

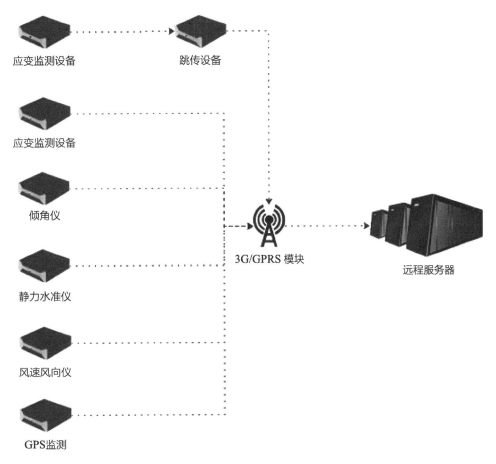

图7-55　无线数据传输方案示意图

2. 有线数据传输方案

有线监控方案和无线入云技术的集成，其基本思路如图7-56所示，实现过程为：

（1）在各测点位置布置相应传感器，并用数据传输导线接入位于中控室的集线箱内。

（2）将集线箱和加载于现场服务器内的采集板卡相连接，通过现场服务器中的上位机采集处理软件完成数据采集和存储功能。

（3）将存储数据读取，并通过发送设备以无线传输方式发送至远程入云模块，最终上传至远程服务器。在距离超过稳定传输极限的情况下，增设中继跳传设备，实现数据局域网内无线跳传。如发送设备位于中控室内无法发送成功，则可将存储数据通过导线接入钢平台外侧的发送设备进行发送。

（4）远程服务器上部署在线数据处理分析平台，可实现如数据查看、权限管理、预警、分析等多项功能。

7.5.3 监测构架及设备

1. 硬件设备

对模架装备开展监测前需进行硬件设备规格和数量计量，整体钢平台模架监测使用的主要硬件设备包括如下几种：

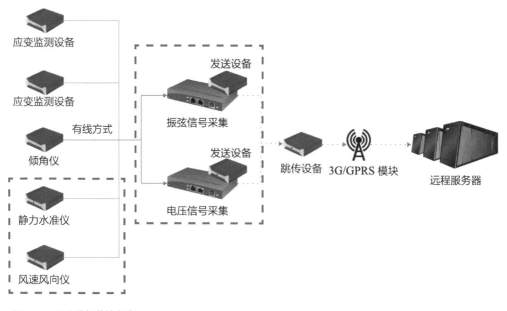

图7-56 有线数据传输方案

（1）数据采集设备包括应力应变采集模块、倾角仪、水准仪、静力水准采集模块、风速风向仪、红外测距仪、压力采集模块、视频摄像设备、液压油缸压力网关设备；数据传输设备包括必要的长距离中继模块、4G入云模块等。

（2）监测设备的保护措施，如保护盒、保护线槽等，用于施工现场复杂环境下对监测设备、管线的保护。

（3）用于数据接收的远程服务器。

2. 无线传输架构图

系统无线传输架构图如图7-57所示。

3. 数据采集设备

（1）应变传感器及采集设备

应变监测采用智能振弦式应变计传感器，见图7-58。振弦式传感器是具有抗干扰能力强、受电参数影响小、零点飘移小、受温度影响小、性能稳定可靠、耐震动、寿命长等特点，主要用于采集钢平台系统、筒架支撑系统以及爬升系统中关键构件的应变数据，通过配置无线采集模块可实现远程监测，见图7-59。

（2）无线倾角仪

无线倾角仪可通过测量倾角的变化反应构件测量的变形程度，是普遍采用的用于测量结构或构件侧向变位的仪器，具有精度高、延时小的特点。多个无线倾角仪可同时接入单个网关，实现数据的全无线传输，见图7-60。

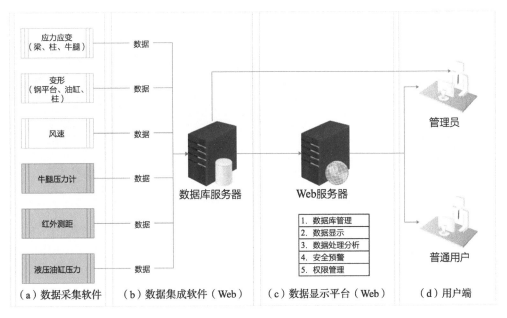

图7-57　系统架构图

图7-58 振弦式应变传感器

图7-59 无线采集模块

图7-60 无线倾角仪

（3）静力水准仪

静力水准仪可用于测量钢平台系统上两点间或多点间相对高程变化，从而反映出钢平台系统的变形与倾斜状态。静力水准系统一般安装在钢平台系统角部的主次钢横梁上，采用模块化自动测量单元采集数据，通过无线或有线的通信方式实现自动监测，见图7-61。

图7-61 静力水准仪

7.5.4　模架施工过程模拟与分析

基于BIM技术，实现钢平台、监测信息、施工工况等信息的有机集成，支持整体钢平台模架实时几何形态的可视化展现和复杂工况的模拟分析；并根据监测信息自动更新整体钢平台模架BIM模型和结构计算模型，为整体钢平台模架设计和优化提供参考。

建立整体钢平台模架及其他施工设备设施的BIM模型，并结合远程实时监控系统将钢平台模架的实时监测数据导入BIM模型，可实现BIM模型动态展示与更新，进而将BIM模型导入结构分析软件中修正几何模型，对钢平台模型体系的安全性进行全面评估并作出预警，通过无线传输、数据集成等在内的物联网技术，及BIM/监测数据/结构分析三者互导技术，实现数据的实时动态更新和钢平台模架装备运行状态的管控。

1. 基于BIM的钢平台监测系统深化设计

（1）钢平台BIM建模

采用三维设计软件创建整体钢平台模架BIM模型，可进行监测系统布线方案模拟、爬升过程模拟、结构计算和监测信息展现。针对实际工程需求建立整体钢平台模架BIM模型，一般要涵盖核心筒结构、整体钢平台模架、垂直运输设备、监测设备及其布线等内容。针对整体钢平台模架中安全围挡板、结构片架等标准化构件可设置加工级别参数化的族库，如图7-62所示，从而实现模块化、标准化钢平台设计和快速建模。建立的钢平台BIM模型如图7-63所示。

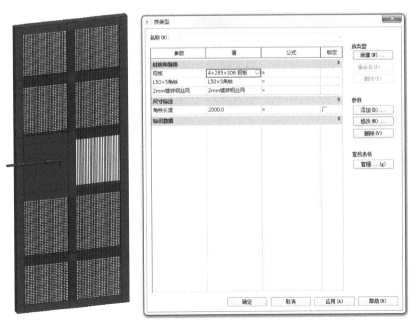

图7-62　钢平台安全围挡板族

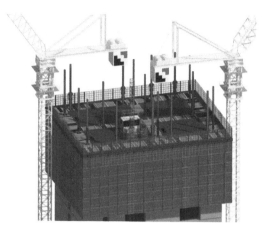

图7-63 整体钢平台模架BIM模型

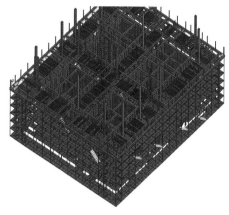

图7-64 监测系统布线方案模型

（2）监测系统布线方案设计

监测系统的测点布置和走线方案可以直接在整体钢平台模架BIM模型中进行布置（图7-64），通过直观的可视化模型设计，从而便于施工方和模架设计方开展有效沟通，达到提前发现和解决可能存在的结构性问题的目的，预先确定监测系统深化设计方案。

2. 基于监测数据的BIM模型动态更新

根据监测系统获得的整体钢平台模架空间形态数据，动态更新整体钢平台模架BIM模型中关键点的变形（图7-65），再通过整体钢平台模架变形形态仿真分析得到其他关键点的相对变形，然后基于监测与分析结果更新整体钢平台模架BIM模型中各个构件的空间位置，实现根据实时监测数据信息动态更新BIM模型的方法和技术，从而构建整体钢平台模架动态可视化BIM模型，为施工过程分析和管理提供最准确的模型信息。

3. 基于BIM的整体钢平台模架工作过程动态结构分析

在整体钢平台模架无堆载的状态下，选择风速较小的时刻，获得整体钢平台模架的初始变形监测数据，基于该检测数据及时更新整体钢平台模架BIM模型，即可假定为自重作用下钢平台的真实几何形态，将该BIM模型导出为结构有限元计算模型，可以用于分析整体钢平台模架在施工过程中真实受力形态下的结构响应，结果数据可以更为准确地支撑施工过程中的整体钢平台模架安全控制和管理，实现BIM模型、监测系统和仿真分析三方面的信息共享，提升施工过程中BIM应用水平，提高施工监测和分析的效率和作用。

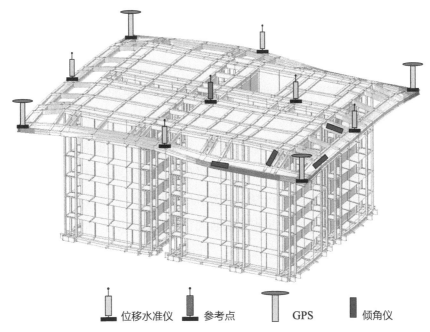

位移水准仪　　参考点　　GPS　　倾角仪

图7-65　基于变形监测信息更新BIM模型

7.5.5　模架远程监测平台系统

1. 远程监测平台系统功能

整体钢平台模架远程监测平台系统一般应具备项目管理、数据查看、数据分析处理、安全预警、用户管理、后台处理等多种功能。

（1）项目管理功能

平台应能同时加载多个整体钢平台模架项目，用户可根据权限进入不同的项目，进行相关监测信息的查询。

（2）数据查看功能

用户可通过数据查看组件实时查看当前各监测设备采集上的数据。数据查看组件可采用Browser/Server架构开发，用户可在任何地方任何时候，通过浏览器方便地查看数据。查看功能分为历史数据查看、实时数据查看、数据下载等，采用曲线图形式。历史数据查看功能中，用户可根据施工阶段或起止阶段自主定义数据查看时间宽度。该功能同时包括主页上的各通道数据的数值实时显示，以及结合三维图片的通道位置定位查看等，均采用图层加载方式进行。

（3）数据分析处理功能

由系统自动对数据进行分析处理，还原钢平台在各个时刻下的空间受力状态。该功能具体包括以下五个方面：液压油缸压力自动分析、风玫瑰图、疲劳分析、预警算法分析、各测点数值的统计分析（最大值、最小值、均值、方差）等，其中风玫瑰图应与爬升高度相结合。通过对监测数据进行自动化分析，以极高的效率对钢平台的空间受力状态进行计算，对于整体钢平台模架的安全性保障和有限元模型的优化修正有重要意义。

（4）安全预警功能

通过当前监测值和理论阈值的对比分析，进行数据超阈值时的预警信息发布。预警分为三级预警机制，在预警菜单下分三级显示。在处理流程上，通过微信进行预警信息通知；在处理方法上，可修改预警事件，可上传预警资料；在单个测点多次连续预警时，显示一次，并记录预警次数和预警时间范围。预警应实现数据和有限元分析结果的对比，以曲线图方式显示，并可按照工况进行查询。

（5）用户权限管理

给予不同用户在各个项目上不同的登录权限，用户在选择项目上将有相应权限提示。权限可分为三级，分别为管理员、监测人员、非监测人员。其中，管理员具有最高权限，可进行项目信息的整体性配置、预警阈值调整等；监测人员可查看数据、数据分析结果及对预警事件进行处理等；非监测人员仅可查看数据，不可做影响平台正常运行的任何操作。

（6）在线监测平台后台系统

后台处理的内容包括：用户权限配置、项目信息配置、阈值设置、预警处理流程配置。后台处理内容均与平台功能正常运行密切相关，应仅限平台管理员进行操作。

2. 浏览器端远程监测系统

基于WebGL和Html5技术，可在浏览器端显示整体钢平台模架监测系统的BIM模型，支持管理人员随时随地查看整体钢平台模架的结构体系，并在任意视角选择查看各个测点的监测数据，便于进行分析和管理工作。通过连接监测数据库，支持在BIM模型中显示各个测点的实时监测数据，直观形象，如图7-66所示。

3. 移动端远程监测系统

基于微信技术，通过连接部署在云服务器上数据库，支持用户在移动端快速查看各个

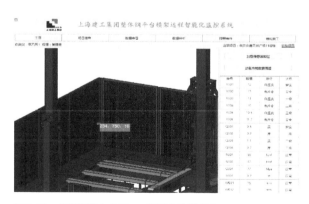

图7-66 在浏览器上查看BIM模型和检测信息

检测点的数据，包括测点信息、实时数据查看、历史数据查看等功能。接收来自服务器端的安全预警信息，将测点、当前监测值、理论阈值、安全等级等基本信息通过微信方式实时发送给项目经理、工程师等管理人员，便于其快速处理。处理流程上，支持在移动端直接上传问题分析照片、处理结果等资料，并关闭预警，实现基于移动端的预警问题快速处理。

7.6 模架施工过程可视化控制技术

7.6.1 同步控制系统设计

整体钢平台模架的爬升动作是通过多套液压顶升系统组合运行实现，为达到顶升承载力要求，单个整体钢平台模架一般要设置数十个液压油缸，对液压油缸的顶升同步控制则是保证整体钢平台模架安全平稳爬升的关键。

液压同步顶升采用计算机控制，可全自动完成同步顶升、负载均衡、应力控制、姿态校正、操作闭锁、过程显示和故障报警等多种功能。液压顶升系统由控制系统和液压系统组成。控制系统负责整个液压系统同步工作，以保证顶升作业过程的顺利实施。液压系统由承重设备、液压阀组、液压油缸、泵站和管路等构成。其中，液压泵站作为顶升动力的来源设备，其性能和可靠性对整个顶升过程极为重要。在液压系统中，采用比例同步技术，可有效提高整体的同步调节性能。

整体钢平台模架的同步顶升就是要保证所有液压油缸设备运行的同步性，主要通过控制系统来实现。整体钢平台模架的同步控制系统可以调节不同液压油缸的运行工作状态，也能将各个液压油缸顶升的偏差控制在允许范围内，当个别液压油缸之间的顶升力相差较大时，可自动调节液压油缸的顶升速度，从而使顶升力趋于均衡，同时也可以实现对操作过程中产生的大量数据的有效采集、储存和分析。

控制系统主要由计算机控制系统和电气控制系统组成，由人机交互或者计算机系统自动发出指令，再通过电气系统来控制液压系统的工作。计算机系统包括：数据收集系统、数据监控系统、分析系统；电气控制系统包括：中央控制系统、总电气柜、泵站控制箱、液压驱动系统、供配电线路、自动检测和信号显示系统。

整体钢平台模架一般采用PLC控制系统，主要由工控机、组态软件、数据采集卡和触摸屏等组成。原理如图7-67所示。

工控机应具有高抗振性和抗冲击性，并应设置在配有温度控制系统的环境中，使工作温度处于安全范围之内，从而确保提高监控系统的稳定性。组态软件通过数

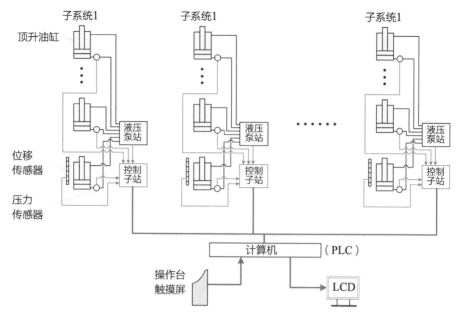

图7-67　整体钢平台模架PLC控制系统

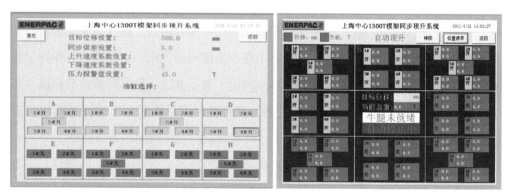

图7-68　人机交互界面（主界面）

据采集卡来实现工控机与工业总线的连接和采集总线上的数据，从而使操作人员控制整个系统，并可实时记录系统的运行状态。触摸屏用于输出整个同步顶升系统控制指令，如图7-68所示。同时，触摸屏还具有监测功能，可实时动态显示各液压油缸位置处的压力和位移数据。工控机不仅具有触摸屏所有的显示功能，还可对整个顶升过程的实时数据进行记录，并能显示整个顶升实施过程的数据变化曲线，同时以文档表格形式对数据进行存储，便于技术人员开展数据分析工作。

7.6.2　施工过程可视化控制

整体钢平台模架在施工过程中通过整体模架实时监测与可视化控制软件

（图7-69）来实现对发放控制指令、信号实时显示、运行状态监测和通信联络的综合控制。在控制过程中，既可以根据预定参数进行自动控制，也能通过实时监测数据进行手动控制。整体钢平台模架的可视化控制主要有位移控制、荷载控制、位移和荷载双向控制、监测控制和数据分析控制等类型。

位移控制是在整体钢平台模架系统工作之前，先指定一个控制点为基准参考点，再以其他测点和基准参考点之间的相对位移作为控制指标，当相对位移控制指

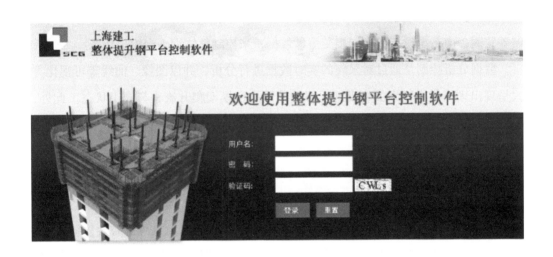

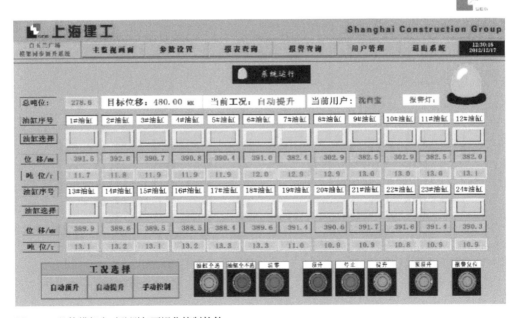

图7-69　整体模架实时监测与可视化控制软件

标超出特定值时，系统报警并发出相应指令来调节偏差。

荷载控制是以液压油缸的顶升力为控制指标，当整体钢平台模架在顶升过程中，受到各种因素的影响，顶升力产生的偏差大于容许范围时，系统报警并发出相应指令来调节偏差，使各个液压油缸的顶升力趋于均衡。

位移和荷载双向控制是根据工程特点和控制目标对整体钢平台模架爬升系统进行双向控制，以位移控制为主，荷载控制为辅，这样可以同步控制各个顶升点之间的高差和荷载均趋于一致。

监测控制是通过系统正常工作状态、参数、数据的实时观测，结合位移、荷载偏差监测，由系统发布指令和接受信息数据，来控制整体钢平台模架状态。

数据分析控制是通过对采集的实时数据进行分析，并以图像、曲线等可视化方式呈现出来，供操作人员直观地了解整体钢平台模架爬升流程与施工状态。此外，还可通过设定三维模型和参数，对爬升流程进行仿真预演，辅助工程技术人员制定最优施工方案。

通过整体钢平台实时监测与可视化控制软件，能够对整体钢平台模架体系进行实时监测，实时掌握模架体系的运行状态，确保其安全受控。基于位移、荷载、检测、数据分析以及综合调控补偿等控制技术，实现多点动力系统的有效协同控制，使整体钢平台按设定指令自动平稳爬升；同时可辅助采用激光测斜技术对筒架支撑系统、爬升钢柱等关键构件的垂直姿态进行实时监测（图7-70、图7-71），并通过液压驱动水平限位支撑装置进行动态调控，从而可达到整体钢平台施工与爬升状态

图7-70　同步爬升位移补偿控制

图7-71　垂直度姿态控制

的安全有效控制。

通过模架施工过程实时监测与可视化控制系统，可以真实和直观地展现整体钢平台模架的应用情况、各个子系统的运行情况及出现的异常情况，通过人性化的人机交互界面，能够使用户直接浏览到分布在前端的设备运行状态和数据，并对前端设备进行控制，及时发现和处理模架运行出现的异常情况，从而大幅提高工作效率，降低人员管理成本。

第 8 章

大型施工机械数字化施工
安全控制技术

8.1 概述

大型施工机械设备的使用极大地减轻了施工作业人员的劳动强度，改善了施工作业人员的工作环境，提高了工程建设的施工效率，促进了建筑业的现代化发展，取得了显著的经济和社会效益。但在大规模推广应用的同时，由其引起的机械伤害事故总量呈上升趋势，尤其是塔式起重机、施工升降机等各类大型机械事故频发，给工程建设安全生产管理带来严峻的挑战。随着大型施工机械设备伤害事故的不断增加，人们对大型施工机械施工安全管控越来越重视。本章将重点阐述塔式起重机、施工升降机、混凝土输送装置等大型关键施工机械数字化施工技术，探索基于信息化和数字化实施大型机械现场施工安全管控新模式[35]。

8.2 塔式起重机安全运行控制技术

8.2.1 连接装置的安全控制

1. 连接装置安全控制的意义

在超高层建筑、高耸构筑物施工过程中，多采用大型塔式起重机作为主要施工装备，由于超高层高度上的显著性，无论是附墙式塔式起重机或地面支撑式塔式起重机，均存在高空作业的超高风险性。究其原因，一方面塔式起重机的自重往往比较大，所处的位置高，长期使用容易引发强度、刚度及稳定性的降低；另一方面塔式起重机施工过程中容易受到台风、暴雨、严寒等极端气候的影响，安全系数可能无法保证。目前，国内外由于塔式起重机问题出现的安全事故不胜枚举，一旦发生塔式起重机安全事故将造成极其恶劣的社会影响和严重的经济损失，可见施工过程中必须开展对大型塔式起重机的安全风险控制，实现对大型塔式起重机安全施工的全面管控。

塔式起重机事故的具体起因包括两大方面：人为操作不当以及塔式起重机结构失效等。其中，人为操作不当主要是指塔式起重机的管理方或者操作工人误操作、恶劣环境下强行操作以及疲劳操作等，为避免这种情况出现，应当加强管理方对操作工人的有效管理以及加强操作工人的技能培训和风险应对意识，提高人的风险管控能力；塔式起重机结构失效主要指由于设备的设计、材料、生产、安装、维护不当等原因引起，导致塔式起重机在运行过程中出现整体倒塌、塔臂折断、触碰事故（如塔式起重机触碰楼梯外墙或高压线缆等）、吊物或吊重坠落、局部损坏等事故。据相关事故数据统计，工程施工中由于塔式起重机整体倒塌引起的安全性事故占所有类型安全性事故的60%，其中连接装置的固定问题是导致塔式起重机整体倒塌重大安全事故的关键性因素[36]。因此，必须对连接装置的固定问题开展具体分析，对固定措施进行有效加强和维护，并对连接装置的固定进行有效的监测。

2. 连接装置的数值分析方法

近些年来，有限元分析方法广泛应用于工程结构力学分析领域中，尤其是在出现大规模建筑物、大跨度桥梁等时，有限元分析方法发挥着更为显著的作用。采用有限元分析方法进行塔式起重机的分析，可将塔式起重机的连续自由度分解为有限个互连子域，对每一个互连子域求得一个合适的近似解，将所有近似解汇总，求解满足该域条件（如整体力学平衡或支座约束）的子域系数，进而可得到塔式起重机自由度的近似解以及以自由度推导出的内力状态等，上述解决方法求到的结果并非是连续的精确结果，但是可以满足结构分析精度的要求。由于大多数实际问题难以得到准确解，而有限元分析能适应各种复杂形状的状况，因此成为工程分析的最有效手段。

超高层和高耸构筑物施工过程中采用的大型塔式起重机与普通塔式起重机不同，受高度限制以及施工进度、施工成本的限制，一般情况下，多根据实际情况采用内爬式大型塔式起重机或外挂式大型塔式起重机。下面分别对两种塔式起重机结构进行数值分析研究。

（1）内爬式塔式起重机连接装置的数值分析

内爬式塔式起重机在应用过程中，因其吊装重量大、高度高、时间长，对塔式起重机的支撑钢梁产生很大的作用力。因此，内爬式塔式起重机数值分析的要点在于塔式起重机的支撑钢梁施工阶段受力分析和支撑钢梁与核心筒内筒墙体之间的连接的受力分析。如图8-1所示，分别展示了支撑钢梁及连接装置。

图8-1　内爬式塔式起重机示意图

运用有限元分析软件对内爬式塔式起重机的基础支撑钢梁架体系统建立简易的整体数值分析模型，并施加不同的载荷工况，分析不同荷载工况下数值分析模型的内力状态，涵盖正常使用极限状态和承载能力极限状态，如图8-2所示。

通过对内爬式塔式起重机运行过程中的不利工况进行数值模拟计算，对计算结果予以分析，以衡量是否需要对连接装置予以加强。

（2）外爬式塔式起重机连接装置的数值分析

外爬式塔式起重机外挂于核心筒墙体外侧（图8-3），需要安全可靠的支撑连接系统保证它们的使用、爬升和平移，直至逐渐完成高空的吊装任务。塔式起重机的爬升框架由爬升梁（承力导向装置）、斜撑杆、水平撑杆等结构构件组成。分析外爬式塔式起重机施工过程中的斜撑杆、水平撑杆与爬升梁连接（图8-4）是否安全，是超高层建筑外爬式塔式起重机安全使用的关键点。

在承载能力计算荷载组合作用下，判断斜撑杆、斜拉索与爬升梁连接是否能够满足塔式起重机运行的安全性，是否具有足够的安全储备，是否需要进行加固，流程如图8-5所示。

（3）连接装置的加固措施

塔式起重机在爬升及工作状态时都需附着在主体结构上，其自身的重量和吊重产出的力都会对建筑主体结构局部产生不利的影响。当承载超过原设计结构强度或原有结构达不到设计承载要求时，针对建筑主体结构局部承载能力不足的地方，必须采用一定的加固措施来提高结构受力部位的承载力要求，满足安全承载要求。通常，在出现局部承载力不足的情形时采用以下方法加固：

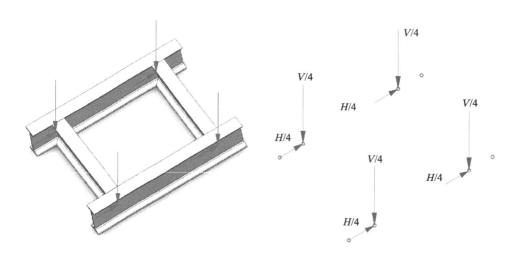

图8-2　塔式起重机连接装置不同工况控制分析

图8-3　外爬式塔式起重机示意图

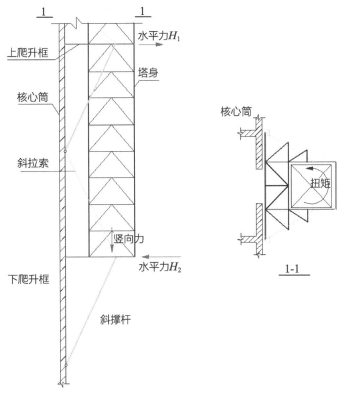

图8-4　外爬升塔式起重机布置形式

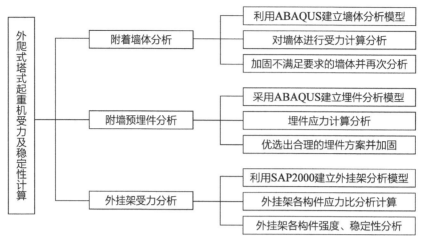

图8-5 塔式起重机连接装置的数值分析系统

1）增大截面加固法。此方法采用加密结构配筋的措施来提高结构的承载能力，适用于钢筋混凝土受弯和受压结构的加固，可以提高建筑结构局部部位的强度和刚度，增强建筑结构的稳定性，具有很高的可靠性。

2）外包型钢加固法。此方法是在结构构件四角（或两角）包以型钢，是一种应用面较广的传统加固方法，可在不增加原结构构件截面尺寸的前提下，大幅提高结构的承载力和抗震性能。加固无需模板，现场施工速度较快，适用于柱、梁、筒体等结构承载力不足的情况，是现代结构加固首选措施之一。

3）外部粘贴加固法。此方法是用胶粘剂将钢板或纤维增强复合材料等粘贴到构件需要加固的部位，以提高构件承载力和刚度，其在提高承载力的同时，还可以约束核心混凝土，提高混凝土强度和构件的延性，不仅快速简便，而且对加固的原结构外形影响不大，即不增加原结构的重量。

除了以上三种加固方法外，在建筑加固方法上还有预应力、注浆、置换混凝土以及辅助结构等多种加固方法。随着新技术、新材料及新成果的不断出现，相信未来会有更好更有效的加固方法出现并应用到建筑结构的加固领域中。

3. 连接装置的监测控制系统

为确保结构工程的安全施工，施工期间多对工程结构进行监测，包括应力、应变、温度、位移等相关结构参数的监测，并根据监测结果对工程结构的安全施工提供预警和评估信息等。在塔式起重机连接装置中，主要是进行应力应变的监测，一般是利用高精度振弦式应力应变传感器直接监测塔式起重机运行过程中关键连接装置的变形和应力变化，根据监测结果得到塔式起重机在施工运行中连接装置的应力和变形变化规律，为结构施工提供参考依据。

（1）连接装置监测设备

应力监测监控测试方法主要包括电阻应变片法、振弦式应变计法、光纤光栅技术和动态测试技术等。电阻应变片法具有粘贴工作量大、耐久性差、易损

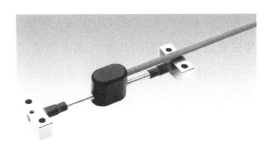

图8-6　高精度振弦式应变计

坏、不易保护的特点，适用于实验室试验，而不适用于超高层结构施工的长时间、工况复杂的施工监测；光纤光栅技术解调仪成本过高，单个传感器核价远超其他应变测量技术，并且光缆需要进行熔接操作，对施工监测人员的技术要求过高，光缆布置难度大，亦不适用于超高层结构施工监测。高精度振弦式应变计（图8-6）是目前最为常用的施工监测应变测量设备，它内部有一个单弦振动元件，受温度、振动的影响均较小，精度较高，对于小应变有很好的捕捉能力，并具有良好的温补能力，可避免温度影响应变的准确测量；有专用的支架和校正杆，既可方便焊接安装，供长期监测使用，也可直接胶粘，用于临时监测。

（2）连接装置监测方法

塔式起重机连接装置由钢结构牛腿、混凝土预埋件及附着区域核心筒剪力墙共同构成，在连接装置的安装及使用阶段，极有可能产生实际和设计预期的偏差，导致连接装置的实际内力状态与设计预期不符合，进而引发重大安全事故。为了更加有效地指导安全施工，必须在进行有限元分析模拟的基础上进行以连接装置应力监测为核心的施工安全监控。施工阶段分析包括钢结构牛腿和混凝土预埋件在安装完成后，塔式起重机爬升期间以及框架拆除阶段的各个阶段的内力和变形分析，而应力监测亦应涵盖上述的多个施工阶段。通过理论应力变化和实测应力变化的分析比对，可以及时采取处理措施，保证塔式起重机的安全运行，降低塔式起重机在整个施工过程中的运行风险。

以数值模型分析为基础，对结构关键部位进行结构应力应变监测，利用传感器连续监测连接装置的应力应变情况，通过分析比对检查结构的安全性和加固方案的科学性。结构关键部位的监测主要分为传感器布点及安装和数据采集两部分。应力应变监测需要在连接装置的合适位置布置一定数量的传感器，才能监测结构关键部位的应变情况。一般可通过振弦传感器内部弦的振动得到应变信息，进行计算可得到应力变化量，从而监测连接装置的应力。测点可布置在有限元分析中计算的应力

较大点以及应力变化较大的位置。应变片安装时钢板表面的处理、测点定位、应变片的粘贴、导线固定、绝缘度的检查以及防潮层的设置均应按照相应规范要求进行。振弦类传感器的数据主要采用人工方式进行采集，根据施工阶段，在各个主要工况期定时由工人携带振弦式采集仪（图8-7）进行数据的采集，包括传感器的安装阶段，测量应力的初

图8-7 振弦式数据采集仪

值；在工作阶段，测量应力的变化值；在拆除阶段，测量应力卸载的变化量等。

8.2.2 运行过程的安全控制

由于塔式起重机事故出现的时间是不可提前确定的，针对塔式起重机运行状态进行安全控制，必须考虑监控的实时性。只有实时对塔式起重机进行监控，才能有效避免风险的出现。目前主要的控制手段是采用信息化技术和基于趋势分析的仿真模拟技术。信息化技术的应用，可以实时采集各种工况的数据，实现自动实时监控，确保安全监控的实时性要求。仿真模拟技术通过对塔式起重机已有数据进行归纳统计分析，得到其内力和变形的发展趋势，进行其所存在风险的推演，实现对其存在的风险状态进行有效的预判，从而提前介入安全控制，避免风险发生。

1. 操作人员的信息化管理

塔式起重机操作人员是塔式起重机的司机，是保证塔式起重机正常工作的核心，加强对其信息化管理对安全起到至关重要的作用。主要须从以下几方面加以管理：

（1）加强对操作人员身体状态的管控。操作人员必须身体健康，有心脏病、高血压、恐高症病史的人员必须经过医院的体检证明方可登机作业。

（2）加强对操作人员的技能培训。操作人员必须全面了解塔式起重机的机械构造和工作原理，全面掌握塔式起重机监测过程中的各项监测数据的意义及处理方法。

（3）加强对操作人员运维管理的培训。操作人员必须能够根据数据对塔式起重机做好保养工作，在发现问题时必须及时汇报或现场采取措施。

（4）保证操作人员和信号员沟通顺畅。由于塔式起重机操作人员要按照信号员的指令进行起吊、停顿、旋转、放料、微调、摘钩、收钩、恢复原位等一系列动作，没有信号员的配合起吊工作不能顺利完成。因此，必须保证塔式起重机操作人员在登机前与信号员统一信号，使用对讲机的要保证对讲信号畅通。

2. 塔式起重机的防摆控制

在塔式起重机工作过程中，由于风速、小车加减速、载荷惯性等因素影响，载荷会发生很大的摆动，摆动会以振动的形式传递至塔身，使塔身受到的弯矩增大并增加了轴向失稳的风险，因此必须对塔式起重机的防摆展开控制。目前塔式起重机防摆控制方式也由传统的机械式防摆、机械电子式防摆发展到电子防摆技术。

电子防摆主要是通过各种传感器和检测元件将检测到的信息（摆角、线速度等）传送至控制系统，控制系统将优化后的最佳控制参数提供给小车调速系统来控制小车的运行速度，从而减少吊具及载荷的摆动幅度。相比机械防摆、机械电子式防摆方式，电子防摆附加设备少，防摆时间短，基本不增加额外重量，它能将减摆和小车的运行控制结合起来，防摆效果明显。

增益调节、状态反馈、最优控制、自适应控制等传统控制方法的性能十分依赖于塔式起重机系统的数学模型，控制系统状态向量的选择和初始状态都对控制性能起很大的影响，由于塔式起重机系统的数学模型具有非线性特性和不确定性，因此能适应不确定性且不依赖数学模型的模糊控制也被应用到控制中。模糊控制可以模仿塔式起重机司机的实际操作经验建立模糊控制规则库，可以很好地消除负载摆动并能够保证系统具有良好的鲁棒性[37]。目前，国内外模糊控制在载荷防摆中的试验和仿真方面取得了不少成果，同时也有部分研究人员研究开发基于模糊神经网络控制技术和经典PID控制技术相结合的防摆系统以实现自适应控制。

3. 群塔防撞安全控制

鉴于单台塔式起重机作业覆盖面较窄，无法覆盖全体的施工现场，施工现场往往采用群塔施工作业体系。群塔作业过程中，不可避免地会出现作业面的重合，也会导致塔臂的碰撞可能性，塔臂碰撞的概率随塔间距减小以及塔臂的长度增加而增加。针对群塔施工作业的工况必须进行碰撞可能性安全控制，制定塔式起重机碰撞风险管控方案，监测塔式起重机各点的三维空间位置，通过三维空间位置的分析计算以及塔式起重机塔臂的运行轨迹预判，尽可能减小塔臂相接触的可能性，避免发生安全事故。

目前，国内外针对群塔防撞研究及相应的监测控制技术已能够一定程度上避免碰撞现象的发生，通过精密传感器，实时采集吊重、高度、起重力矩、回转转角、变幅、环境风速等多项安全作业工况实时数据，实时通过显示屏以图形数值方式显示当前实际工作参数和塔式起重机额定工作参数，监控塔式起重机运行状态。当区域限制、防碰撞保护、超限超载等危险情况出现时，发出声光预警和报警，实现塔式起重机危险作业自动截断，使塔吊朝着安全操作的方向发展，制止塔吊向危险操作方向运行。国内外关于塔式起重机防碰撞的产品已经能够较好地实现防碰撞功能，然而由于主控芯片处理能力及显示器尺寸的限制，能够将塔式起重机安全监控保护系统与防碰撞完全结合起来的产品还是很少的，大部分产品只是将区域限制与塔式起重机监控系统结合在一起。根据塔式起重机可能发生碰撞的具体情况，对塔式起重机的防碰撞算法进行理论研究，形成基于碰撞趋势分析的塔式起重机自动制动系统，使其融入塔式起重机安全监控保护系统，还需进一步深化研究。

4. 塔式起重机智能化监控

塔式起重机智能化监控系统是指从塔式起重机的选型开始至完全拆除为止的生命周期当中，通过信息化手段进行塔式起重机安全备案管理、塔基和附着设计与施工、塔式起重机运行全过程监控记录、塔式起重机安装拆除过程防倾覆控制、群塔防碰撞的一整套由植入式硬件和专业分析管理软件组成的监控系统。

塔式起重机智能化监控系统可将塔式起重机实际安装地理位置、项目信息、工作状态等相关信息在GIS地图上或工地地图上予以显示，并结合高度监测数据给出塔式起重机支撑的高度、塔式起重机顶的高度以及吊臂的实时高度信息等的智能显示；通过网络传输直接获取塔式起重机作业的各种性能参数，如系统集成手机短信报警模块及时告知现场报警信息等实时显示塔式起重机运行参数；统计塔式起重机工作时间、工作台班数、塔式起重机上电次数、塔式起重机严重超载次数、猛降猛放次数等，进行数据分析并形成报表，管理者可据此对塔式起重机司机进行评价，结合教育、处罚，大大提高司机的安全意识和操作水平；对安全专项施工方案进行在线备案管理，强化方案设计和按方案施工。同时还可进行各种预警与防护，如当塔机吊装负载超过额定上限，负载力矩超出安全阈值，或塔身倾角过大时，系统触发倾覆声光报警；由风速传感器测量塔机处即时风速，当风速大于安全作业上限时，在塔机驾驶室及监控中心进行风速超限声光报警；对塔机吊臂及吊装物运行至靠近楼宇、高压线及人员密集区域等禁行区时，系统通过驾驶室的黑匣子和地面监测软件进行禁行区域声光报警；在由多个塔机构成的集群中，系统实时跟踪各塔机的吊臂及吊钩位置，当塔机或吊钩位于交叉作业区域且与其他塔机小于安全间距时，进行群塔碰撞声光报警；如塔机收到报警提示后仍然继续隐患操作，在塔机运行至不可规避距离前，系统可控制动作器在将要发生碰撞的方向进行制动，停止前进。

8.3 施工升降机安全运行控制技术

8.3.1 结构安全控制

1. 结构数值分析

导轨架作为施工升降机的重要组成部分，其强度特性对施工升降机的整体安全性具有极其重要的影响。相比静态应力，施工升降机运行过程中由动载荷引起的动态应力更容易造成施工升降机结构的破坏，因此必须对施工升降机进行动力学分析。随着超高层建筑大量涌现，对施工升降机要求不断提高，高度的增加不仅导致了导轨高度的大幅增加，为了提高工作效率也提升了吊笼提升和下降的速度。针对超高层施工升降机存在导轨高、附墙支撑多、吊笼冲击荷载大等特点，采用传统手段不能准确计算吊笼耦合荷载对多次超静定导轨的作用，采用有限元计算手段能够有效模拟电梯结构与建筑结构、各部件之间的连接形式、接触方式、传力形式及受力情况，同时能够实现对导轨架的受压稳定性分析。通过有限元计算得到施工工况和天气条件下的受力状态，经过分析最终得到整体安全风险薄弱点，从而进行针对性改进和优化。如同济大学机械工程学院郑培等采用ANSYS有限元计算平台对我国自主研发设计的457m上海环球金融中心施工升降机进行了深入分析，通过计算对比得到在有风工况下施工升降机顶部天轮架结构处以及两节标准节上相连处两侧角钢与主圆管连接处的应力超标，在非工作工况下部分附墙自身机构应力超标等超高层施工升降机结构设计过程中应该特别注意的问题，并对这类问题提出了合理的解决方案，文献中建立的有限元模型如图8-8、图8-9所示[38]。

2. 结构安全监测

施工升降机结构安全监测技术包括测点选取、监测对象甄选、传输系统搭建、软件处理系统开发。其中，施工升降机结构监测项目及测点布置通常根据有限元计算结果确定，根据力学分析计算结合实际经验确定构件受力较大或应力幅值变化较大位置，通过有限测点能够比较全面地反映出结构整体受力状态，为安全状态评估创造条件。随着高精度电子传感器以及无线通信技术的发展，施工升降机的结构监测已实现了无人值守全过程实时采集。监测对象主要包括：导轨垂直度、导轨架构

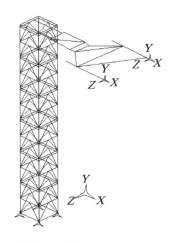

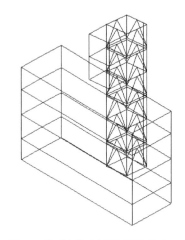

图8-8　计算模型约束示意图　　　　　　　图8-9　传动机构和吊笼同导架耦合示意图

件应力、导轨架连接螺栓牢固性、附墙件应力、风速风向等。需要的传感器包括：加速度传感器、应变传感器、温度传感器、微型压力传感器、风速风向仪等。数据采集传感器通常不具备传输功能，通常需针对每种数据采集传感器设置一种数据传输装置，通过数据传输装置传输至后台数据库进行处理分析。当前数据传输主要采用GPRS，一般可采用电池或12V直流电压供电，GPRS远程数据传输具有高可靠性、高抗干扰性和高覆盖性。软件处理系统主要能够包括监测数据存储、分析处理、结果展示等，具有交互功能，是管理人员获取实时监测数据的窗口。

8.3.2　运行过程的安全控制

欧美等发达国家自2001年起开始应用全参数监控系统，迅速改变了施工升降机频繁发生事故的被动局面。有关数据显示，全参数监控系统运用后，能够有效提升管理效率和管理效果，使事故率下降了88%，大幅降低了施工升降机的事故发生率。因此，采用信息化手段实现施工升降机运行状态的实时动态监测，对提升施工升降机使用的安全管理具有重要的意义。

1. 安全保护装置

施工升降机作为建筑行业运输人员、物料高效的施工设备，但由于现场操作人员参差不齐、安全意识淡薄并且使用工况恶劣，导致安全事故时有发生。因此，施工升降机的安全保护装置显得格外重要，常规的安全保护装置主要有：

（1）防坠安全器（图8-10）：防坠安全器能限制吊笼超速下行，有效防止和消除吊笼坠落事故的发生，一般分为单向式和双向式2种，单向防坠安全器只能沿吊笼下降方向起限速作用，双向防坠安全器则可沿吊笼的上下起限速作用。防坠安全器具有使用寿命，应按规定期限进行性能检测。

（2）缓冲弹簧：缓冲弹簧分为圆柱螺旋弹簧和蜗卷弹簧2种，每个吊笼对应的基础底架上一般安装4个圆柱螺旋弹簧或3个蜗卷弹簧。其可以使吊笼或配重下降着地时变成柔性接触，减缓吊笼或配重着地时的冲击，同时能在吊笼发生坠落事故时减轻吊笼的冲击。

图8-10　防坠安全器

（3）上、下限位装置：限位装置由限位碰块和限位开关构成，属于自动复位型，安装在吊笼和导轨架上，设在吊笼顶部的最高限位装置，可防止冒顶；设在吊笼底部的最低限位装置，可保证准确停层。限位装置可防止吊笼上、下时超过需停位置或因司机误操作、电气故障等原因继续上行或下降而引发事故。

（4）极限限位器（图8-11）：极限限位器可在上、下限位装置不起作用且吊笼运行超过限位开关和越程后，及时

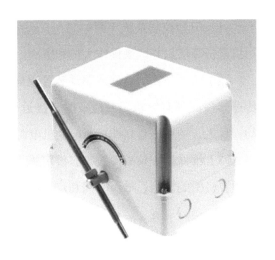

图8-11　极限限位器

切断电源使吊笼停车。极限限位器是限位保护失效后的最后一道保护，为非自动复位型，动作后只能手动复位才能使吊笼重新启动。

（5）安全钩：当上限位装置和上极限限位器因各种原因不能及时动作时，吊笼会在到达预先设定位置后继续向上运行，从而会导致吊笼冲击导轨架顶部面发生倾翻坠落事故。安全钩能使吊笼上行到轨架安全防护设施顶部时依然可以安全地钩在导轨架上，防止吊笼出轨，避免吊笼倾覆坠落事故，是最后一道安全装置。

（6）急停开关：急停开关是一种非自行复位的安全装置，在吊笼运行过程中发生任何原因的紧急情况时，司机都可通过按下急停开关，使吊笼紧急停止运行。

（7）防护围栏门连锁装置：防护围栏门连锁装置的作用是当吊笼位于地面规定

的位置时，围栏门才能开启；围栏门和吊笼门完全关闭后，吊笼才能启动运行。其可以防止吊笼离开基础平台后，人员误入基础平台可能造成的安全事故。

（8）吊笼门连锁装置：吊笼门连锁装置的作用是当吊笼位于规定的位置或停层位置时，吊笼门才能开启；进出门完全关闭后，吊笼才能启动运行。其可以防止吊笼门未关闭就启动运行而造成人员或物料坠落。

2. 安全监控技术

施工升降机安全监控系统一般基于传感器技术、嵌入式技术、数据采集技术、数据融合处理、无线传感网络与远程数据通信技术、红外视频监控成像技术，来完整实现施工升降机单机运行的实时监控与声光报警、红外成像功能，并在报警的同时自动中止施工升降机的危险动作及运行。施工升降机安全监控技术主要包括以下几个方面：

（1）门禁控制系统（图8-12）：采用IC卡、指纹识别、人脸识别等技术，核定司机身份等信息并记录操作人员和班次。

（2）防冲顶：在吊笼或驱动装置顶部安装独立的接近开关，当接近开关前端的传感器探测到有导轨架或齿条时，接近开关闭合，控制回路通电，升降机正常运动；反之，则系统会立即切断电动机电源，吊笼停止运动。

（3）维保提醒及故障报警：设定施工升降机防坠安全器、点击制动器、减速器等主要机构的监测、维保时间和定期提醒，可显示并存储施工升降机各项参数，如载重量、运行速度、运行高度、各限位开关状态、所处层站等信息，便于事后分析研究。

（4）吊笼超员报警：利用传感器对进入施工升降机的工人进行人数清点，当进入施工升降机的工人数量超过系统设置的人数限额时就会报警，并停止运行。

（5）超载报警：超载保护装置（图8-13）可以实时显示吊笼的负载情况，在荷载达到额定载重量的90%时给出清晰的报警信号，并在荷载达到额定荷载的110%前终止吊笼启动，并将超重信息反馈至管理系统。

（6）导轨架垂直度监测：随着导轨

图8-12　指纹识别控制系统

架的升高，导轨架的垂直度直接影响施工升降机的运行安全，在导轨架上布置双向测斜传感器，测量导轨柱的倾斜变化，数据通过采集装置发送至后台服务器，后台服务器通过处理分析得到导轨柱的倾斜变化趋势以及当前的安全状态。导轨架轴心线对底座水平基准面的安装垂直度偏差应符合表8-1的规定[39]。

图8-13　超载保护装置

安装垂直度偏差　　　　　　　　　表8-1

导轨架架设高度 h（m）	h ≤ 70	70<h ≤ 100	100<h ≤ 150	150<h ≤ 200	h>200
垂直度偏差（mm）	不大于导轨架架设高度的 1/1000	≤ 70	≤ 90	≤ 110	≤ 130

（7）维保检修锁车：对未完成装拆工况或加节工况等情况，实现远程锁车。

3. 安全监控系统

智能远程监控管理系统可通过远程监控管理平台实现施工升降机实时的工作状态数据采集、传输、存储、分析、显示、报警等，并可通过平台制定和管理施工升降机的维护保养计划、故障维修计划等。同时，对于拥有特殊权限的用户（租赁管理人员）还可以通过平台远程控制施工升降机，如通过锁定或解锁施工升降机防止租赁用户恶意拖欠租赁费用，管理租赁情况（租赁用户、租赁费用、租赁时间）。

施工升降机远程监控管理系统（图8-14）主要可分成智能终端和远程监控平台两部分。智能终端控制数据采集、数据传输，远程监控管理平台控制数据存储、数据管理，并形成数据交互。

（1）数据采集

智能终端采集以下数据：供电的电流和电压、吊笼载重、吊笼倾角、吊笼地理位置、吊笼电机和减速器的温度、吊笼开关状态、吊笼制动距离、吊笼安全销状态。

（2）数据传输

数据传输协议由智能终端与远程监控管理平台通信协议和智能终端控制器与传感器通信协议组成。智能终端与远程监控管理平台通信协议属于顶层通信协议，可

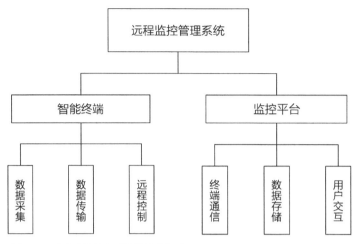

图8-14 远程监控管理系统的基本组成

控制电网最低电压、安全制动距离上限、倾角上限、电机温度上限、减速器温度上限等重要参数的修改、锁机及解锁命令以及数据读取命令。

（3）远程控制

远程控制包括远程锁定或解锁升降机。通过监测施工升降机是否处于绝对安全状态，锁定或解锁施工升降机工作状态，并警示现场工作人员。

（4）终端通信

智能终端可设置施工升降机工作参数，如吊笼载重量、吊笼倾角、电机温度范围、减速器温度范围、制动距离、电网电压最小值等，并可实现现场解锁。

（5）数据存储

数据库是系统核心，负责存储施工升降机的工作状态、参数设置、用户信息以及出厂信息等。远程监控管理平台通过查询、比较、分析数据库中的数据，实现施工升降机状态监控、历史数据查询、维护计划、故障报告管理以及远程控制等功能。目前比较常用的数据库开发平台主要有：SQL SERVER、MYSQL、ACCESS、ORACLE等。

（6）用户交互

用户通过操作界面对施工升降机运行状态等数据进行查询与管理，了解设备当前使用情况和安全状态，通过历史数据查询能够全方面地掌握设备全过程的运行情况，进而能够更加全面地了解设备运行和管理情况，能够更加精准和有效地进行安全管控。

8.4 混凝土输送装置安全运行控制技术

8.4.1 连接装置的安全控制

为满足混凝土泵送施工需要，混凝土输送管线的布设少则上百米，多则上千米，需要依据布管方案，采用输送管连接装置将单个标准混凝土输送管依次有序地连接起来，形成一条或多条混凝土输送线路，将混凝土及时有效地输送至浇筑地点，保证工程的顺利进行。混凝土标准输送管端部连接法兰的形式根据结构形式及压力应用范围的不同可分为A型法兰或B型法兰或C型法兰。A型法兰分为普通A型法兰（压力应用范围<21MPa）及加强AC型法兰（压力应用范围21~26MPa）两种，A/AC型法兰组由法兰A1和法兰A2作对组成（图8-15）。B型法兰分为普通B型法兰（压力应用范围<13MPa）及加强BA型法兰（压力应用范围13~17MPa）两种（图8-16）。C型法兰（压力应用范围26~45MPa）分为CH型（活动法兰型）和CG型（固定法兰型）两种结构。CH型法兰组由法兰CH1和法兰CH2作对组成（图8-17）。CG型法兰组由法兰CG1和法兰CG2作对组成（图8-18）。CH型和CG型也可作对组成法兰组（图8-19）。其中A型法兰和B型法兰采用管卡（图8-20）作为连接装置，C型法兰采用螺栓连接[40]。在超高层泵送施工中，为防止在设备出现故障时将设备和管路切断而形成的背压造成设备损害以及施工结束后的管路清洗，一般需在出料口附近和第一层楼面设置液压截止阀（图8-21）。

混凝土输送过程中，混凝土输送管线连接装置的安全控制至关重要，不仅由于其自身破坏所带来的安全隐患，更为关键的是任何一个连接装置的失效都会对整个混凝土输送管线产生不利影响，造成严重的安全事故，延误工程施工进度，影响混凝土施工质量。只有充分利用数字化技术对混凝土输送管线连接装置，尤其是工程

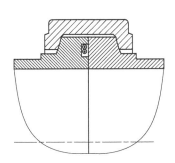

图8-15　A/AC型法兰连接后的装配剖视图

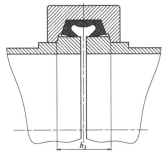

图8-16　B/BA型法兰连接后的装配剖视图

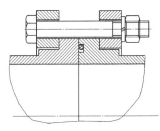

图8-17　CH型法兰连接后的装配剖视图

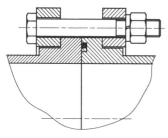
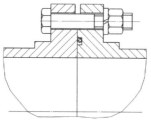

图8-18　CG型法兰连接后的装配剖视图

图8-19　CG型法兰与CH型法兰连接后的装配剖视图

图8-20　管卡

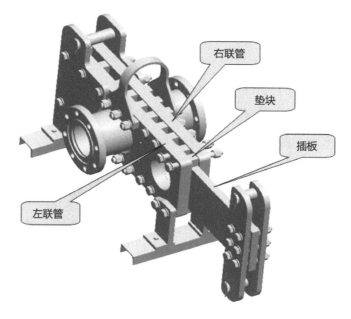

图8-21　液压截止阀

建设中广泛应用的法兰连接、液压截止阀等关键连接装置进行安全控制，实现控制技术的定量化、可视化，提升混凝土工程施工的安全控制技术水平，才能为工程建设的安全顺利进行提供技术保障。

1. 法兰连接的安全控制

法兰连接因其良好的强度、密封性和压力应用范围，在远距离混凝土输送管线上得到了广泛应用。当采用法兰连接时，需特别关注介质泄漏（如水泥砂浆泄漏等）等问题，因为一旦密封不严，则极易造成混凝土输送压力不足、混凝土输送管线内润滑层厚度不足等缺陷，致使混凝土粗骨料聚集、混凝土泵送阻力增大，最终形成混凝土输送管堵塞、爆管等安全隐患。采用基于声发射技术的混凝土超高压输送管线渗漏感知技术可以监测法兰连接的密封性，其工作原理主要如下：

（1）将稳定性好、灵敏度高的声发射传感器探头安装于靠近法兰盘位置处的混凝土输送管壁，用于监测该位置处的声波信号。

（2）将监测到的声波信号转变为电信号输送至信号处理器，进行过滤、放大等信号处理。

（3）将处理后的信号以图形、波形或数字等形式记录在信号接收终端（如PC电脑等），通过安全准则进行诊断判别，并将诊断结果在显示屏上进行显示。

（4）当发生漏浆、损伤等安全事故时，监测得到的声波信号将发生异常，通过安全准则判别后，诊断结果将自动显示为泄漏或损伤信号，确定并指出发生漏浆或损伤的准确位置，便于工程检修或设备更换，保障泵送施工安全。

根据法兰结构形式不同，法兰连接分为管卡连接和螺栓连接两种形式。在做好监测的同时，还需对法兰连接的设计、制作和安装等按照标准严格控制，尤其需要注意以下几点：法兰安装时应保持平行，其偏差不大于法兰外径的1.5%，且不大于2mm；法兰连接应保持同一轴线，螺孔偏差一般不超过孔径的5%，并保证螺栓自由穿入；法兰连接管卡、螺栓应选用规定的材质、规格，不能将低压用在高压上；螺栓紧固应对称均匀，按规定拧紧扭矩拧紧；法兰密封O型胶圈应选用规定的材质、规格，并安装到位；为了便于装拆，法兰不允许装在楼板、墙壁和套管内，法兰与支架边缘或建筑物距离一般应不小于200mm。

2. 液压截止阀的安全控制

液压截止阀在开启和关闭时需要较大的推力，才能抵抗混凝土背压在闸板上所产生的摩擦力，因此选用液压截止阀前，应根据工程实际需要，对其所能承受的最大应力及最大变形量进行验算，否则将会运行失败，进而引发安全事故。

对于液压截止阀，总的目标要求为$F_{推}>F_{背}$，一般情况下，插板的运动是由两个油缸来推动的，即$F_{推}=2 \times F_{推1}$，而单个油缸产生的推力$F_{推1}=P \times S$，其中：P为油缸的压力，一般设定为16MPa；S为油缸无杆腔面积$S=（1/4）\times \pi \times d^2$，$d$为油缸缸径。

对于背压，主要是垂直管道产生的自重与插板之间的摩擦力：

$$F_{背}=v \times \rho \times \pi（d^2/4）\times H \times g \qquad （8-1）$$

式中：v为混凝土与插板之间的摩擦力；ρ为混凝土的密度；d为混凝土输送管的内径；H为混凝土输送管的垂直高度；g为重力加速度。

上海环球金融中心正常工作条件下施工数据参见表8-2，对应的满足千米级泵送的施工数据参见表8-3。

上海环球金融中心施工数据					表8-2
项目	管径（mm）	泵送高度（m）	油缸缸径（mm）	油缸杆径（mm）	系统压力（MPa）
上海环球金融中心	128	500	100	65	16

满足千米级泵送需求施工数据					表8-3
项目	管径（mm）	泵送高度（m）	油缸缸径（mm）	油缸杆径（mm）	系统压力（MPa）
千米级泵送需求	150	1000	140	85	16

由此可知，在系统压力为16MPa时，即可满足千米级泵送需求，为保证留有更大的安全系数储备，系统压力可以调定为20MPa。

液压截止阀的插板需在两块夹板之间来回运动，但距离过大会造成密封不严，须对其变形进行精细分析验算。如图8-22所示的新型液压插管结构，采用单边0.25mm的间隙，通过机加的垫板来保证，数字化仿真分析表明，该超高压液压截止阀最大变形量为0.075mm，最大应力在170MPa以下，可以有效阻止回流，便于维修保养水洗，关键部件（夹板及插板）受力分析如图8-23所示，整体结构受力分析如图8-24所示。

8.4.2 输送过程的安全控制

1. 安全问题及风险评价现状

预拌泵送混凝土技术以其施工效率高、成本费用低、节省劳力、水平和垂直运输可一次性连续浇筑完成、对施工现场地要求低等优点，在大型工程项目上得到了广泛的推广和应用。而随着超高层建筑高度的不断增加，混凝土，尤其是高强高性能混凝土在长距离输送过程中，其泵送性能会受高压、天气等因素影响而发生变

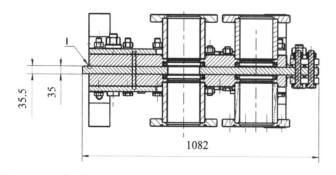

图8-22 液压插管结构示意图

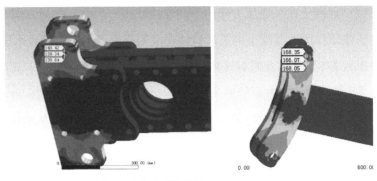

图8-23　关键部件（夹板及插板）受力分析

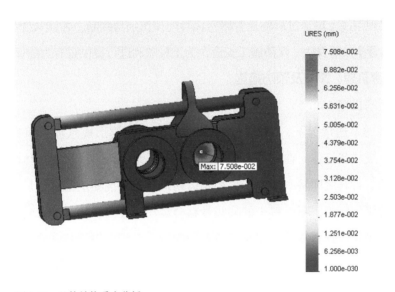

图8-24　整体结构受力分析

化，由于各种原因导致泵送混凝土输送管堵塞故障时有发生[41]，这不仅会对工程进度、工程质量（如因延误浇筑形成冷接缝等）产生不利影响，更为关键的是将对施工安全造成不可估量的严重后果（如爆管引发的安全事故等），给混凝土生产企业和施工单位带来了诸多不便。泵送混凝土输送管堵塞已俨然成为预拌泵送混凝土技术中的关键点，必须对混凝土输送过程进行有效安全控制，防止安全事故的发生，保障工程安全顺利进行。

现阶段评价混凝土泵送性能所采取的技术措施主要是通过观察或测试混凝土的入泵坍落度和扩展度（《混凝土泵送施工技术规程》JGJ/T 10—2011中的规定）等工作性指标来定性判断现代混凝土状态是否良好以及是否适合泵送施工，但该类传统评价方法仅局限于定性分析混凝土入泵时的状态，而不能反映混凝土在输送过程中泵送性能的实时状态，并且该类工作性能测试是在常压状态下进行的，不能有效反映工程实践中混凝土在泵送压力作用下的输送状态。因此，如何真实有效地评价输送过程中，泵压作用下混凝土的泵送性能便成为行业亟待解决的技术难题。

当堵管事故发生后如何及时有效判断堵管部位是处理堵管的关键，现阶段工程技术人员主要采取重启泵机观察泵管振动情况，对管道接头逐个检查观察砂浆流出情况及锤子敲击泵管听取回音的方法进行检测判断堵管部位。上述方法虽能在一定程度上解决堵管事故，但却存在效率低、操作困难、控制精度不足、依赖个人经验等缺陷，一旦事故处理不及时，必将对施工进度、质量及安全产生严重影响。该类方法仅适用于事后判断，无法对输送过程中可能出现的堵管、爆管风险进行预判，即实现事前预判，只有实现混凝土输送过程输送管堵塞风险的预识别与判断，才能从源头彻底避免堵管甚至爆管事故的发生，保障施工安全，为工程顺利进行提供强有力的保障。

2. 堵塞机理、原因及预防措施

（1）堵塞机理

在正常的泵送情况下，混凝土会在输送管管壁四周形成水泥砂浆构成的润滑层、中心形成柱状流体，在润滑层的支撑作用下，泵送压力使柱状流体沿管壁呈悬浮状态流动，骨料之间基本上不产生相对运动，从而将混凝土泵送至目的地。但由于混凝土的泌水作用，粗骨料中的某些骨料会运动滞缓而干扰其他骨料的运动，最终在输送管中形成骨料集结。在泵送压力作用下，粗骨料集结部分的间隙则被细小骨料填充同时水泥砂浆被挤出。由于骨料的挤轧、卡阻和向四壁膨胀作用，使管壁四周的润滑层受到破坏，以致管内摩擦阻力迅速增大，混凝土运动受阻变慢，直至停止而产生堵管事故[42]。

（2）堵塞原因及预防措施

混凝土配比、输送管布设、输送管的选配、输送泵布设及混凝土运输方案等都会影响混凝土的输送，是造成输送管堵塞的重要原因。

1）混凝土配比：①骨料对混凝土的可泵性影响较大，一般表面光滑的圆形骨料比尖锐扁平的要好，同时细骨料应具有良好的级配，粗骨料的最大粒径与混凝土输送管径之比要控制在合理的数值范围内，一般泵送混凝土控制在1:3~1:4，高强泵送混凝土以1:4~1:5为宜；②砂率对混凝土的可泵性影响也较大，砂率过大则骨料表面积及空隙率增大，在水泥浆恒定的情况下混凝土流动性差，性能不好；而砂率过小则影响混凝土黏聚性、保水性，容易脱水产生堵管，泵送混凝土的合理砂率以38%~45%为宜；③水泥的品种及用量对混凝土的可泵性有一定影响，一般以采用硅酸盐水泥、普通硅酸盐水泥以及矿渣硅酸盐水泥、粉煤灰硅酸盐水泥为宜；水泥用量需根据混凝土的强度和水灰比来确定，但必须有足够的水泥浆包裹骨料表面和润滑管壁，以克服泵送时的管道摩擦力，减轻接触部件间的磨损，一般最小水泥用量为300kg/m³；④较大的水灰比有利于混凝土拌合物泵送，但是水灰比过大，容易产生离析，影响泵送性能；同理水灰比过小则混凝土拌合物和易性差、泵送混凝土在输送管中的流动阻力大，容易引发堵管。泵送混凝土的合理水灰比宜为0.55～0.66；⑤坍落度过小的混凝土含水量少，混凝土较干硬，泵送时需提高泵送压力克服摩擦阻力大，加剧了分配阀、输送管、液压系统等的磨损并往往易产生堵管；坍落度过大则混凝土含水量大，在管道中长时间滞留造成泌水多，容易产生离析而形成堵管。在超高层泵送中为减小泵送阻力，坍落度宜控制在180～200mm[43, 44]。

2）混凝土输送管布设：混凝土水平泵送管道宜直线敷设并减少管道弯头用量；垂直泵送管道不得直接安装在输送泵的输出口上。当泵送高层建筑混凝土时，需垂直向上配管，受自身重力影响，混凝土存在回流的趋势，应在混凝土输送泵与垂直配管之间铺设一定长度的水平管道，以保证有足够的阻力阻止混凝土回流，其地面水平管折算长度不宜小于垂直管长度的1/5，且不宜小于15m；垂直泵送高度超过100m时，混凝土泵机出料口处应设置截止阀。在向下倾斜的管段内泵送时，如果管道向下倾斜角度较大，混凝土可能会因自重而向下流动，使砂石骨料在坡底弯管处堆积造成混凝土离析堵管，同时又易在斜管上部形成空腔造成"气弹簧"效应堵管。当管道倾斜角小于4°或在4°～7°范围且混凝土坍落度较低时，混凝土不自流可不必采取措施；当管道倾斜角大于15°且斜管直通至浇筑点时，混凝土完全自流也不必采取措施；当斜管下部还有水平管，混凝土不完全自流时则应在倾斜管的上端设排气阀，并在倾斜管下端设L=5h折算长度的水平管，防止在倾斜管内的混凝土因自重产生自流[43, 44]。

3）混凝土输送管的选配：输送管规格应根据粗骨料最大粒径、混凝土输出量和输送距离、拌合物性能及混凝土泵的型号等进行选择。一般内径ϕ125的输送管允许粗骨料最大粒径为ϕ25mm，内径ϕ150的输送管允许粗骨料最大粒径为ϕ40mm。如果混凝土泵的排量一定，选用不同直径的输送管，则流速会不同，产生的流动阻力亦不一样，引起的压力损失也不同，一般是管径愈大，流速愈小，流动阻力也就愈小。例如在上海中心大厦工程中，首次采用了ϕ150超高压复合输送管，与传统ϕ125输送管相比，混凝土泵送阻力平均可降低约30%。

3. 输送过程数字化安全控制

混凝土输送过程可泵送性数字化安全监测技术、混凝土输送管堵塞数字化监测与诊断技术等混凝土输送过程数字化安全控制技术通过数字化、信息化手段，从混凝土可泵性分析、输送管堵管风险分析等角度，对输送过程中可能出现的堵管、爆管风险进行预判，实现混凝土输送过程的安全、高效、精确控制。

混凝土输送过程可泵送性数字化安全监测技术通过实时监测混凝土输送管的变形，结合计算输送管最小形变可视数据与实时形变可视数据比对分析，得到混凝土可泵送性能指数，判断其是否符合预设的可泵送性能标准，实时定量分析混凝土在输送管中的可泵送性能，并对混凝土是否具备继续输送的能力（即泵送持续性）进行预测，该方法可突破传统工作性监测方法的滞后性与局限性，实现对混凝土输送管是否存在堵管、爆管等安全风险的预判评价目的。

混凝土输送管堵塞数字化监测与诊断技术，以信息化、数字化手段为基础，结合无线传输技术，将混凝土输送过程中易发生堵管事故的管段（主要表现为弯管）作为监控对象，通过特征监测指标（主要表现为应力变动率）与安全控制区间带的比对分析，实现混凝土输送管堵管自动预警与定位判断，为施工组织设计的优化调整提供技术指导，保障工程施工的安全顺利进行，特别适用于混凝土超高泵送施工过程安全分析。

混凝土输送管堵塞数字化监测与诊断技术具体实施步骤如下：

（1）根据工程施工方案，以施工现场布设的混凝土输送管为研究对象，依据工程施工需要，选择一定数量具有代表性的弯管及直管的关键部位作为监测对象，直管可选择水平或垂直直线管段，弯管张角 β 可选择90°、60°、45°、30°、15°等不同类型。

（2）当选择以弯管为监测对象时，管道两端相邻监测点应分别设置在与该段弯管连接的两边直管上，且与该弯管弯曲节点保持一定距离，该距离可根据工程实际布管情况来确定，一般以10~150cm为宜；当选择以直管为监测对象时，管道两端相邻监测点应间隔一定距离设置在该段直线管段之上，该距离可根据工程实际布管情况来确定，一般以2~10m为宜。

（3）将应力应变传感器元件安装于已确定的管道监测点位置，以实现对泵压作用下混凝土在输送过程中引起的输送管管壁张力作用的实时监测，该传感器元件可根据工程实际情况选择振弦表面式应变计或贴片式应变计等不同类型，传感器元件应固定安装于混凝土输送管的外表面，安装方式可采用焊接或粘贴等不同方法，确保安装牢固可靠。

（4）根据施工现场条件，可选择采用有线线缆或者无线传输的方式对传感器元件监测到的数据进行采集，以实现对输送管的受力状态进行实时监测。一般情况下，施工现场设备繁多、空间有限且人员活动频繁，从便捷性、安全性和可靠性等比对，无线传输的方式因其具有显著的优越性而被工程广泛采用。可根据无线传输技术的性能稳定性、功率消耗特性及传输距离等性能指标，选择RFID、Bluetooth、Zigbee等不同类型无线传输技术，满足工程实际需求。

（5）将监测对象两端相邻传感器元件（即监测点处）采集到的数据导入电脑中的专用软件处理系统，进行实时记录、分析与诊断，实现混凝土输送管堵塞的数字化控制。诊断准则如下：设定靠近混凝土输送泵的传感器元件采集的监测点应力应变值读数为P_i，对应的远离混凝土输送泵的传感器元件采集的监测点应力应变值读数为P_{i+1}，ΔV为输送管堵塞风险评价值，表示监测对象两端相邻管道监测点应力变动率，M为输送管堵塞风险临界值，该临界值可依据工程实践经验得出，则有：

$$\Delta V=\left(P_i-P_{i+1}\right)/P_{i+1} \tag{8-2}$$

在施工过程中的任意时刻，若$\Delta V \geqslant M$，则启动报警，并指示报警位置，表明该段输送管存在较大堵塞风险或已经发生堵塞事故。

混凝土输送管堵塞数字化监测与诊断技术如图8-25所示，主要分为基于无线传输技术的弯管监测堵塞风险监测与诊断技术、基于有线传输技术的弯管监测堵塞风险监测与诊断技术、基于无线传输技术的直管监测堵塞风险监测与诊断技术及基于有线传输技术的直管监测堵塞风险监测与诊断技术。

混凝土输送管堵塞数字化监测与诊断技术通过数字化、信息化手段，实时监测混凝土输送管相邻监测点管道处的应力应变值，从输送管变形的角度直接分析并诊断该监测管道是否存在堵塞风险或指出已堵塞的管道位置。与传统输送管堵塞处理技术相比能及时预判混凝土输送管可能存在的堵塞风险而造成堵管或爆管的故障，做到了对风险故障的提前预防，以便施工作业人员及时检修，排除风险故障，转变传统工程施工中的被动状态为主动状态；通过信息化与数字化的监测设备，提高工程施工的科学化水平，突破人工经验判断的滞后性与局限性，达到科学高效预判、精确定位；引入无线传输的方法，实现采集数据的长距离传输，大幅提升监测便利性，降低了对现场施工的影响。

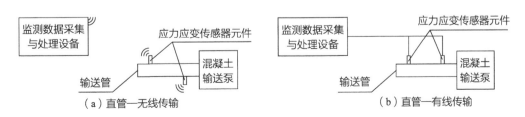

（a）直管—无线传输　　　　　　　　（b）直管—有线传输

图8-25　混凝土输送管堵塞数字化监测与诊断技术示意图

第 9 章

施工现场人员安全状态的
智能控制技术

9.1　概述

目前，工程施工现场安全管控总体上处于依赖于人的管控模式，但由于施工现场环境复杂、人员多、影响人员安全的因素和环节多，这种依赖于人员安全管控模式的工作量大、效率低。为减少人员伤亡事故，施工现场的安全领导机构往往需要耗费大量的人力和物力对各级管理人员及作业工人进行安全教育培训及开展不同形式的应急救援演练，以提高工作的安全意识、自救能力和救援能力，需要开展不同形式的检查和巡查以杜绝安全隐患的发生。鉴于此，本章围绕工程施工现场人员安全状态智能监控技术，首先重点阐述了施工现场临边洞口和危险品等危险源的识别技术、工程施工现场人员位置状态、行为状态以及生理和心理状态的识别技术，其次探索了当前危险源的传输手段和终端技术，最后分析和讨论了当前的人员安全状态的智能控制技术，旨在为工程施工现场人员安全状态监测和控制提供一个全新技术手段和解决方案，切实提高施工现场人员安全管控水平，使得施工现场人员安全事故的发生率大幅度降低。

9.2　施工现场危险源的智能识别技术

9.2.1　建筑临边洞口的智能识别

1. 基于红外对射技术的临边洞口识别

基于红外对射的临边洞口识别技术，通过在施工现场临边洞口等危险区域周边布设移动式主动红外对射装置，当施工人员进入防区遮断对射装置间的红外光束时，立即触发报警和警示装置，对现场人员进行危险警示，从而达到安全防护的目的。该技术主要由红外对射主动识别子系统、自动报警子系统、供电子系统、报警主机系统和信号传输子系统等5大部分构成。

（1）红外对射主动识别子系统

红外对射主动识别子系统主要有主动红外对射传感器和便携式支架构成。主动红外对射传感器是利用红外线的光束遮断式感应器，具有抗干扰能力强、敏感度高、稳定性好、能耗低等优点。每组红外对射传感器由红外发射器和红外接收器组成，在正常工作状态下（非报警状态下），红外发射器的发光二极管发射红外光，光线经过发射器的光学透镜聚焦后，在发射端和接收端之间形成一条不可见的隐蔽警戒线，当人员经过时红外警戒线光路被遮挡，接收器无法接收到红外光，则触发报警。为便于布置，红外对射传感器的接收端和发射端均安装于可折叠便携式三脚支架上，支架上高度可在一定范围调整，方便用户根据施工现场的实际布防情况将红外对射传感器调整至适宜位置。

（2）自动报警子系统

自动报警系统由报警器、语音提示器、时间继电器等构成。报警器一般为蜂鸣器和报警信号灯，当红外对射传感器触发报警时可同时发出声、光两种报警信号，以达到提醒现场人员注意的目的。语音提示器主要由语音模块和扬声器组成，语音模块可保存一段录制好的报警语音片段，在提示器被触发时由扬声器播放。当有人员进入红外警戒线防区时，可触发语音提示器播放录制好的语音提示信息，起到警示现场人员注意的作用。报警子系统中有时还需配置时间继电器，用户可以根据施工现场的实际需求通过时间继电器定制报警器的报警时长、设置语音提示的播放时间。

（3）供电子系统

考虑到轻量化与便携性的要求，红外对射识别子系统和报警子系统等均需要独立移动电源子系统进行供电，由于能力密度高、体积小、重量轻等优点，供电子系统中采用聚合物锂电池进行供电。锂电池安装于具有防水、防火、防物体打击的小盒内，可保证边界防护系统在不同的气候条件下正常运转。同时锂电池采用可拆卸设计，需要蓄电时可以方便地安拆。

（4）信号传输子系统

信号传输系统主要由无线信号发射模块和信号中继器构成，当防护系统被触发报警时，红外对射传感器输出的报警信号可由无线信号发射模块转换为高频频率无线信号，传送至监控主机。工程施工现场环境复杂，无线信号的屏蔽现象严重，需根据实际工程情况在信号发射器与报警主机之间设置无线信号中继器作为信号中继，用以克服信号阻挡。

（5）监控主机子系统

监控主机可接收由无线信号传输系统传递的施工现场各布防区红外发射传感器的报警信号，借助安装在手机端和PC端的施工现场临边洞口防区监控软件系统，现场管理人员可便捷地掌握现场临边洞口的实时布防情况。有预警状况时，监控系统可以实时向管理人员推送危险报警信息，以方便现场安全管理人员对临边洞口动态安全管控。

基于红外对射的临边洞口识别技术装备重量在10kg以内，便于携带。且配置三角形便携式可调支架，方便现场安装架设，能够满足施工现场临边洞口、悬空作业等防护要求；红外对射传感器的微型红外光束最远探测距离可达250m，最近可达5m；报警系统具有声、光、语音等多警示功能，且报警时长可调，能有效提醒接近人区的现场作业人员；供电系统续航时间长，采用模块化锂电池设计，可以支持2天不间断防护；监控系统智能高效，能满足管理人员对现场临边洞口危险区域的全面管控（图9-1）。

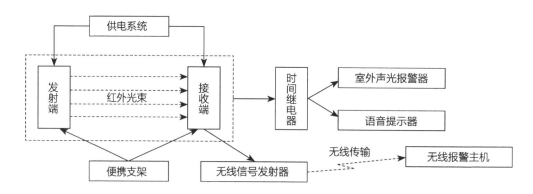

图9-1　基于红外对射的临边洞口识别技术

2. 基于RFID和BIM技术的临边洞口识别

基于RFID和BIM的临边洞口识别技术通过RFID技术实现施工现场临边洞口的位置标示和作业人员动态位置的定位，通过采集数据和BIM模型数据的实时交互动态地分析人员安全状态信息并对危险状态进行预警，主要由RFID定位子系统、BIM模型子系统、风险评估预警子系统、监控平台子系统等构成。

（1）RFID（Radio Frequency Identification）定位子系统

RFID定位系统借助RFID标签和RFID读写器实现现场作业人员的空间位置定位。其中，RFID标签中存储的ID号以及作业人员的工种、作业区域、准入区域等信息，可附着于现场作业人员的安全帽或工作服上，作为现场人员的身份唯一标示。RFID读写器布置在施工现场临边洞口区域，通过实时扫描RFID读写器可以动态地识别其控制区域内作业人员携带的RFID标签。定位子系统工作时，RFID读写器发射信号，定位标签收到信号后即被激活，进而借助天线将自身信息代码传递至读写器，信号经过读写器调解码后被送往后台电脑控制器，通过分析即可确定施工现场作业人员的位置。

（2）BIM模型子系统

BIM模型子系统是为现场安全管理人员提供了临边洞口安全管控的模型数据支持，主要包含基础模型、信息更新以及数据交互三大基础功能。对施工现场的临边洞口进行分析，将临边洞口信息转化为BIM模型数据，并以数据库或数字文件形式存储到BIM模型中。则BIM模型中融合了工程施工现场3D模型与项目的一般属性信息以及施工现场临边与洞口周边等危险因素信息。BIM模型子系统中信息更新模块主要是根据实际工程情况对BIM进行实时更新和修正。随着施工过程的推进，实际施工现场BIM模型与计划模型之间必然存在一定的差异，需要根据实际的施工进度和实际现场情况定期修正和更新BIM模型以及真实的临边洞口信息，从而为现场临边洞口安全等危险区域的识别提供准确的数据基础。数据交互模块提供了BIM模型与现场实测人员位置数据之间的接口，能够实时地将人员位置信息数据更新到BIM模型中。

（3）风险评估预警子系统

风险评估预警子系统主要有定义、评估分析和预警三大功能。定义功能主要分析工程施工现场临边及洞口的特点，通过整理与总结施工现场的大量基础数据资料，制定临边洞口等危险区域的定义规则、危险区域的识别规则以及预警规则。评估分析功能是读写器（一般为多个）将实时作业人员携带的标签信息数据传送到计算机时，会通过内嵌的算法将作业人员所处的环境信息和位置信息计算分析出来，并进一步对作业人员当前的安全状态进行定量评估。预警功能是一旦作业人员进入临边洞口等危险区域，系统会根据预设的预警等级和作业人员的危险区域进行实时精准报警。

（4）监控平台子系统

通过软件平台开发将RFID定位子系统、BIM模型子系统及风险评估预警子系统进行集成开发，可形成基于PC端和手机端的施工现场临边洞口监控软件系统，现场管理人员通过软件系统上的动态BIM模型可便捷地掌握现场临边洞口的实时布防情况。有危险预警时，监控系统可以实时向管理人员推送危险报警信息，以方便现场安全管理人员对临边洞口动态安全管控，如图9-2所示。

9.2.2 危险品安全位置的智能识别

工程施工现场危险品是安全风险管控中的关键要素。在相当长的一段时间里，工程施工现场危险品的管理主要依赖于人的管控，一般是通过传统手工台账记录、

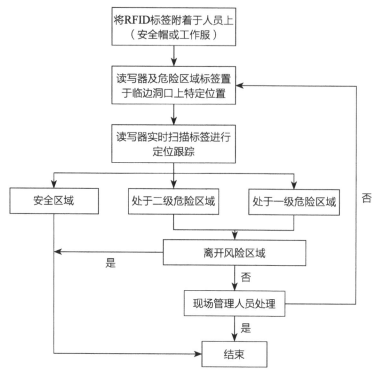

图9-2 基于RFID的临边洞口识别技术框架

人工巡查检查等方式对危险品的进入场（库）、位置和使用状态等进行管理。这种方式效率低、工作强度高、管控难度大、隐患多，不利于施工现场风险的高效管控。随着RFID射频技术、GPS定位技术、无线通信技术等的不断发展，为降低安全风险、提高管控效率，工程建设领域已经研发出了基于RFID和GPS定位技术的施工现场的危险品管理系统，该系统主要由RFID模块、GPS定位模块、无线数据传输模块、危险品管理系统等组成，可以实时监控危险品从出厂、入库、运输、进场、使用到报废全过程的安全状态。该系统各组成部分的主要功能为：

（1）基于RFID的危险品管理模块，RFID危险品管理模块主要由RFID射频标签、RFID读写器构成，施工现场使用的危险品上均布设有作为其唯一标示的RFID标签，RFID标签上记录有危险品的基本信息，且伴随每个危险品从出厂、运输、进场、使用、回收或报废的全过程。RFID读写器为危险品标签采集硬件，在出厂、入库、运输等不同的阶段，当射频标签靠近读写器时，标签在电感耦合效应作用下获得能量而被激活，读写器将获得其ID（标签序列号），读写器在验证标签的合法性后开始对其携带信息进行读写操作，最终将不同阶段的状态信息存储或上传给上位机管理系统。

（2）危险品运输车定位模块，危险品运输车辆上安装有GPS系统，可以对危险品运输车辆在运行中的情况进行实时定位跟踪，借助GPS定位技术可以实时捕捉车辆运输过程中的实时位置、行驶轨迹、行驶速度以及停靠时间等具体数据，该模块具有车辆行驶超速报警、疲劳驾驶报警、实时位置更新与查询、信息与求助服务、行驶线路实时监控等功能。一旦出现危急情况，系统会自动报警，并在很短的时间内（秒量级）将车辆的违章情况传到管理平台系统并记录下来，以便及时实施抢救，最大程度减少社会和群众生命安全事故的发生。

（3）数据传输模块，车载GPS系统和RFID标签读写器上都内置有无线数字输送模块（GPRS模块），以确保出厂、出库、进场、使用等各阶段采集的危险品状态信息以及危险品运输过程中的状态信息数据能够实时上传给管理系统。

（4）危险品管理系统，各阶段RFID读写器采集到的危险品的使用和存储状态信息以及GPS系统返回的运行状态信息会通过无线网络实时上传至管理系统，施工现场管理人员通过网络可以方便地对数据库进行访问，及时了解危险品在流通过程中和状态下的基本信息，也可以对进入现场后危险品的使用和检验情况进行动态实时跟踪管理，并对存在危险的状况进行反馈处理和动态干预。

目前基于RFID和GPS的危险品管理系统的运行具体包含如下环节（图9-3），主要有：

（1）危险品出厂：发生在危险品生产厂家完成阶段。厂家生产出危险品并检验合格后，将危险品的唯一ID号、危险品名称、危险品的基本信息（包括规格、重量、充装介质、有效期限等）、危险品的基本属性（易燃、易爆、有毒、腐蚀性等属性）、检验日期、有效期限等基础信息写入射频标签。

（2）危险品入库：发生在危险品出厂入库存储阶段。危险品进入存储仓库时，通过读写器对标签信息进行识别，将危险品基本信息、入库时间、存放区域等信息写入射频标签，并将信息上传至仓库数据库进行管理。

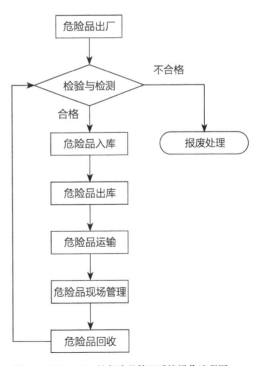

图9-3　基于RFID的危险品管理系统操作流程图

（3）危险品出库：发生在危险品从仓库运出阶段。危险品出库时，读写器扫描射频标签后，危险品的客户、出厂时间、运送目的地等基本信息将被上传至管理系统数据库。

（4）危险品运输：发生在危险品从仓库到施工现场的过程。物流配送单位接收危险品后，对危险品上的射频标签进行扫描，读写器获得危险品的客户、应送达目的地、送达时间等信息后，将实时将配送时间写入射频标签和数据库管理系统。此外，由于运输车辆上配置有车载GPS定位系统，施工现场管理人员（用户）、运输单位管理人员等各方可通过危险品管理平台系统根据预设的权限实时查看危险品在配送过程中位置、轨迹、配送速度等信息。

（5）危险品现场管理：发生在危险品进入施工现场后的存放、使用阶段。物流单位将危险品送至现场后，现场仓库管理人员通过读写器扫出送达危险品（如氧气瓶、乙炔瓶、油料等等）的基本信息，根据危险品的属性和使用功能安排入库存放并将危险品的现场入库信息上传至管理平台。危险品在现场使用过程中（出库和入库）的扫频信息也会实时动态上传管理系统，方便施工现场对危险品状态的精确管控。

（6）危险品回收和报废：发生在危险品回收和报废阶段。工程结束后，现场对使用过的危险品进行统一检查和盘点。对于还满足使用要求的危险品可联系物流单位帮助收回，重新入库存储。不满足使用要求的危险品，根据相关规定进行报废，则在危险品管理系统中将报废的危险品信息从数据库中删除和存档。

9.2.3　人员安全状态的智能识别

1. 施工现场人员定位技术

（1）WSN定位技术

WSN（Wireless Sensor Networks）定位技术的典型特征是以无线传感器为网络节点，通过整体方式获取定位目标信息，借助终端服务器将网络传回的信息进行处理和计算，以此实现定位目标坐标位置的识别，其中较为代表性的是Zigbee定位技术。Zigbee技术为基于IEEE802.15.4协议和2.4GHz高频率的自组网技术，是一种新型的具有统一技术标准的无线通信技术。Zigbee人员定位系统主要由人员标签终端、读卡器数传设备、Zigbee网关、后台管理平台等构成。人员标签终端会周期性地发射信号，经过现场布置的无线网络读卡器和网关设备，信号最终传送到管理平台主机，经过一定的算法可以最终确定现场人员的位置。Zigbee技术具有功耗低、延时短、可靠度高、安全性高、网络自组织、成本低等众多优点，该技术目前已在隧道、矿井等工程的施工中得到了应用。

（2）RFID定位技术

RFID为射频信号自动识别目标对象的非接触式自动识别技术。RFID定位技术系统主要由标签、读写器和数据库管理三部分组成。RFID标签可分为内置电池供电有源电子标签和依赖读写范围内读写器的射频能量无源电子标签两种类型。比较而言，无源电子标签体积小、制作成本低，但有源标签在读写距离及对运动物体的适应性方面具有明显的优势。RFID读写器主要由天线、射频收发模块、信号处理、控制和接口电路等单元组成；射频收发模块的功能为接收、发射和调制解调射频信号并进行功率控制，信号处理单元的主要作用是信息加密、解密、校验和纠错以及防冲突算法运算；控制单元起到协调整个读写器工作作用；接口电路负责读写器与定位数据管理系统之间的数据传输。数据管理系统通过各种接口和分布于各处的RFID读卡器实时获取标签信息，接收到标签信息后通过数据库进行存储和管理，并对数据进行分析。

（3）GPS定位技术

GPS（Global Position System）定位技术已经在军事、航海航天、移动通信、测量测绘、交通导航等行业中得到广泛应用。近年来，随着工程施工现场人员安全状态监控技术研究的不断深入，GPS定位技术已开始逐步在工程建设中得到推广应用（图9-4）。利用GPS技术进行施工现场人员定位

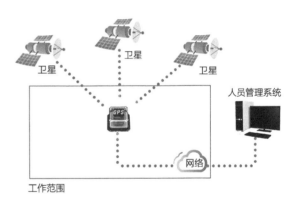

图9-4　GPS定位技术原理

的基本原理为：现场作业人员的工作服或安全帽等内置有GPS芯片，GPS芯片能接收来自卫星的发射信号，通过信号解调设备和计算机运算系统对GPS芯片由网络传回的信号进行信号解调、计算分析和坐标转换，最终可得到GPS芯片所在的空间位置信息，即实现了人员定位。实际工程中，为提高施工现场人员定位的精度，可在已知精确坐标点位置配置一台GPS接收机，定位系统同时定位人员目标和已知坐标点，已知点的精确坐标和系统观测坐标之间的差值可作为对人员目标位置的修正。

（4）UWB定位技术

UWB（Ultra Wide Band）定位技术即超宽带定位技术，定位系统主要由定位标签、传感器和数据处理平台三部分构成。施工现场人员身上携带有定位标签以一定的时间间隔发射电磁波信号，通过网络UWB传感器将收到的人员位置信号信息传输到定位平台系统，通过对信号进行解析和定位算法分析运算可确定人员位置。UWB技术的优点有：①在室内复杂环境下仍具有高穿透能力，超宽带波能够穿透板、墙等厚大结构构件；②定位精度高，超宽带波的短时冲激脉可以快速完成信息传递，UWB定位技术的精度理论上可达到厘米级；③UWB技术使采用超宽带信道进行数据传输和通信，数据传输速度快、能力高。

（5）基于GPS和UWB定位技术

如前所述，GPS定位技术在空旷和没有遮挡的环境下具有优势。UWB技术信号传输距离有限，但穿透能力强，适合在室内、地下等环境中运用，即催生了融合GPS和UWB的综合定位技术（图9-6）。基于GPS和UWB的定位技术主要由定位标签、卫星、UWB传感器、服务器、管理界面等5大部分构成：①定位标签内安装有GPS和UWB两种芯片，具备接收GPS信号和发射UWB信号的功能，GPS芯片通过网络将接收到的GPS信号反馈给服务器进行计算分析，UWB传感器接收UWB芯片的发射信号后传输至服务器进行分析，UWB传感器同时还接收服务器分析后的反馈信号；②卫星实时向地面发射电磁波信号，结合地表基站的数据，利用三边测量等算法可计算分析电磁波信号定位目标的坐标位置；③UWB传感器有主传感器和次传感器两种，主传感器、次传感器均接收UWB芯片的发射信号，接收的信号由主传感器传输至服务器进行计算分析；④服务器是对接收到的GPS和UWB信号数据进行分析，利用设定的定位算法计算人员的坐标位置，并通过网络

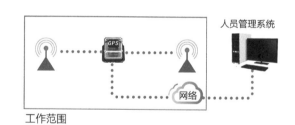

图9-5 UWB定位技术的系统框架

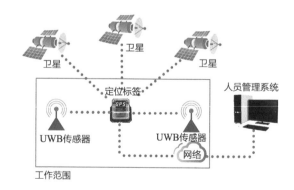

图9-6 综合定位技术示意图

将位置分析结果和其余信息反馈给人员定位标签；⑤管理界面。管理界面包含现场模型信息、人员的定位信息、危险报警信息、反馈控制管理等几大功能，方便管理人员动态地通过PC端或移动端实时可视化地掌握现场人员的位置，并对危险情况进行报警和反馈。

2. 人员安全状态及行为判别技术

（1）基于图像的人员安全状态识别技术

基于图像的人员安全状态识别技术的核心硬件为深度摄像头和计算机，通过获取现场作业人员工作状态图像，借助人员行为数据库和深度图像分析、对比技术而达到人员安全状态识别目的。该技术主要由数据库模块、图像采集模块、图像处理模块、计算分析模块、信息输出模块等构成。该技术各模块的主要特性和功能为：

1）数据库模块是基于图像的人员安全状态识别技术的基础，主要由人员信息库、安全防护模型库、行为数据库等构成。其中，工人信息库中主要储存有现场作业人员的编号、照片、工种、作业区域等基础信息，工作信息库可根据实际工程的进度和工作安排进行动态的信息更新和调整。安全防护模型库中则主要储存施工现场不同作业工种的防护设备（如防护服、安全帽、安全带等）的模板图像信息。行为数据库则储存有不同工种（如电焊工、架子工、机械操作工、塔吊和人货两用梯司机等）的作业人员的规范作业行为图像信息。

2）数据采集模块为该技术的前端模块，是通过摄像头对现场作业人员进场、工作等状态的彩色图像和深度图像信息进行采集，并将采集得到的图像信息传输给管理平台系统。

3）图像处理模块是对前端采集的图形进行去噪、增强等处理，建立易于识别分析的人脸图像模型、人体防护模型、人体节点模型等模型数据，其中人脸图像模型用于作业人员的身份识别，人体防护模型用于特定工种的安全防护检查，而人体节点模型则用于对作业工人的行为进行判别和分析。

4）计算分析模块是将预处理得到的人脸图像模型、人体防护模型以及人体节点模型等与数据库中的人员身份数据、安全防护模型库以及人员行为数据等中的数据进行比对计算分析，进而对人员的身份、防护状态、行为状态进行定量评估分析。

5）信息输出模块，将计算得到的有关施工现场作业人员的现场准入信息、安全防护信息以及作业行为状态信息等安全状态分析结果反馈给管理平台系统，以供现场安全管理人员进行有效监控。

基于图像的人员安全状态识别技术的主要应用点（图9-7）有：

1）身份识别。当人员进入施工现场时，其人脸图像被摄像头抓取，计算分析模块将得到的人脸图像与工人信息库中信息进行相似度比对，若比对相似度低于设定阈值，则判定为非法进入并触发警报，若高于阈值，则进一步根据身份确认作业人员的准入权限、作业任务安排以及安全需求等信息。

2）安全防护检查。作业工人身份得到确定后，其安全防护的基本要求也已明确，例如高空作业人员需要佩戴安全帽、安全带、防滑靴等防护装备，对比分析模块会根据作业人员的安全防护要求依次调用安全防护库中的安全防护模板图像，通过算法对模板图像和作业工人彩色图像进行相似度匹配检查，以确保工人进场作业的安全防护符合要求。

3）作业行为监控。现场工作作业时，作业区域的摄像头会实时捕捉作业人员的工作行为图像，分析模块会将实时获取的行为图像和其规范作业模型图像进行分析比对，如有异常情况则触发报警。

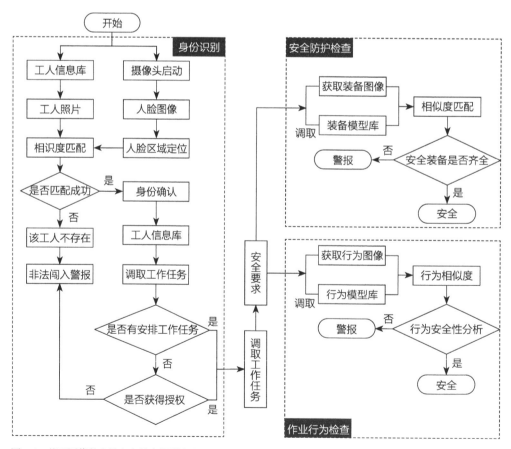

图9-7 基于图像的人员安全状态识别流程

（2）基于视频的人员异常行为检测与识别技术

目前，对人体异常行为的检测与识别的方法主要基于模版匹配的方法、基于图像动态特征的方法以及基于状态空间的方法有三大类：

1）基于模版匹配的方法。基于模板匹配的方法的基本思想就是先预定义一组行为模板，将现场获得的人员行为视频中的每一帧与行为模板进行实时比较、匹配分析，最终得到现场人员异常行为检测与识别的判定结果。该方法具有实现较简单、算法复杂度低等优点，但由于噪声和运动时间间隔的变化敏感，该算法的抗干扰性差。

2）基于图像动态特征的方法。基于图像动态特征的方法通过施工现场人员行为视频序列中的光流信息、运动趋势等动态信息来描述行为，从而实现对施工现场人员行为的识别。一种思路是通过算法提取视频图像中的光流信息，得到表征图像能量的流动值，则通过能量值的变化能直观地反映出人员行为状态变化。该方法评估了整幅人员行为视频图像信息，能够应用于施工现场的特定场景，但在分析人员群体的具体行为特征时效果不理想。另一种思路是通过人员行为视频帧进行主成分分析来分类识别各种行为动作序列，达到对人员行为状态识别的目的，由于视频帧数据量巨大，进行主成分分析的工作量大，对运算服务器的要求高。

3）基于状态空间的方法。基于状态空间的方法采用概率概念实现对人员异常行为的检测和识别，具体为采用概率将每个静态行为对应的行为状态联系起来，从而将异常行为识别转化为对静态状态遍历及计算其联合概率的问题，并选择最大的联合概率值作为人员行为分类的标准。该方法具有较高的鲁棒性，能在庞大的人员行为数据中识别出复杂行为，且误报率低。

（3）仿生立体视觉感知技术

区别于传统平行双目视觉系统，仿生立体视觉系统完全仿照人眼视觉系统构建模型。当人眼关注一个目标时，两眼视轴聚焦在这个物体上，当两个眼睛看到的图像重合到一起时，该目标的图像大致重合，达到所谓的零视差状态，同时人也能看清这个物体，并根据该物体不同部分的视差感受物体的立体状态。同样的原理，人眼感受背景的三维状态是由于左右眼睛成像的差异性产生的。人眼需要保持标准辐辏状态才能实现三维意识空间的重构，因此，仿生眼视觉系统在执行目标监视任务之前，也需要完成自动在线校准，将左右眼相机调整到标准辐辏状态以为后续动态目标检测、行为识别等任务提供基础保障。

为了解决左右眼摄像头的光轴相互位置与姿态不稳定的问题，可采用仿生眼在

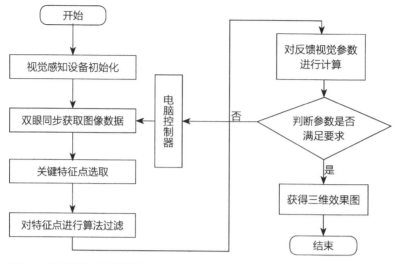

图9-8 仿生双眼立体视觉系统自动校准流程

线自动校准功能，对物体进行自动校准，使双目摄像头在变焦和对焦过程及之后仍可以具有良好3D视觉功能。基于特征点匹配的视觉反馈和双眼运动模型相结合，实现了仿生双眼实时动态的在线自动校准（图9-8）。

3. 人员生理、心理状态识别技术

（1）施工现场人员生理状态识别技术

施工现场人员生理识别技术是集人体生理状态指标感知技术、无线网络传输技术数据分析等于一体的综合性技术。该技术主要由感知子系统、信息传输子系统以及数据分析子系统三大部分组成（图9-9）。

1）感知子系统。感知子系统主要功能为感知并输出人体生理参数。主要通过各种类型的传感器感知设备获取人体的心跳、温度、脉搏、血压等相关生理参数，数据获取过程还包括数据预处理步骤，具体包括对生理参数信号的放大、过滤等。数据输出则通过无线信号发射模块（例如低能耗蓝牙）将采集得到的数据传输到移动设备终端上。目前医用传感元件开发技术十分成熟，具备小量测、低能耗、小尺寸等优点的人体生理特征传感器相继被研发出来。将这些传感器通过内嵌在相应的

图9-9 可穿戴生理状态识别技术基本结构

穿戴设备（如腕带、防护服、安全帽等）上可实现对现场人员基础生理参数的采集，以用于实施监控现场作业人员的实际生理状态。

2）信息传输子系统。该系统为中继协调层，主要负责接收、处理、分析从感知层获取的数据，同时也是后台服务层的数据来源。借助于蓝牙，感知层将数据传递到用户手机上，手机端对采集到的生理状态信息进行分类和深度处理，最终将处理结果展示给用户，并借助远程网络传输技术（3G、4G和WiFi等）将数据输送到服务器进行保存。同样通过手机端，用户也可以借助蓝牙对采集设备发送控制命令或进行相关配置和操作。

3）数据分析子系统。该系统为后台服务层，主要面向施工现场、企业的管理人员以及政府的相关部门，可以结合大数据、云计算等技术，对施工现场人员的健康状况甚至某一时段的生活状况进行分析，当施工现场人员样本足够多、采集数据达到一定数量级后，可进一步对工程项目、施工企业、建筑行业的从业人员的生理或心理状态进行宏观数据分析，得到行业从业人员的生理、心理状态基础数据。

（2）施工现场人员心理状态识别技术

施工现场人员心理状态识别涉及心理学、生理学、计算机、人工智能等领域的交叉技术问题。人的心理状态可以通过面部表情、身体姿态、语音以及生理指标等得到反映，因而目前的研究都是基于人脸表情、语音或生理指标等进行人的心理状态识别。由于人的面部表情、语音等容易受到人员主观意识等因素的影响，可能会识别得到失真的结果。人体的生理信号受内分泌系统和神经系统控制，可以独立于人的主观意识而直接反映人的内心活动，因而基于人体生理信号的心理状态识别技术得到了教育、医疗、工程建设等众多领域的关注。目前针对施工现场人员心理状态的研究尚处于理论和实验室研究阶段，该技术的主要步骤（图9-10）如下：

1）情绪定义。人类的心理状态可以通过情绪得到反映。目前在心理学、生理学领域，情绪定义主要有离散模型和连续模型两种模型理论。离散模型认为人类存在着确定数量的基本情感，每种基本情感有其独特的生理唤醒模式、体验特性

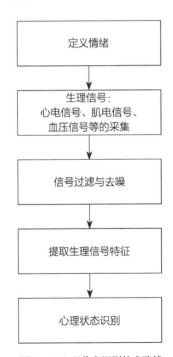

图9-10　心理状态识别技术路线

和外显模式，而不同形式的基本情感的组合构成了人类的情感。例如Mower认为人类基本情感为痛苦和高兴，Arnold认为是生气、厌恶、勇气、忧郁、渴望、绝望、亲密、恨、希望、爱、忧伤，Ekman则提出了生气、厌恶、恐惧、欢乐、悲伤、惊奇等。连续模型理论认为若干个情感维度构成的情感空间涵盖了人类的全部情感状态，人类在特殊状态下的情感则为多维度空间中的某一点。目前应用较为广泛的为二维的激活度—效价空间理论模型以及三维的激励评估—控制空间理论模型。情绪维度坐标如图9-11所示。

2）情绪模型建立。通过可穿戴设备或在人员身上布设不同生理参数传感器，借助现场人员施工状态下不同场景的内心状态诱发实验，采集被测对象在特定情绪状态下（恐惧、高兴、生气等）的实时生理信号参数（如心电信号、肌电信号、皮肤电导信号、血压信号、呼吸率、血氧饱和度等），对获取的生理信号参数进行去噪、过滤、平滑等预处理操作，采用分类算法对实验样本数据进行特征选择和分类，最终建立实验室条件下的不同施工状态下人员的情绪识别模型（图9-12）。

3）生理信号特征提取。特征提取是从预处理后的原始生理信号中进一步提取挖掘与情绪相关的内在特征信息，作为特征选择及分类识别的原始特征集合。目前研究中某原始生理信号的一组统计特征参数（例如均值、中值、最大值、最小值、最大最小值比、一阶差分值、二阶差分值等）构成其特征向量，不同生理信号特征向

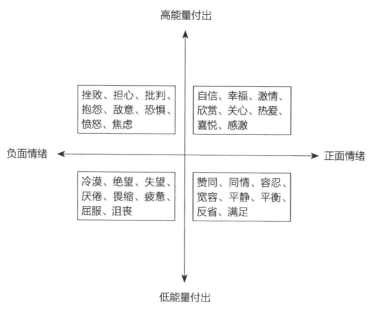

图9-11 情绪维度坐标

量的组合即构成测试样本的原始情绪特征矩阵。显然，原始生理特性矩阵是多个生理信号在原始特征的融合，因而其维度较高、冗余度大，为提高情感识别计算效率和准确度，通常还需要进一步降维和消除冗余信息运算。

4）心理状态识别。根据采集得到了实际施工现场作业人员在工作状态下的生理信号（实测样本），已经建立的表征生理状态和情绪状态关系的生理特性矩阵（样本集）以及识别算法来识别人员的实际真实心理状态。显然心理状态识别算法是关键，目前已经研究形成了基于神经网络的识别方法、基于支持向量机的识别方法、K近邻分类算法以及连续前向选择算法等多种算法。这些算法的核心思想均是从实际测试样本与人员心理状态样本集中的不同心理状态样本对比，从而得到施工现场作业人员实时真实心理状态。

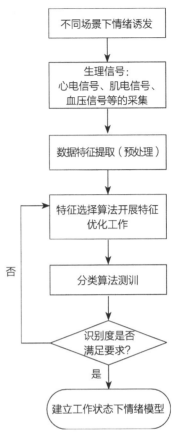

图9-12　施工人员情绪数据模型建立流程

9.3　施工现场人员安全状态的智能控制技术

9.3.1　危险源信息传输的技术方法

1. NFC技术

NFC（Near Filed Communication）是由诺基亚、索尼和飞利浦三家公司主推的类似于RFID的短距无线通信技术。NFC采用的是对数据双向通信识别和相互建立连接，NFC的工作频率是13.56MHz，在20cm工作范围内都可以准确无误地实现无线数据传输。该技术的特点是：①NFC的传输距离很短，直接相互传送，不需要加密设备；②NFC在一个设备上组合所有的ID识别号码，这样既避免了系统同时记忆存储多个密钥，也提高了数据的安全性能。借助于NFC无线传送技术，多个设备之间的无线传送和互相服务均可实现；③由于各种无线传输设备都需应用自身专有应用口令进行连接，NFC不需要在众多口令中进行选择，能够快速、安全地创建连接，因而NFC技术可提高其他类型无线通信的速度，实现不同无线通信系统更快、更远距离的数据传输。

2. 超宽带技术

UWB（Ultra Wide Band）技术是一种无载波通信技术，利用亚纳秒级非正弦波超窄脉冲进行数据传输。该技术的特点为：①系统结构简单，相较于传统载波通信技术，在信号的收发端部不需要上变频和中频处理，系统结构简单；②高数据传输速度，UWB采用非常宽的带宽通信，可实现极高速度的数据传输，理论上传输速率可达500Mb/s；③功耗低，UWB脉冲持续时间极短（一般为0.2～1.5ns之间），占空系数小，系统耗电低；④安全性高，UWB信号将信号能量弥散在极宽的频带范围内，相较一般通信系统UWB信号相当于白噪声，通常情况下自然电子信号的功率谱均高于UWB信号，从电子噪声中将脉冲信号检测出来十分困难；⑤信号穿透力强，UWB信号频率高、频带宽，具有很强的穿透力；⑥多径分辨能力强，UWB信号为短时脉冲，占空系数小，多径信号在时间上是可分离的；⑦定位精确，可获得亚纳秒级的定位时间，且容易将定位与通信结合起来，而常规无线信号却很难做到这一点。

3. 蓝牙技术

蓝牙（Bluetooth）是一种新型无线传输技术标准，可实现固定设备与固定设备、固定设备与移动设备、移动设备与移动设备等多种模式的短距离数据传输。该技术由爱立信公司在1994年率先提出，当时是作为RS232数据线的临时替代方案。蓝牙传输频段为全球公众通用的2.4GHz ISM频段，传输速率为1Mbps、传输距离为10m。该技术的优点为：①蓝牙模块体积很小，便于集成；②可以建立临时性的对等连接。根据蓝牙设备在网络中的角色，可分为主设备与从设备；③可同时传输语音和数据；④蓝牙设备在通信连接状态下有激活、呼吸、保持和休眠四种工作模式，工作能耗低。缺点为：①传输距离短；②抗干扰能力不强，蓝牙传输与其他2.4G设备一样均共用这一频段的信号，势必出现信号互相干扰的情况；③蓝牙芯片价格较高。

4. WiFi技术

无线高保真（Wireless Fidelity，WiFi）是一种无线通信协议，目前最新版本是IEEE802.11ax，也称WiFi 6，该技术允许电子设备连接到无线局域网（Wlan），其工作频率为双频2.4GHz和5GHz。在160MHz的带宽下，传输速率最高可达1201Mb/s。在使用2.4GHz频率下无线电波信号的覆盖范围可达200m左右。该技术的优点为：①无线电波信号覆盖广，WiFi无线电波的覆盖半径为200m左右；②在信号较弱和受到干扰的情况下，带宽可以自动调整，有效地保证了信号传输的稳定性和可靠性高。缺点为：①无线电波遇到障碍物会发生不同程度的折射、反射、衍射，使信号传播受到干扰，信号也易受到同频率电波和雷电天气等的影响；②WiFi缺少有线网络的物理结构的保护，其安全性较差。其结构组合如图9-13所示。

5. Zigbee信息传输技术

Zigbee是一种基于IEEE802.15.4的双向无线网络通信技术，其有2.4GHz、915MHz和868MHz三个工作频段，采用调频技术。该技术的特点为：①传输速度低，传输速度在10～250kb/s之间；②低能耗，在待机模式下，2节干电池可支持1个节点工作6～24个月；③低成本，与其他通信技术相比，Zigbee技术数据传输协议得到了大幅度简化，通信控制器容易满足通信需要，降低了Zigbee芯片的成本；④容量大，Zigbee可采用星形、树形和网状网络结构（图9-14），一个主节点管理若干子节点（理论上一个主节点最多可管理254个子节点），同时主节点还可由上一层网络节点管理，可组成65000个节点的巨大网络结构；⑤近距离，Zigbee相邻节点间的传输范围一般介于10～100m之间，增大发射功率后可传输范围可提升至

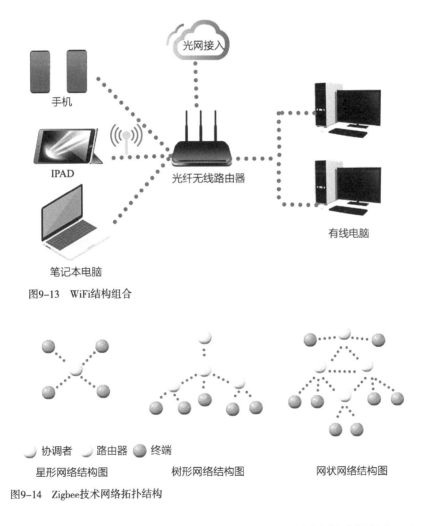

图9-13　WiFi结构组合

图9-14　Zigbee技术网络拓扑结构

1～3km，若进一步通过路由和节点间通信的接力传输，则传输距离将大大增加。

9.3.2 危险源信息传输的终端技术

1. 基于Web App的跨平台跨终端开发技术

实际工程中，有关危险源、施工现场人员的安全监控系统都采用基于安卓或IOS的原生开发模式（即Native）开发，例如微信APP、手机QQ、新浪微博APP等主流应用等均采用这种开发模式，该模式在系统稳定性、安全性、应用效率及用户体验上都有较好的保证。但Native模式的缺点也很明显，即不同系统需要使用各自开发语言进行开发，开发和发布的成本非常高，而Web APP技术能够很好地解决这一问题。

Web APP本质为适合移动端访问的Web网站，仅设计开发出的界面更适合移动端访问。在平台的后端，PHP、Java、.NET等均可进行服务器端的开发，前端的业务逻辑与普通网站开发的业务逻辑相同。当前流行的Web APP开发技术有HTML5、CSS、jQuery、jQuery Mobile和Java Script等。但是纯粹的Web前端技术在对本地移动操作系统的调用上存在困难，这催生了移动开发框架技术（例如Phone Gap平台），这种基于移动框架平台和Web前端技术的开发方式被称为Hybrid混合开发方式。针对简单应用，基于Hybrid混合开发方式可快速地进行跨终端系统开发，且开发的资源和时间的投入大大减少。Web APP不仅要能够良好适配手机、平板、电脑等移动终端设备的屏幕，同时还能够适应触屏、鼠标、键盘等不同的操控方式，另外Web APP可在任何终端上实现实时同步。因此采用基于Web APP的混合开发模式更适用于规模大、需求多、功能迭代较为频繁的项目。

2. 异构系统整合技术

施工现场人员安全状态监控涉及危险源、施工环境、施工人员等众多要素，实际工程中针对各要素的监控平台系统和终端都各不相同。因而施工现场人员安全状态的监控就涉及跨终端、跨平台项目的开发，即必须使用异构系统的整合技术。这是因为不同平台和不同终端使用不同的操作系统，所采用的开发技术和开发工具也不同，因此系统间是异构的，异构系统之间的数据是无法进行交换的。例如Android系统的APP开发采用Java技术，Windows Phone系统则是C#技术，IOS系统为Objective-C技术。针对不同系统开发的施工现场危险要素的监控系统之间的数据不能流通和整合使用。因而，采用不同语言、不同技术开发的异构系统需要进行整合，而SOA和Web Service就是解决这种异构系统集成的技术。其中，SOA是企业应用集成业务的一种规范，是面向服务的架构技术。借助于Web服务它可以封装实现的细节，则所处理基本对象单位就为服务，即系统开发就是围绕具体应用业务或业务流编写服务模块。以Web Service技术为核心地面向服务架构，具有松散耦合、标准开放以及独立于开发平台和编程语言等特点，在分布式应用系统开发中发挥着至关重要的作用。作为SOA的具体技术实现，Web Service通过标准的Web协议提供服务，目的是保证使用同一种规范调用不同平台的应用服务。它基于SOAP等协议的远程调用标准，通过Web Service可以将不同操作系统平台、不同技术以及不同语言的应用进行高度整合。依据Web Service规范实施的应用之间，可独立于开发的语言、开发平台或内部协议进行数据的交换。

9.3.3 人员安全状态的智能控制技术

工程施工现场人员安全状态控制是一项综合性的安全管控技术，涉及施工现场人、材、机、环等众多的环节，综合应用到人员的位置、行为和心理状态识别、危险品的安全管控、机械设备的状态监控及环境监控等多个专项技术，涉及物联网、互联网、大数据、模式识别、心理学、生理学等众多技术和学科，具有影响因素多、多学科交叉、高系统集成度等特点。目前工程建设领域主要是结合具体工程对人员安全状态控制技术中的某些专项技术进行应用，如人员的位置监控或机械设备的安全状态监控等，融合考虑人员、材料、机械和环境的人员安全状态监控技术处于研究阶段，尚未见具体的工程应用。现阶段人员安全状态智能控制技术主要由以下几个环节组成：

（1）基础信息收集。基础信息收集模块主要完成施工现场中所有与本建设项目的人员安全状态识别、分析及预警相关的信息收集工作。需要收集的信息包含施工现场建筑信息模型、项目的施工方案及进度安排、现场人员的数据信息、机械设备的数据信息等。其中，施工现场信息模型可以通过开发数据接口从其他的专业建模软件里面导入，以用作预警原型系统；施工现场人员基础信息可以从现场的管理人员、劳务人员管理数据库中导入，设备信息可从现场设备管理系统中导入。

（2）危险要素的定义。施工现场的人员自身、材料、机械设备、环境等都会对人员的安全状态产生影响。在人员定义方面，主要是对施工现场的人员属性进行界定，包含工种、作业区域、作业权限、安全防护等信息，例如焊工和架子工的作业区域、权限和防护条件等均不相同。在现场危险区域方面，量化临边、洞口等危险区域的定义规则和报警边界。

（3）危险信息的输入和更新。危险信息输入和更新是施工现场人员安全状态分析和控制的基础环节，为后续人员安全状态分析和控制提供数据支撑。一方面，通过布置在施工现场的摄像头、位置传感器、生理状态传感器等采集硬件终端，实时收集现场人员或机械设备的基础状态数据信息；另一方面，根据施工方案、实际施工进度和现场情况，实时更新施工现场建筑模型信息、安全防护信息以及危险区域的划定信息，当虚拟现场模型与现实的进度保持同步时，则建立的虚拟模型可真实反映实际现场情况。

（4）人员状态的计算分析。运算模块主要对采集得到的人员的防护、位置、行为及心理状态信息的进一步计算分析。在施工人员安全防护方面，可以借助前端摄像头传回的人员图像对人员进行身份识别，确定施工人员的工种、作业区域、安全防护等属性信息，并通过图像识别施工人员的真实安全防护状态，通过基础属性信息和防护信息的对比分析可确定施工人员安全防护的完整性；在位置状态计算分析方面，根据监测得到的施工人员或机械设备等坐标位置信息，通过与施工现场虚拟模型的交互集成，可以计算得到施工人员或机械设备在虚拟施工现场中的位置。另外，根据现场模型信息，系统还将实时对施工人员或机械设备是否处于安全的区域进行分析（即分析人员或设备距离是否处于临边洞口等危险警戒区域）。在人员行为方面，主要是通过施工作业区域摄像头传回的图像和视频信息对作业人员的行为进行计算分析。在人员生理和心理方面，通过穿戴在施工人员身上的生理指标传感器对施工人员的生理或心理状态进行分析。

（5）人员安全状态的控制。主要对人员安全状态计算分析的结果做出必要的反馈，其中反馈控制人员是施工现场的各级安全管理人员，被反馈者是现场的施工人员。通过PC端或移动端上的施工现场人员状态安全管控系统，各级安全管理人员可以方便地查看现场施工作业人员的各类安全状态信息，全面把控现场的人员安全状态，当作业人员出现安全防护、位置、行为、生理或心理等状态不安全时，会触发安全管控系统中的危险报警响应机制，各级安全管理人员将计算进行反馈干预和控制。现场的作业人员和专职安全员可随身佩戴可接收反馈信息的芯片，反馈干预和控制信号通过无线网络进行传输，以便随时接收反馈或报警信号，以达到精准和高效安全控制目的。

9.3.4 人员安全3D姿态评估技术

当前，最为常用的方法是采用端到端的一阶段方法或者先将问题分解成 2D 姿态估计再从2D关节位置恢复3D姿态的两阶段方法，目前两阶段方法的性能优于一阶段方法。

姿态估计系统总体框架如图9-15所示。

在上面的系统总体方案框架图中，先输入实时视频流数据，对每一帧的人体进行3D姿态估计，对姿态估计所产生的3D人体骨架序列进行行为识别，并输出识别结果。图9-16为人员安全状态3D姿态评估计算方案。

上述方案中，将两个视角的图像输入3D姿态估计网络，然后计算两个视角的3D姿态，并将视角B的姿态通过视角变换，变换为A视角下的姿态，最后将两个姿态取平均得到最终的3D姿态。对于骨架数据的行为识别，关键在于如何学好空间特征与时间特征。所谓空间特征，即每一帧骨架中各个关节的状态。时间特征指的是骨架各个关节随着时间的推移而改变位置。

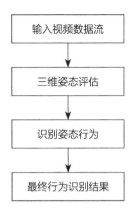

图9-15　总体方案系统框架

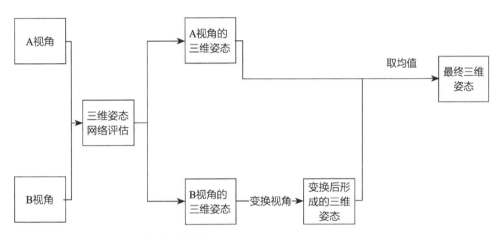

图9-16　人员安全状态3D姿态评估计算方案

第10章
数字化施工集成管理技术

10.1 概述

随着建设工程规模越来越大，施工技术和管理难度越来越高，传统建造过程中技术、进度、商务、质量、安全各条线分散管理的模式已经难以满足实际需求，经常导致信息不一致、沟通不及时等问题。数字化施工集成管理技术作为一种有效解决分散式管理难题的技术手段，旨在通过应用信息平台、智能移动设备等技术实现建筑全过程信息收集，应用BIM模型进行信息集成和可视化展现，应用网络化的项目管理平台支持在线、协同的场地、进度、商务、质量、安全、资料管理。数字化施工集成管理已成为施工管理的发展趋势。本章将重点阐述数字化施工场地集成管理技术、进度集成管理技术、造价集成管理技术、材料设备采购集成管理技术、质量集成管理技术以及文档集成管理技术等数字化施工集成管理技术研究与应用情况。

10.2 数字化施工场地集成管理技术

10.2.1 施工场地数字化规划技术

基于BIM的施工场地数字化技术通过三维的方式根据施工需求和周围环境在施工场地内合理布置施工围墙、施工大门、临时道路、临时办公室、工人宿舍、各类工作间、临时给水排水管道、输电线路、材料设备堆场、构件堆场以及塔吊、人货梯。在施工场地进行规划和优化布置，与传统技术相比该技术具有施工交底方便、施工成本低、二次搬运作业少、管理效率高等众多优点。如图10-1所示，应用基于BIM的数字化施工场地规划技术对某项目进行了3D场地布置，给出的场地模型中包含了项目的场地道路、临时办公楼、大型施工机械、材料堆场、临时加工场地、工具间等施工过程中所需要的众多必要设施。该施工场地模型中包含了如表10-1所示的涵盖施工现场场地要素的几何、形状等众多有用信息，可用于施工场地布置的模拟、分析、优化以及管理。在施工场地模型中还可高亮或突

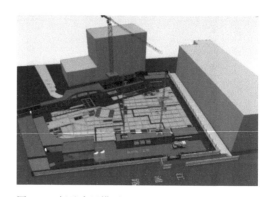

图10-1 场地布置模型

出显示材料、构件堆场、大型施工机械等的位置、形状，以作为重点管控对象。目前，广联达、品茗等软件厂商也提供了专门用于施工场地规划的BIM软件，可快速创建和布置施工场地。

建模要求   表10-1

建模内容	属性要求	建模内容	属性要求
外围道路	尺寸、位置、路名（标记属性填路名）	通道防护棚	尺寸、位置、高度
围墙	尺寸、高度、位置	各类工作间	位置、形状、高度、名称（标记属性）
围墙构造柱	尺寸、高度、位置	临时堆场	位置、形状、尺寸、名称（标记属性）、容许荷载
大门	位置、尺寸、高度、颜色、构造柱	塔吊	位置、形状、高度、类型、臂长
门卫	位置、尺寸、高度	人货梯	位置、形状、高度
已有建筑	位置、尺寸、高度、名称（标记属性）	基坑	形状、尺寸、深度（不用放坡）
施工道路	尺寸、位置		

基于BIM的施工场地布置可模拟不同施工阶段和施工工况下场地设施、堆场等要素的动态变化，如图10-2所示给出了塔吊、施工栈桥、堆场随着施工进度的不同状态。此外，针对具体施工场景进行精细化的模拟，例如混凝土泵车行走路线、堆场材料运输及吊装等（图10-3），通过模拟可进一步优化场地布置方案，也可对比不同的场地布置方案效率。

图10-2　场地布置随施工阶段的变化

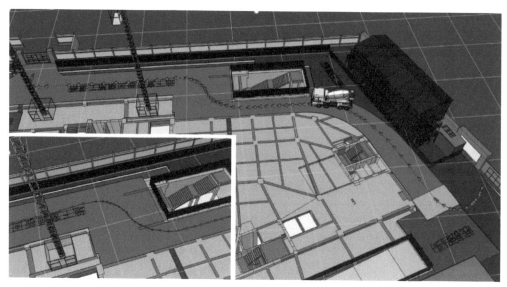

图10-3　混凝土泵车行走路线模拟

10.2.2　施工场地远程视频监控技术

　　网络通信技术、视频监控技术以及视频数字压缩处理技术等飞速发展催生了建筑工程施工场地远程视频监控技术。借助远程视频监控技术，可对施工现场的人员、机械设备、环境等安全要素实施有效监控，可对施工现场安全生产保障措施的落实情况进行监测，为工程建设安全与质量管理提供有效的技术管理手段，创新建设工程监管模式。正因如此，《建筑工程施工现场视频监控技术规范》JGJ/T 292—2012、《建设工程远程监控系统应用技术规程》DG/TJ 08-2025-2007等标准相继出台，众多的工程项目中在现场出入口、材料堆放区、大型施工机械、重大危险源区域等位置布置视频监控摄像装置，施工场地远程监控技术的应用越来越广泛。图10-4为施工场地远程视频监控技术的系统架构，主要由布置在施工现场的摄像头、路由器和硬盘录像机等硬件装置和位于现场或企业总部的监控中心构成。其中，监控中心内设置有硬盘存储设备、视频解码设备、监控大屏幕等设备。如图10-5及图10-6所示，施工场地远程视频监控技术通过建筑云计算平台（例如萤石云）可以实现监控视频与集成管理平台的整合，支持在统一的进度集成管理平台中查看远程监控视频。

　　工程实践表明，施工场地远程视频监控技术可支持管理人员在监控中心、单位办公室以及家里等场所对施工现场实时图像的远程浏览与前端摄像机的控制，实现远程统一管理分布在不同位置的建筑工地，避免人力频繁地去现场监管、检查，从

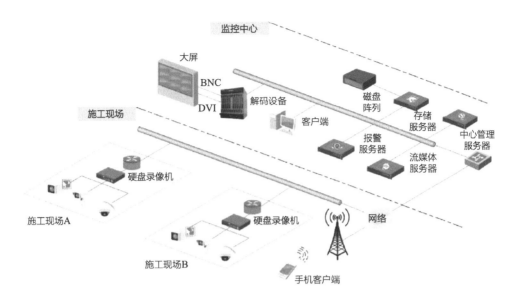

图10-4　施工场地远程视频监控技术架构

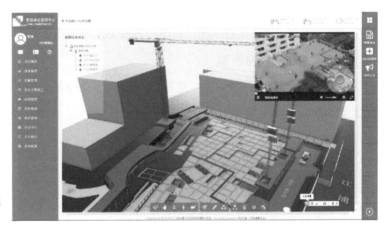

图10-5　视频监控与集成
管理平台的整合

图10-6　施工现场远程视
频监控应用案例

而减少管理成本并提高对施工现场管控的工作效率。通过视频监控系统可及时了解工地现场施工情况、施工动态和施工进度以及安全保障措施。视频监控系统24小时智能巡视，既可帮助监管施工现场材料和设备安全，避免由于物品的丢失或失窃给施工企业造成损失，还能有效防范外来人员的翻墙入侵、越界出逃，非法入侵危险区及仓库等场所，保证工地的财产和人身安全。

10.2.3　施工现场堆场数字化监管技术

工程施工现场材料设备繁多，包含钢筋、木方等材料以及预制混凝土构件、钢结构构件和机电设备等，但现场堆放或仓储空间有限。这就催生了融合BIM技术、智能移动终端技术、无线通信技术等的施工现场堆场数字化监控技术，该技术可实现对施工现场堆场的精细化管理，确保有限空间的高效使用，避免材料积压或备料不足，对推进施工现场堆场的数字化、精细化管理具有重要的意义。下面以某项目钢结构构件堆场精细化管理为例详细介绍施工现场堆场数字化监控技术，主要包括堆场BIM模型建立、BIM模型匹配、材料设备状态监控及施工堆场分析与预警四个方面。

（1）建立堆场BIM模型

在施工场地BIM模型中建立堆场的三维数字化模型，包括几何形状、位置、堆场的使用单位、堆场作用、使用时间、最大荷载、最大容量等信息。

（2）材料设备实体与BIM模型构件的匹配

在BIM模型中录入每个预制构件在工厂加工的唯一编号，如图10-7所示为每个

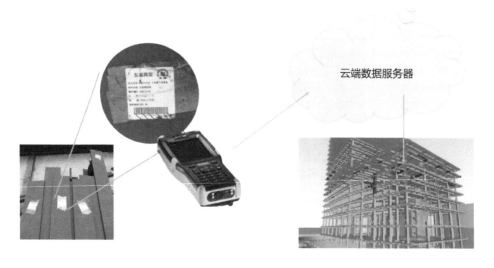

图10-7　部品化材料设备进出场管理

预制构件打印具有唯一编号的二维身份牌并粘贴在相应的预制构件上，从而建立了预制构件与BIM模型的关联。

（3）材料设备状态监控

采用智能手机、PDA等智能移动设备通过扫描身份牌中二维码获得构件唯一标识，进行构件识别。之后，可录入构件的进出场状态、堆场位置等信息，并通过无线通信技术上传服务端并与BIM模型集成，记录进出场时间，实现钢结构构件堆场的动态监控。如图10-8所示为开发的基于BIM的场地管理系统，能够实现包括材料进场、材料转场、材料发放等状态的动态监控。

图10-8　材料设备状态监控

（4）施工堆场分析与预警

结合施工堆场各区域的材料堆放阀值以及实际堆放材料的信息，可深入分析各个区域或各分包材料仓储情况。如图10-9所示，根据堆场中材料的实时堆放或仓储统计，系统可使用不同的颜色表示堆场的各个区域及其状态，例如黄色表示空间紧张、青色表示正在使用、灰色表示未启用，点击各堆放区域还可查询区域中存放的材料信息和状态。

如图10-10所示，经过堆场状态分析，可通过列表形式量化显示施工场地各个区域中具体堆放的材料、剩余空间、积压时间，用饼状图方式显示材料堆场空间占

钢结构场地堆放情况

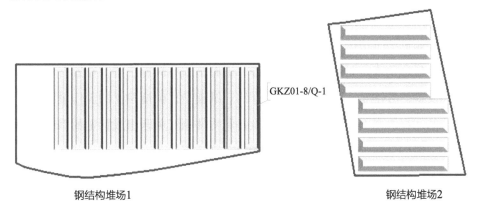

GKZ01-8/Q-1

钢结构堆场1

钢结构堆场2

图10-9　堆场状态展示

钢结构场地堆放列表				
构件编号	类型	进场时间	积压时间(天)	占用面积(m²)
5GL01-15	梁	2015-8-11	40	0.5
5GL01-15	梁	2015-8-11	40	0.5
GKZ01-8/P-1	柱	2015-9-19	2	1
GKZ01-4/L-1	柱	2015-9-19	2	1

图10-10　材料堆放分析

用率。当某材料在场地中放置时间较长时（例如1个月及以上），则用红色显示报警。当堆场空间占用超过90%，则饼图变红报警。报警信息可通过微信、短信等方式通知项目经理等相关施工现场管理人员。

10.3　数字化施工进度集成管理技术

10.3.1　多层次四维BIM模型

四维BIM模型，是集成建筑三维模型的时间维度，通过信息技术手段融合施工过程信息与建筑信息模型，形成可按照时间维度可视化拓展的集设计及施工信息化于一体的四维BIM模型（简称"4D模型"）。四维BIM技术是基于4D模型进行计算机辅助设计和施工管理的技术，可应用于设计方案的可施工性分析、多专业设计模型的碰撞检测、施工方案模拟优化以及施工进度、资源和成本的动态管理等，可在建筑方案选型、建筑设计、施工准备和现场施工等多个阶段发挥重要作用。

针对形如机场航站楼、大型商场等大型复杂建筑，其内部的机电设备和管道遍布于建筑的各个角落，而形如机房、竖井和走廊吊顶等局部位置常布置有多个专业的管道和设备。若建立这些局部对象的详细三维模型，模型建立的工作量巨大，且模型系统的运行效率不高。另外，各个设备和构件相互关联组成特定的系统，而非单独存在，但单个系统的管道和设备可能分布于建筑的各层和各区，其系统性很难在3D模型中体现，需要建立单系统的系统逻辑结构模型。为解决上述问题，上海建工四建集团提出了包括宏观模型、微观模型、系统模型等不同层次的多层次4D模型概念。

图10-11为多层次4D模型框架图，其中宏观4D模型由宏观3D模型、简化3D模型以及宏观进度计划关联形成，支持对整个项目的宏观4D进度模拟。在宏观模拟中，使用轴线模型模拟小尺寸的管道，以提升管道布局在宏观模拟时的渲染效果。微观4D模型由局部3D模型、详细3D模型以及详细施工进度计划组成，用于对机电设备集中部位施

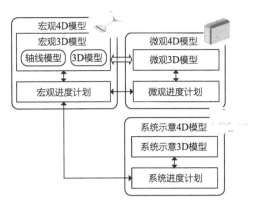

图10-11　多层次4D模型

工过程的模拟。系统示意4D模型由系统示意3D模型和系统施工进度计划构成，可用于展示单个机电设备系统的整体布局以及设备之间的关联关系，结合宏观4D模拟可高效展示机电设备的系统性。各层次4D模型的进度计划相互关联，修改任一模型进度计划后与其相关联的模型的施工进度计划也会更新。宏观3D模型与各微观3D模型也相互关联，支持宏观模型和微观模型之间的相互切换。

10.3.2　四维BIM模型创建

一般情况下，可以通过手动或自动等方式建立施工计划中任务与模型的关联关系，形成四维BIM模型。由于实际工程BIM模型中构件数据量一般较大，施工任务多并且在施工过程中经常会发生变更，因此采用手动方法建立四维BIM模型的工作量很大，严重影响四维BIM技术应用与推广。不少研究者就自动或半自动创建四维BIM模型展开研究，提出了相应的成模方法。例如上海建工四建集团提出了一种基于施工任务与BIM模型中构件组织结构的关联关系半自动生成四维BIM模型的方法。当BIM模型局部变化时，该方法可更新施工任务与构件的关联关系，从而保证四维BIM模型准确性和及时性，减少构件与施工任务关联工作量达50%以上，大大提高了四维BIM模型创建的效率。如图10-12所示，该方法具体包括5个步骤。四维BIM模型创建后，可以查看WBS中与各个任务关联的构件信息，如图10-13所示。

10.3.3　四维施工过程模拟

基于4D模型，可以按不同的时间间隔对施工进度进行模拟，形象反映施工计划和实际施工进度。在3D图形平台中，根据施工进度展示各个施工段或构件的施工顺序，通过设置不同颜色和可见性显示模型构件的状态，直观地展现施工状态，

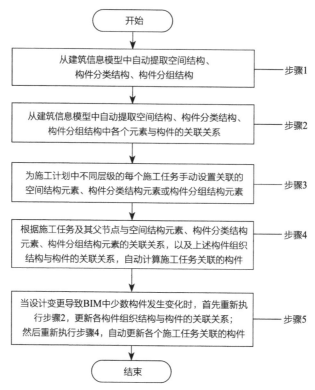

图10-12　四维BIM模型半自动构建方法

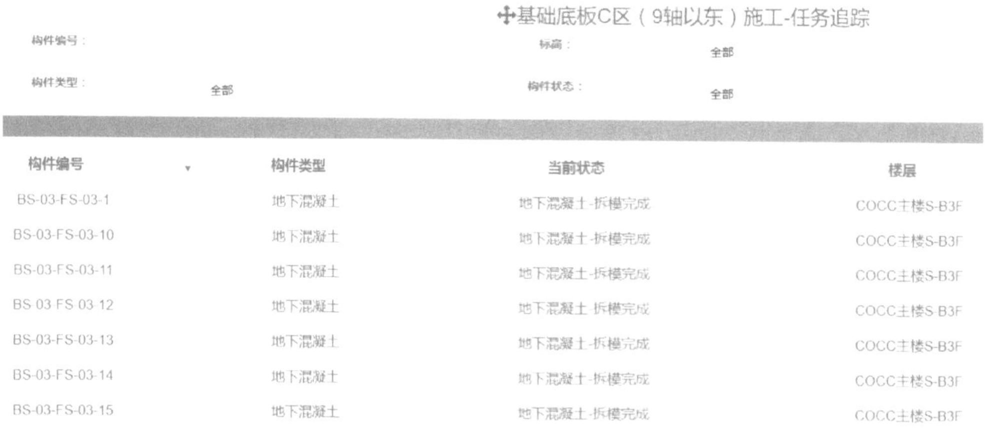

⊕基础底板C区（9轴以东）施工-任务追踪

| 构件编号： | | 标高： | 全部 |
| 构件类型： | 全部 | 构件状态： | 全部 |

构件编号 ▽	构件类型	当前状态	楼层
BS-03-FS-03-1	地下混凝土	地下混凝土-拆模完成	COCC主楼S-B3F
BS-03-FS-03-10	地下混凝土	地下混凝土-拆模完成	COCC主楼S-B3F
BS-03-FS-03-11	地下混凝土	地下混凝土-拆模完成	COCC主楼S-B3F
BS-03-FS-03-12	地下混凝土	地下混凝土-拆模完成	COCC主楼S-B3F
BS-03-FS-03-13	地下混凝土	地下混凝土-拆模完成	COCC主楼S-B3F
BS-03-FS-03-14	地下混凝土	地下混凝土-拆模完成	COCC主楼S-B3F
BS-03-FS-03-15	地下混凝土	地下混凝土-拆模完成	COCC主楼S-B3F

图10-13　任务关联构件的信息追踪

并显示施工任务的开始时间、责任单位、工作内容和注意事项等信息，辅助施工管理。进行4D施工模拟时，用户可以根据实际工程进展实时调整和控制施工进度计划，相关模拟过程和统计结果也随之改变。对于不同层次的四维BIM模型，可以实现不同层次的4D施工过程模拟，具体包括宏观层面的形象进度模拟、工序级的施工工艺模拟以及单系统的施工过程模拟。

1. 宏观4D施工过程模拟

如图10-14所示，实际工程中可针对整个项目建立简化的宏观3D模型及建筑模型，用于整体布局的展现以及宏观的4D施工模拟、管理和信息查询。宏观4D施工过程模拟主要用于项目管理人员快速了解工程的整体进展情况。

2. 微观4D施工工序模拟

面向施工现场管理人员和现场工程师，微观4D模型可为多部门的管理人员和工程师提供交流和协作平台，可应用于施工方案可行性分析、施工方案优化以及动态施工进度管理等。宏观与微观4D模拟相结合的方式具有可充分满足不同管理对象对4D系统的需求，具有建模工作量小以及方便应用等优点。图10-15为某航站项目值机岛施工的微观模拟过程。该值机岛施工涵盖电气、排风、消防、弱电、航显和行李等10多个专业，且机电体系特别复杂，实际施工中面临多专业多部门交叉工作、成品保护难度大、作业空间有限、工期紧张等难题。施工过程中，通过与各部门协调形成一个包括约60个工作节点的施工进度计划，其中创建的值机岛的3D模型约1400个构件，具体包含钢框架、屋顶等结构构件以及装修构件。在主体结构和装修模型基础上，引入机电设备安装工程4D建设管理系统，进行值机岛的施工过程模拟。各部门负责人基于管理平台系统进行交流，对施工计划与工作面冲突问

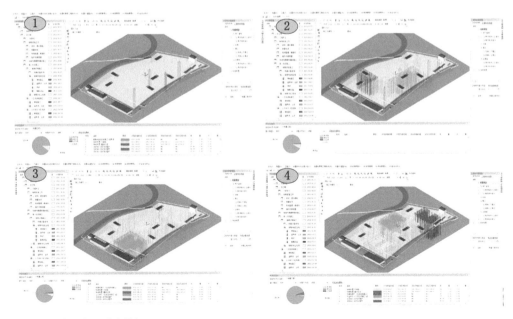

图10-14　宏观的4D进度模拟

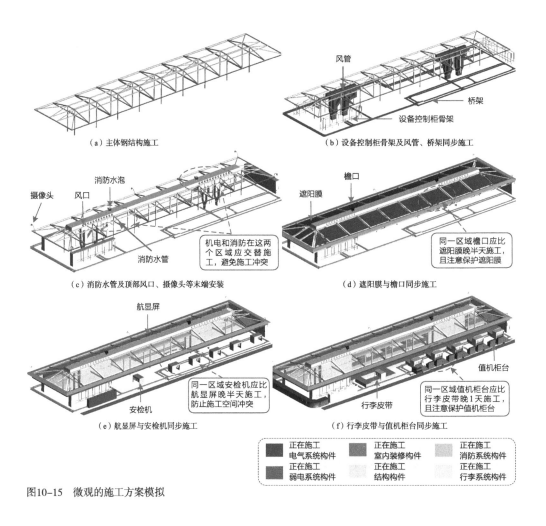

（a）主体钢结构施工

风管

桥架

设备控制柜骨架

（b）设备控制柜骨架及风管、桥架同步施工

消防水泡

摄像头

风口

消防水管

机电和消防在这两
个区域应交替施
工，避免施工冲突

（c）消防水管及顶部风口、摄像头等末端安装

遮阳膜

檐口

同一区域檐口应比
遮阳膜晚半天施工，
且注意保护遮阳膜

（d）遮阳膜与檐口同步施工

航显屏

同一区域安检机应比
航显屏晚半天施工，
防止施工空间冲突

安检机

（e）航显屏与安检机同步施工

值机柜台

同一区域值机柜台应比
行李皮带晚1天施工，
且注意保护值机柜台

行李皮带

（f）行李皮带与值机柜台同步施工

正在施工 电气系统构件	正在施工 室内装修构件	正在施工 消防系统构件
正在施工 弱电系统构件	正在施工 结构构件	正在施工 行李系统构件

图10-15 微观的施工方案模拟

题、工序搭接不合理问题、成品保护等问题进行了分析和沟通，最终通过反复模拟、优化、沟通和调整形成最优的施工进度计划。

3．机电系统图4D模拟

借助系统图模型，可宏观地模拟单系统的施工进度。在机电系统的施工模拟中，3D视图将动态地展示整体机电设备安装过程，系统图则将当前施工的设备、管道在单个系统中的位置及与其相关联的设备同步展示出来。不同于一般的4D模拟中隐藏未开始施工构件的表现做法，系统图模拟中采用不同颜色表示已经完成、正在施工和未开始施工的构件，能够更为直观地将机电系统的构成和当前施工进展状态展现出来。图10-16为某室内给水系统的施工进度模拟示意图，由图可知即地下三层和地下二层已完成施工，地下一层正在施工，四层尚未施工，系统图非常直观地展示了该室内给水系统的当前施工状态。

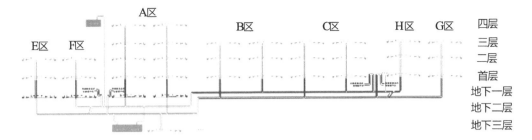

图10-16 室内给水系统的施工进度模拟示意图

10.3.4 施工进度集成管理

1. 实际进度录入

应用物联网、智能移动端等技术，将各分部分项工程的实际进度信息录入BIM模型，可支持实际进度集成管理。如图10-17和图10-18所示，施工现场管理人员可便捷地应用智能移动端设备实时录入进度，进度录入时可通过扫描身份牌或选择对应的专业、楼层、施工任

图10-17 施工现场应用移动端录入实际进度

务，然后选取当前施工状态（例如：未开始、施工过程中、浇筑混凝土完成、拆模完成状态等），还可上传现场的照片、施工文档作为施工进度状态附件。针对PC结构、钢结构、幕墙等部品化构件，可以针对每个构件录入实际进度，支持精细化进度管理。

如图10-19所示，施工现场管理人员可以在办公室电脑中，通过在三维视图选择构件录入每个构件完成进度和状态，甚至通过划线等方式区分单个构件完成的部分和未完成部分，从而获得精确的施工进度，支持产值计报等造价管理。

2. 施工进度查看

如图10-20所示，基于BIM模型可在三维视角下直观地查看施工进度情况。施工进度图中采用不同颜色表示各个区域的施工进度，例如红色表示拆模完成、蓝色表示浇筑完成、绿色表示开始施工。也可采用不同点材质或贴图表示不同的施工状态和工序。四维BIM技术还支持根据构件类型中的系统和构件类型等分类信息进行模型隐藏和显示控制，支持根据空间结构中选择单位工程和构件类型结构中选择的专业切换不同的模型进行展示。

图10-18　智能移动端录入实际进度

图10-19　选择模型录入实际进度

图10-20　基于BIM的施工进度查看

如图10-21所示，施工现场管理人员可追溯查看各分部分项工程不同工序的完成时间和验收人，例如查看某混凝土工程的开始施工时间、混凝土浇筑完成时间以及拆模完成时间。

10.3.5　施工进度对比分析

由于录入了实际进度信息，则可以基于BIM模型实时对比实际进度和计划进度。如图10-22所示，可以在三维视图中直观展示未开始任务、按时完成任务、滞后完成任务以及滞后开始任务等，方便业主、总承包单位等各项目参建方进行进度分析并安排后续施工任务或调整施工进度。进度集成管理平台支持选取不同的时间

图10-21　进度追踪

图10-22　进度对比分析

段、单位工程、专业以比较不同时间、不同专业的工程实际进度，支持多层次、多角度的进度对比分析。

10.4　数字化施工造价集成管理技术

10.4.1　数字化工程算量技术

工程建设中量的计算是工程造价领域中最基础的部分，亦是贯穿工程建设生命周期的工作重点。其工作内容是参照国家建筑标准图集，依照设计阶段的图纸，根据统一的国家规范、地方规则，快速、准确地提供当前阶段工程中各项目的数量明细，占编制整个预算、决算工程量的50%～70%。快速、准确的工程量计算能够提高整个预算、决算的工作质量与速度。20世纪90年代中期，随着计算机的推广、工程计价定额的标准化和工程造价咨询市场的形成，形如广联达、鲁班等计价软件、计量软件随之被研发出来，大幅度提高了工程计量的效率。随着清单计价方式的推广，工程造价图形算量软件得到进一步发展，逐步实现基于三维模型的工程算量，并形成算量后套取定额直接计价的工作流程，三维图形算量软件逐步成为工程造价领域中最主要的技术工具。

1. 传统算量软件

传统的算量技术在招投标CAD图纸基础上采用广联达、鲁班等传统算量软件建立项目的三维模型，然后在软件中根据工程量的计算规则进行工程算量，目前传统算量技术在工程中应用仍最为广泛。图10-23给出了应用广联达算量软件GCL13工程算量的主要流程，GCL13支持基于导入的CAD图纸绘制的工程项目的三维模型，用户通过"Excel清单表导入""GBQ文件导入""单项清单项输入"等方式导入造价清单后，即可实现工程量和造价的集成，实现数字化工程造价。

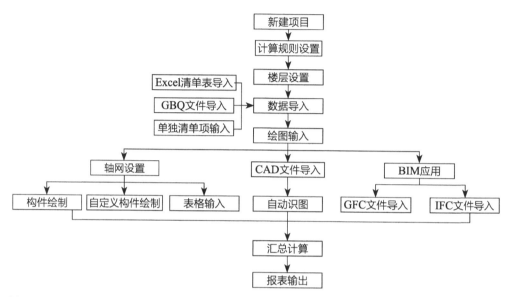

图10-23 广联达软件工程算量和造价流程

2. BIM设计模型导入传统算量软件

该方法将工程项目的BIM设计模型导入传统算量软件，在BIM相关软件和成本预算软件之间建立应用程序API接口，借助于API接口实现BIM模型数据与造价软件的对接，然后基于导入的BIM模型进行工程算量，该方法实现了设计与招投标阶段信息的集成。但由于目前算量软件与外部软件的交互性较差，BIM模型导入接口不成熟使得不同软件之间的数据交互不能够保证数据的完整性、快速性，难以支持复杂的曲面构件、异形构件等不规则多边体构件的数据传递，甚至出现错误和遗漏。同时基于拟建模型工程量本质上为静态的工程量，无法涵盖时间、进度、成本、材料管理等信息。

3. BIM算量软件

与上述两种技术不同，BIM算量软件中内置有不同版本的清单定额规则，能够应用不同的国家规则、地方规范进行特定项目的工程量计算（图10-24）。该技术通过计算机自动识别BIM模型中不同类型的构件，并根据模型内嵌的几何和材质信息

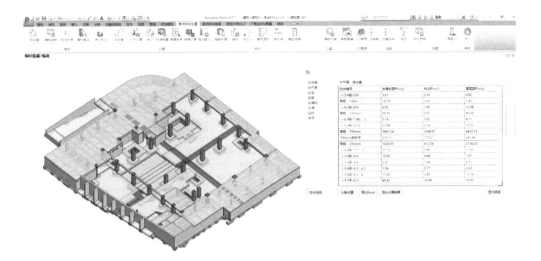

图10-24　BIM算量软件

对不同类型构件的数量进行统计，实现了BIM模型的"一模多用"，且工程量数据源简单精确，具备可交互性、可拓展性，彻底避免了多种软件之间模型互相转换所导致的数据不一致问题，减少了重复建模工作。例如新点比目云等BIM算量软件实现了设计、招投标、施工跨阶段的信息集成与共享，适用于工程项目造价的全过程管控。应用BIM软件进行工程算量需要BIM模型达到相应的精度，需要对设计或施工阶段的BIM模型进行必要的完善。特别地，要实现基于BIM模型与清单项目或定额项目匹配问题，则需建立满足算量需求的BIM建模规则，具体包括统一的模型深度、构件的命名规则和扣减关系等。

（1）统一的命名规则

规范BIM模型中构件命名，目的在于根据规则的命名实现BIM构件自动关联清单编码和套取定额做法。正确规范地命名构件名称，能够有效地支持BIM软件对不同种类、不同型号构件的识别，方便工程量的汇总、整理和统计，能有效避免大量重复人工定义构件类型属性工作。BIM算量软件的构件映射规则如表10-2所示，表10-3为矩形梁的命令规则。

<table>
<tr><td colspan="3" align="center">BIM算量软件的构件映射规则</td><td>表10-2</td></tr>
<tr><td>部位</td><td>构件名称</td><td colspan="2">映射规则关键字</td></tr>
<tr><td rowspan="3">基础</td><td>垫层</td><td colspan="2">垫层、DC</td></tr>
<tr><td>独立基础</td><td colspan="2">独立基础、独基、承台、DJ、ZJ、CT</td></tr>
<tr><td>筏板承台</td><td colspan="2">筏板承台、JCT</td></tr>
</table>

部位	构件名称	映射规则关键字
基础	设备基础	设备基础、JS
	混凝土 – 带形基础	带形基础、条形基础、条基、TJ
	砌体 – 带形基础	砖基础、ZJC
	基础主梁	基础主梁、基础梁、JZL、JL
	基础次梁	基础次梁、JCL
	地下框架梁	地下框架梁、DKL
	地下普通梁	地下普通梁、DL
	基础连梁	基础连梁、JLL
	承台梁	承台梁、CTL
	有梁式筏板	有梁式筏板、筏板、FB
	无梁式筏板	无梁式筏板、LPB
	集水井	集水井、集水坑、JSJ
	电梯井	电梯井、电梯坑、DTJ
	砖模	砖模
	预制圆桩	圆桩
	预制方桩	桩
土方	非回填区域	非回填区域、FHTQY
柱	暗柱	暗柱、AZ、YAZ、YDZ、YYZ、YJZ、GBZ、GAZ、GJZ、JZ、DZ
	构造柱	构造柱、GZ
	柱帽	柱帽、ZM
	框架柱	框架柱、KZ
	框支柱	框支柱、KZZ
	普通柱	柱、Z
	预制柱	预制柱、YZZ
梁	圈梁	圈梁、QL
	过梁	过梁、GL
	框架梁	框架梁、KL
	框支梁	框支梁、KZL
	普通梁	梁、L
	屋面框架梁	屋面框架梁、WKL

部位	构件名称	映射规则关键字
梁	悬挑梁	悬挑梁、XL
	边框梁	边框梁、BKL
	连梁	连梁、LL
	楼梯梁	楼梯梁、TL
	预支过梁	预制过梁、YZGL
	暗梁	暗梁、AL
板	板洞	板洞、BD
	悬挑板	悬挑板、XTB
	竖悬板	竖悬板、SXB
	有梁板	有梁板、YLB
	无梁板	无梁板、板、B
	屋面板	屋面板、屋顶、WB
	地下楼板	地下室楼板、DXB
	拱形板	拱形板
	井式板	井式板、JB
	楼梯平台板	楼梯平台板、PTB
	平板	平板、PB
	阳台板	阳台板、YTB
墙	填充墙	填充墙、TCQ
	幕墙	幕墙、MQ
	混凝土墙	混凝土墙、剪力墙、TQ
	砌体墙	砌体墙、加气混凝土、砌块、砌体、墙、QT、Q
	间壁墙	间壁墙、JQ
门窗	墙洞	墙洞、洞、门洞、窗洞、QD、MD、CD
	门	门、门联窗、M、TLM、DJM、LMC、FM、JLM
	窗	窗、C
	飘窗	飘窗、PC
阳台雨篷	阳台	阳台、YT
扶手栏杆	栏杆	栏杆、LG

部位	构件名称	映射规则关键字
其他	栏板	栏板
	压顶	压顶、YD
	腰线	腰线、饰条、墙饰条、YX
	台阶	台阶
	坡道	坡道、PD
	散水	散水、SS
	沟槽	沟槽、GC
	建筑面积	建筑面积、JZMJ
	雨篷板	雨棚板、YP
	有檐雨棚	有檐雨棚、YYP
	挑檐天沟	挑檐、天沟、檐沟，TG
	砖石腰线	砖石腰线、ZSYX
	后浇带-墙	后浇带墙、HJDQ
	后浇带-梁	后浇带梁、HJDL
	后浇带-板	后浇带板、HJDB
	后浇带-筏板	后浇带筏板、HJDFB
	后浇带-条基	后浇带条基、HJDTJ
楼梯	梯段	梯段、TD
	楼梯	楼梯、LT
装饰	天棚	天棚、TP
	踢脚	踢脚
	墙裙	墙裙、QQ
	墙面	墙面、QM
	其他面	其他面、QTM
	屋面	屋面、WM
	楼梯面	楼梯面、地面、楼面、LDM、DM、LM

表10-3

构件类型名称	KL1
截面尺寸	200×400
混凝土材料等级	C35
若有特殊要求可备注，若无可以省略	备注

（2）统一的扣减关系

实际工程中，项目体量大、结构复杂，要得到符合规范要求的工作量，柱、墙、梁、板等相互连接部位的工程量应通过设定扣减关系进行扣除，为满足这一要求BIM软件都有设置构件优先级的功能，以便建立正确的工程量扣减关系，但实际应用中步骤繁琐、工作量大，并不能满足施工现场工作需求。另外，对于小于0.3m²的构造柱和孔洞等构件，由于无法满足算量规则，无法计算出其真实的工程量。针对这些问题，已开发出基于BIM软件的造价插件，能够以BIM模型的体积净量为基础套用清单和定额计量规则，最终得到满足不同规范的构件工程量。如表10-4所示，按照2013清单规定，竖向构件（例如墙、柱等）的尺寸按层高布置，扣减关系为柱>墙>梁>板，而2000定额规定竖向构件尺寸按自板底标高起的净高布置，扣减关系为板>柱>墙>梁。在BIM算量软件中，根据已经拟定的建模规范，直接修改在实施过程中得到的模型（如从设计方取得的BIM模型），采用BIM算量软件直接套取清单与定额，实现在不同计算规则下的工程量统计。

对柱构件的研究（示例）　　　　　　表10-4

项目	2013 清单规则	2000 定额规则
BIM 模型		
柱体积	1.250m³	1.211m³
BIM 算量软件读取的 BIM 模型		
BIM 算量软件柱体积	1.250m³	1.211m³

（3）清单与模型的匹配

算量前应先在软件中设置清单类型（BIM算量软件中内嵌有国家及各省市的定额库），以确保输出的工程量清单中对建筑物构件分类、编码和工程量计算规则应符合《建设工程工程量清单计价规范》GB 50500—2013和其他建设定额的规定。每一个工程量清单子目都支持计算公式编辑，计算公式中涵括了构件的几何尺寸、标高、工程属性等信息。对于同一类型构件，通过复制操作可套用同一工程量清单编码。

10.4.2　数字化工程造价技术

数字化工程造价技术从造价管理的需求出发，为成本提供符合实际形象进度的工程量、准确的中标预算综合单价、实时更新的市场价格与分包商结算价格，有助于发展工程价格数据的采集及共享，使工程计价更为准确、符合市场，进一步促进工程造价有效管理和项目价值的提升。工程项目的数字化造价管理主要步骤为：首先得到符合规则的工程量；其次通过对每个工程量清单设置二级定额子目与三级工料机消耗量；最后根据每个工料机的消耗量和市场价格计算得到工程项目造价。目前常见的数字化工程造价软件包括广联达、鲁班、清华斯维尔、新点比目云等，图10-25给出了某项目场地平整的工程造价计算的步骤，具体步骤如下：

（1）新建标段，根据工程项目选择清单计价要采用的地区标准，输入项目名称和包含建筑面积、招标单位编码等项目信息；

（2）设置单位工程，输入工程名称、工程类别、建筑面积等工程相关信息。确认计价方式，选择清单库、清单专业、定额库和定额专业等信息；

（3）设置费率，工程造价软件中（例如广联达GBQ4.0）一般都内置有计价办法中规定的费率；

（4）编制清单和报价，首先根据工程的实际情况输入工程信息、工程特征、编制说明等信息，根据清单规范选择需要的清单项（如平整场地等），在"工程量表达式"列录入清单项的工程量，设置项目特征及其显示规则，设置要输出的工作内容，并在"特征值"列可通过下拉选项选择或手工输入的方式录入项目特征值；最后根据工作内容选择相应的定额子目和子目的工程量完成组价。

工程实施过程中，基于数字化工程造价技术可进一步在基础数据基础上生成不同的施工报表，可导出EXCEL、PDF、HTML等常用格式，以用于不同情况不同场景的审计、调查和展示等。例如竣工结算过程中，可生成统一标准的工程项目竣工结算汇总表、单位工程竣工结算汇总表、单位工程竣工结算汇总表、分部分项工程

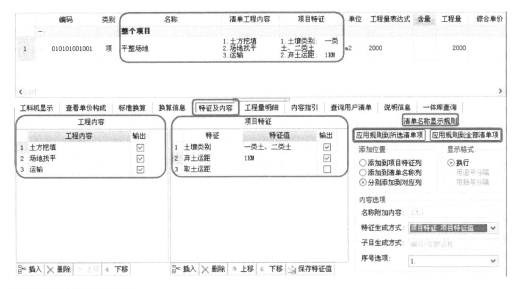

图10-25　数字化工程造价

量清单与计价表、工程量清单综合单价分析表、措施项目清单与计价表、措施项目清单与计价表、规费、税金项目清单与计价表、其他项目清单与计价汇总表等，详见图10-26和图10-27。

10.4.3　数字化施工产值统计

随着信息化技术的不断发展，融合实际工程造价管理过程中BIM模型建立、实际进度统计、工程造价计算等阶段的信息，实现施工造价集成管理成为趋势。图10-28为上海建工四建集团自主研发的智慧建造管理平台的施工产值统计技术路线，

分部分项工程和单价措施项目清单与计价表

工程名称：程十发预算\土建工程\支撑工程　　标段：001　　第 1 页　共 2 页

序号	项目编码	项目名称	计量单位	工程量	金额(元)	
					综合单价	合价
		基坑支撑				
1	010202010004	钢筋混凝土支撑、连杆 C30	m3	882.45	487.88	430529.71
	01-2-2-39换	预拌混凝土(泵送) 基坑支撑　预拌混凝土(泵送型) C30粒径5～40	m3	882.45	487.88	430529.71
2	010202010005	钢筋混凝土支撑 围檩 C30	m3	89.36	487.88	43596.96
	01-2-2-39换	预拌混凝土(泵送) 基坑支撑　预拌混凝土(泵送型) C30粒径5～40	m3	89.36	487.88	43596.96
3	010202010006	钢筋混凝土支撑 栈桥 C30	m3	299.89	487.88	146310.33
	01-2-2-39换	预拌混凝土(泵送) 基坑支撑　预拌混凝土(泵送型) C30粒径5～40	m3	299.89	487.88	146310.33
4	011602002002	钢筋混凝土构件拆除　围檩、支撑等	m3	971.81	650	631676.5
	临补	钢筋混凝土构件拆除　围檩、支撑等	m3	971.81	650	631676.5
5	010202011003	钢支撑 Φ609钢管	t	55.48	1932.19	107197.9
	01-2-2-40	钢支撑 长度≤15m 安装	t	55.48	715.92	39719.24
	01-2-2-41	钢支撑 长度≤15m 拆除	t	55.48	446.77	24786.8
	01-2-2-25	钢支撑使用费(租赁)	t×天	4993.2	8.55	42691.86
6	010516002003	预埋铁件	t	2.438	9442.39	23020.55
	01-5-12-2	预埋铁件	t	2.438	9442.39	23020.55
7	010515001004	现浇构件钢筋	t	174.926	4612.09	806774.46
	01-5-11-1	钢筋 带形基础、基坑支撑	t	174.926	4512.09	789281.86
	临补	钢筋加工费	t	174.926	100	17492.6

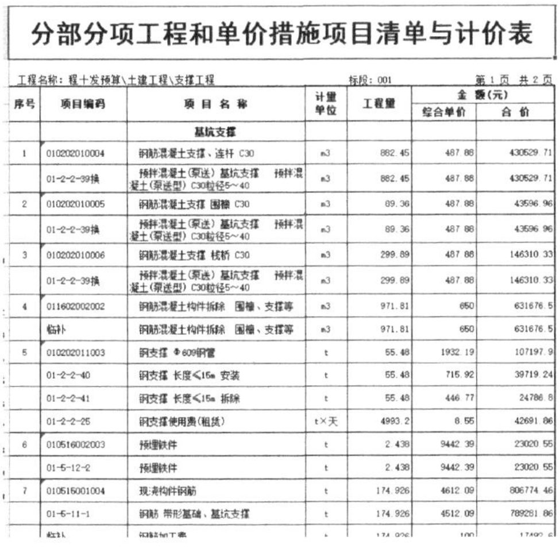

图10-26　数字化工程造价导出的清单与计价表格

工料机汇总表

工程名称：程十发预算\土建工程\支撑工程　　第 1 页　共 2 页

序号	编码	名称	单位	数量	单价	合价(元)
1	00030117	模板工 建筑装饰	工日	30.729	100	3072.9
2	00030119	钢筋工 建筑装饰	工日	685.0277	140	95903.88
3	00030121	混凝土工 建筑装饰	工日	378.9666	130	49265.66
4	00030143	起重工（钢支撑） 建筑装饰	工日	267.6208	120	32114.5
5	00030153	其他工 建筑装饰	工日	242.3727	100	24237.27
6	0101012001	综合钢筋	t	176.6753	3737.279	660284.89
7	02090101	塑料薄膜	m2	932.5376	1.17	1091.07
8	03014101	六角螺栓连母垫	kg	293.4566	10.27	3013.8
9	03130115	电焊条 J422 Φ4.0	kg	250.3648	4.737	1185.98
10	03152501	镀锌铁丝	kg	524.5681	4.622	2424.55
11	03154813	铁件	kg	907.9891	5.42	4921.3
12	05030106	大方材 ≥101cm2	m3	3.4524	1863.294	6432.84
13	33330801	预埋铁件	kg	1337.2412	7.243	9685.64
14	33330811	预埋铁件	t	2.438	7243.151	17658.8
15	34110101	水	m3	104.4066	5.16	538.74
16	35050502	钢围檩	kg	604.1753	4.974	3005.17
17	35090111	钢板桩使用费	t·天	10357.29	8.547	88523.76
18	35090641	基坑钢管支撑摊销	kg	3107.187	1.282	3983.41
19	80210424	预拌混凝土(泵送型) C30粒径5～40	m3	1284.417	431.068	553671.07

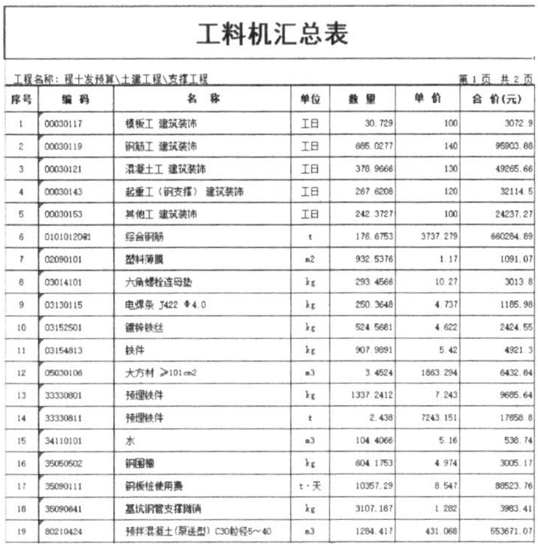

图10-27　数字化工程造价导出的工料机汇总表

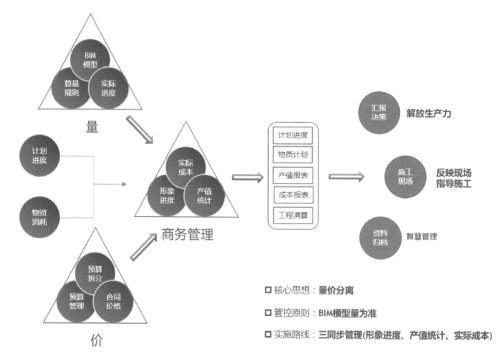

图10-28　基于BIM的施工产值统计技术路线

工程实践表明该技术具有效率高、信息流完整、可针对不同企业的造价管理流程进行定制等多重优点。在该平台系统架构下,施工产值统计的主要步骤如下:

（1）基于IFC标准或.rvt格式文件导入BIM模型,将BIM算量软件生成的各构件工程量和功能特征（一般通过Excel文件,如图10-29所示）导入管理平台,并根据构件ID实现工程量与BIM模型的匹配。

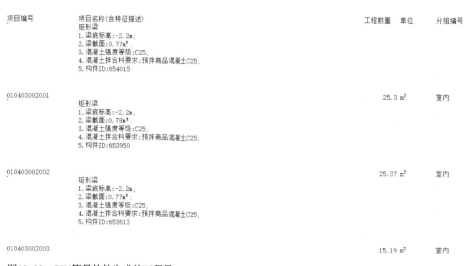

项目编号	项目名称(含特征描述)	工程数量	单位	分组编号
	矩形梁 1.梁底标高:-2.2m; 2.梁截面:0.77m²; 3.混凝土强度等级:C25; 4.混凝土拌合料要求:预拌商品混凝土C25; 5.构件ID:654015			
010403002001	矩形梁 1.梁底标高:-2.2m; 2.梁截面:0.78m²; 3.混凝土强度等级:C25; 4.混凝土拌合料要求:预拌商品混凝土C25; 5.构件ID:653950	25.3 m³	室内	
010403002002	矩形梁 1.梁底标高:-2.2m; 2.梁截面:0.77m²; 3.混凝土强度等级:C25; 4.混凝土拌合料要求:预拌商品混凝土C25; 5.构件ID:653613	25.37 m³	室内	
010403002003		15.19 m³	室内	

图10-29　BIM算量软件生成的工程量

（2）将施工单位与业主签订合同的工程量清单及其定额信息、工料机信息导入管理平台（一般可通过Excel文件导入），将工程项目构件与工程量清单项目匹配，即实现了基于BIM的工程量和造价集成。如图10-30所示，为支持施工成本分析，还需要建立工程量清单与分包成本的对应关系。实际工程应用中，工程量清单还需要支持关联多套定额，以便分别用于内部产值计报、外部产值计报和资源需求分析等。

（3）如图10-31和图10-32所示，施工过程中将工程建设项目的实际施工进度动态录入管理平台系统，完成实际进度信息集成，则可面向不同需求进行自动统计分析与信息流转，实现施工预算、产值计报、施工台账、分包成本、任务单等造价

列项	类型	revit工程量需求	单位	对应代码	区分属性
支撑混凝土	钢筋混凝土支撑-连杆 C30	产值	m3	010202010004	属性 支撑
		任务单	m3	支撑 混凝土	
支撑混凝土	钢筋混凝土支撑 围檩 C30	产值	m3	010202010005	属性 围檩
		任务单	m3	支撑 混凝土	
支撑混凝土	钢筋混凝土支撑 栈桥 C30	产值	m3	010202010006	属性 栈桥
		任务单	m3	支撑 混凝土	
Empty	钢筋混凝土构件拆除 围檩、支撑等	产值	m3	011602002002	Empty
			m3	Empty	
Empty	钢支撑 Φ609钢管	产值	t	010202011003	Empty
			t	Empty	
Empty	预埋铁件	产值	t	010516002003	Empty
			t	Empty	
支撑钢筋	现浇构件钢筋	产值	t	010515001004	Empty
		任务单	t	支撑 扎	

图10-30 工程量清单与成本关系

图10-31 自动化计报产值

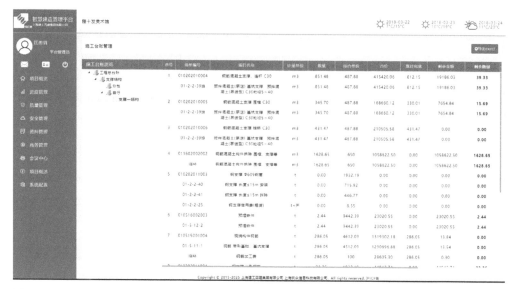

图10-32 施工台账管理

管理工作的数字化集成管理。例如：平台系统可结合现场形象进度与工程量信息计算工程现场月度实际完成的工程量，并根据计划进度计算下阶段需完成的工程量计划；通过设立好套取定额的逻辑并录入工料机表的市场价格信息，则可以得到月度工程现场消耗的工料机表，并对下季度的现场采购供应需求进行定量估计；得到市场工料机价格与实际的工程量之后，则可以为拟定分包商、招标并签订分包合同等工作提供指导。综上所述，数字化施工产值统计技术能够实时快速地反映现场情况，将造价管理人员从长时间、重复的人工劳动中解放出来，大大提升工程造价管理的效率和质量，使得造价从业人员将更多的精力集中在经济评价、方案优化、变更索赔、风险管理等活动上，从而提升工程建造的效益。

10.5 数字化施工材料设备采购集成管理技术

10.5.1 数字化材料设备采购流程

如表10-5所示，工程建设中完整的材料设备采购流程一般包括询价阶段、比价阶段、谈判阶段、合同签署阶段、验收阶段、付款阶段，对于一些总价比较低或价格比较固定的材料设备采购，可以略去其中的若干步骤。建筑行业目前材料设备采购的较为通行的做法是主要材料、重要材料由企业集中采购、统一管理、全局调配，即项目根据需求向企业申报，企业集中采购后再调配，这样可以更加合理、有效地利用物资，降低采购成本并保证材料设备的质量；而零星材料、紧急物资的采购企业则直接授权于项目部，这样可简化管理过程，提高项目生产的灵活性，避免因采购流程冗长或运输问题耽误工期，影响施工进度。

材料设备采购流程一览　　　　　　　　　表10-5

名称	具体工作内容
收集信息	信息包括公司名称、产品费用、产能、产品质量、运输成本、风险管理、应急方案等。建筑行业中通常该部分包含了询价、比价、议价、索样的过程。大型公司实施战略采购，往往有长期合作的供应商目录，其市场价格也有长期的历史记录，可以节省大量的调研时间
询价	根据采购的需求对公司询价，询问合作的意向、大型采购的价格折扣、询问服务商与供应商的产品评价、询问风险处理方案等
比价	根据需求建立不同重点的指标体系，用以比较不同采购方案在该体系下的分数，提供多种不同的采购方案
议价	根据具体合同的需求与供应商谈判价格，根据采购量、付款条件、长短期合作意向、供应商稳定性等因素提高或降低价格
索样	当采购量较大时，一般可向供应商索取相应的样品进行查看、试验、试用、检验等活动
撰写标书	根据采购的需求结合项目的实际特点和具体要求，由项目经理组织撰写招标书，明确招标的具体内容、价格、期限等要求
邀请投标	根据比价的结果，邀请一家或多家供应商投标
开标管理	召集专家对方案进行比选，比较不同的投标书方案，根据指标进行打分，确定得分最好的竞标人，并根据情况确定最终中标人
合同签订	根据标书与供应商签订合同，确定技术细节、商务细节，根据工程特点和供应商的情况签订合同
进货验收	项目对进场材料进行验收，并根据验收结果对供应商打分，反馈到总公司，积累供应商的评价指标
整理付款	积累过程的验收数据，结算尾款，合作结束

10.5.2　数字化基础信息库构建

1. 材料设备库

标准的编码体系是数字化采购的基础，是实现供应链管理的基础和底层标准之一，对工程实施过程中所涉及的主要材料、设备进行标准化编码是建筑企业的基础工作。材料设备编码体系可以参照如《建设工程工程量清单计规范》GB 50500—2013等清单类的国家标准和《上海市建筑和装饰工程预算定额》SH01–31–2016、

《上海市市政工程预算定额》SHA1–31（01）–2016以及《上海市安装工程预算定额》SH02–31–2016等定额类的地方规范进行编码。借助同一套的编码体系可以保证数据的贯通性，在预算、BIM、物资管理上保证构件信息的可读性和完整性。如表10–6和表10–7所示，即可采用清单编码中的编码含义按照工程类别、附录、分部、分项以及清单序号来进行编码，也可直接采用定额中的编码，即用八位阿拉伯数字表示。依托编码基础，可通过增加前缀或补充后缀方式扩充形成企业的物资编码体系，并通过项目工程的实施，逐步完善企业的物资编码体系。建立材料设备信息库的数据基础。

材料机械编码示意图　　　　　　　　　　　　表10–6

03—02—08—004-×××		
03：	第一级表示工程分类码	03 表示安装工程
02：	第二级表示附录分类顺序码	02 码表示第二章电气设备安装工程
08：	第三级表示分部工程顺序码	08 表示第八节电缆安装
004：	第四级表示分项工程顺序码	004 表示电缆桥架
×××	第五级表示工程量清单项目顺序码	

材料机械编码示意图　　　　　　　　　　　　表10–7

编码	含义
99070050	履带式推土机 90kW
99130150	内燃光轮压路机 12t
99130160	内燃光轮压路机 15t
80210401	预拌混凝土（泵送型）
02090101	塑料薄膜
34110101	水
03152501	镀锌铁丝

2. 供应商信息库

施工企业进行材料和设备采购过程中需要与材料、机械、设备租赁等众多供应商打交道，由于各供应商有着不同的组织架构、管理体系、财务状态、经营信誉等，则施工企业在采购过程中面临的风险也不相同。为方便对供应商的统一管理并减少材料、设备的采购风险，建立供应商数据库并进行供应商状态的动态量化评估，是施工企业在采购管理中必不可少的工作之一。

应用供应商信息库进行供应商管理过程中，如何对各供应商进行风险评价为核心工作。一般情况下，供应商的评价指标包括产品价格、产品产能、质量控制、采购流程、仓储服务、运输管理、售后服务、危机管理等。对于施工企业而言，供应商评价指标还需要考虑夜间作业、连续作业、夜间运输等因素的要求。目前建筑行业对供应商的管理还停留在以产品为主要指标的阶段，对供应商评价方法则采用以定性为主、定量为辅的方式，常见的评价方法有直观判断法、招标法、采购成本比较法、ABC成本法、人工神经网络算法、层次分析法等（表10-8）。实际上，还可以基于工程项目建设中积累的大量的定量产品数据辅助对各供应商进行评价。以钢筋原材的采购为例，表10-9为某批次钢筋的进场复试指标，项目部可根据测试结果将对供应商的评价结果反馈到企业的供应商管理平台上，以作为后续材料采购的参考依据。

常见评价方法简介 表10-8

评价方法	优势	缺点	适用条件
直观评价法	简单直观 可操作性强	个人主观因素过大 可信赖度不高	临时或非重要供应商选择
招标法	流程清晰 降低采购成本 合法合规性强	手续繁琐 耗时长 公正性难以保证	重要或有竞争性供应商选择
采购成本比较法	更好地控制成本 直观明了	只适用产品供应商	临时或非重要供应商选择
ABC 成本法	有助于公司有目的性地降低成本	对供应商有筛选，适用范围有限	战略性供应商选择
人工神经网络算法	结合定性与定量的优势	过程复杂	战略性供应商选择
层次分析法	适用范围广、运用过程简单，可信度高	无法满足一致性要求	均可

某项目供应商钢筋复试数据 表10-9

HRB400 钢筋	复试内容	规范要求	实际数据	复试指标
24mm	屈服强度	400MPa	412MPa	超屈比 <1.3 实屈比 >1.25 伸长率 <9%
	抗拉强度	540MPa	560MPa	
	伸长率	9%	8%	
	重量偏差	1%	0.6%	

10.5.3 基于BIM技术的材料设备采购计划

传统材料设备管理中较为突出的问题是采购计划不能根据实际计划调整而快速改变，导致计划与实际需求之间存在较大的差距。基于BIM的材料设备采购计划编制，融合实际施工进度、三维模型、工程量清单、定额、工料机表和场地等信息，可自动编制施工过程各阶段的材料设备需求计划，自动计算各单位工程或各分部分项工程的材料设备消耗量和相应的预算成本，并根据进度计划自动计算不同施工时间段内的资源需求。如图10-33所示，基于工程项目4D-BIM模型可计算各阶段要完成的工作量，再通过整合工程量和清单信息，计算各项资源需求，分析动态资源需求的流程（图10-34）。随后，如图10-35所示，用户可以查询统计任意阶段各类材料、机械的消耗量和预算成本，查看材料使用的分布曲线和累加曲线，定量地了解工程量完成情况以及资源使用情况。

10.5.4 基于电商平台的材料设备采购管理

随着建筑行业的不断发展，规模化、大型化工程项目的大量建设，

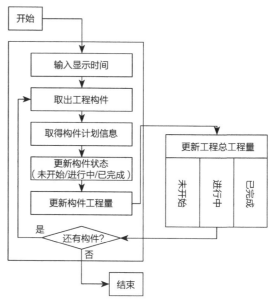

图10-33 工程量实时计算流程

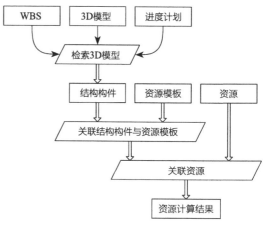

图10-34 动态资源需求计算流程

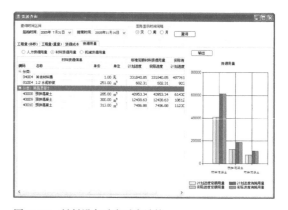

图10-35 材料设备动态需求计算

工程项目材料设备管理呈现出新发展趋势和需求，具体表现为：①信息集成化程度高，数据整合能力要求高。作为一个典型的资源密集型产业，项目实施过程中短时间对人、财、物需求量大，不同单位、不同专业需要密切合作、共同生产，一个项目可能涉及十几家甚至几十家供应商、分包商、监理、总承包商、业主等，而一个总承包商业务上涉及的公司则可能达上千家；②信息处理机制要求灵活可靠。工程项目具备唯一性，每个项目都有着自己独有的生产需求和生产进度要求，对材料、机械、人力的需求既有形式上的区别又有种类上的联系。因此信息的收集、归类、处理应当具备通用性，同时又能够针对不同项目的情况进行调整；③快速有效的数据交互。工程项目的采购具备一定的周期性和系统性，有时也需要针对不固定的、临时性的施工方案及施工工艺针对性地进行设施设备的采购、运输和管理。因此，快速、有效的数据交互与信息共享就显得尤为重要；④管理范围广泛、时间维度长。采购管理不仅仅指物资的购买、运输，还包括供应商的确定、招投标管理、进出场计划、产品质量检测、供应商评价管理等。基于网络化平台的材料设备采购管理能够很好地满足上述需求。

　　数字化的材料设备采购平台是信息集成、整理、归类和存贮的平台。采购管理的平台既包含公司层面的集中采购管理，又涵盖项目级别的零星材料采购管理；既可存储工程中的实体信息（包括工程中的进度信息、质量信息、地理信息等，显示项目中的各个构件的具体材料来源、质量检查等），同时也覆盖了项目实施过程中所有非结构化的信息。在该平台上，总承包商对上可以承接业主的指令、了解业主的需求，对下可以安排供应商、下达采购指令、传递采购需求、跟踪采购进度等。实现现场的采购管理，为企业成本控制累积知识与经验，同时也能留存信息用于项目使用过程中的运营与维护。通用性的平台一般可以采用网页端的方式呈现，图10-36是上海建工电子商务平台上部分功能示意图；一方面可以满足不同单位、不同硬件、不同网络情况下的统一管理；另一方面网页端的管理更有助于实现数据的流畅性、快捷性和可及性。平台完整地提供了市场上各类建筑材料的信息，包括样式、材料、价格等，平台的目的是用于总承包商与分包商之间的订单形成、订单下达、订单处理等，简化了企业集中采购管理下双方的处理流程，实现信息化的订单管理，部分功能如图10-37所示。如表10-10所示，应用网络平台的材料设备采购管理形成了"项目管理""基于BIM技术的采购计划""计划生成""招投标管理"等全过程实施的链条式信息化采购流程。同时采购平台上还嵌入或定制包括权限管理、企业自审、项目部申请、专家外审、邮件通信等多种不同功能。

图10-36　上海建工电子商务平台

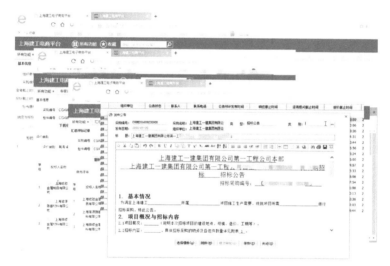

图10-37　上海建工电子商务平台示意图

电商平台部分业务流程　　　　　　　　　　　　　表10-10

用户	平台功能	内容
总包单位	分包采购计划编制、计划自审	采购人员在平台上上传、编制、修改、提交材料与设备的采购计划，提供需要采购的材料类型、名称、数量、项目使用等，并根据提交的内容进行自审
总包单位	分包采购计划排程	审核人员根据多个项目提供的计划调整顺序
总包单位	分包采购项目审核	审核人员确定采购计划

用户	平台功能	内容
总包单位	发布投标邀请书、发布标书文件	招标人员发布标书，邀请指定供应商，公示标书，组织踏勘等活动
供应商	供应商响应报价	供应商登录平台，根据情况填写报价、上传投标书等
总包单位	开标管理	招标人员审核招标书完整性，审核投标书的正确性、完整性，提供对标书的答疑等
第三方专家	专家评标	随机选中的专家登录平台，针对标书中的价格、付款周期、工程进度及工期、文明安全施工、质量、企业资质、人员配备、技术方案、承诺、奖罚、企业过往业绩等逐项打分，评选出中标候选人
总包单位	评标报告管理、定标管理	招标人员，确定最终中标人，并依照法规政策对中标人进行公示，发布定标结论，并在平台系统上通知中标人和落标人
总包单位	合同登记、审核、管理	合同管理人员在平台上参照中标结果，拟定合同项，包括名称、内容、单位、金额、税率、合价等，并确认付款条款、工程量。审核人言通过平台可以对合同内容进行检查、修改、通过、驳回、发布等操作
供应商	合同确认与签审	供应商收到通知，登录平台确认合同，并根据合同内容书面签审
总包单位供应商	采购协同	供应商申请收货结算，包括预付款、进度款、尾款、保证金的结算；总包单位审核现场工程量和款项，逐一对具体的申请确定、提交、驳回等

10.6 数字化施工质量集成管理技术

10.6.1 基于智能设备的数字化质量验收技术

质量验收工作是工程质量管控的重要手段。实际工程中，工程质量验收基本流程为现场质量员依据质量规范对进场的检验批进行验收，在纸质验收单中填写验收结果，且一般不记录实际测量数据。显然，这种传统质量验收模式效率低、数据难以溯源，且不利于保障数据的准确性和工程质量。基于智能设备的数字化质量验收技术可根据BIM模型生成各检验批质量验收单，应用激光测量仪自动测量各检验批的验收内容，通过智能移动端连接激光测量仪，将验收数据自动填入各验收内容的质量验收单，实现了质量验收规划、数据采集、结果分析的集成化、自动化和实时化，减少大量重复、繁琐工作，并保障质量验收工作按质按量完成。该技术实施的主要步骤如下：

（1）根据BIM模型中的检验批划分信息，根据质量验收规范以及检验批区域、构件数目、质量验收内容生成各检验批的质量验收单，并建立各质量验收单与BIM模型中构件的关联关系；

（2）根据质量验收进度，将当前需要验收的检验批的质量验收单打印成纸质版，同时将需要验收的验收单发送到手机端质量验收APP，详见图10-38；

（3）施工过程中，质量管理员根据质量验收需求，将各个检验批的纸制质量验收单张贴在检验批合适位置处，详见图10-38；

（4）质量验收时，施工现场质量员可应用智能手机上安装的质量验收APP查看各检验批的质量验收单，即通过扫描张贴在检验批质量验收单上唯一标识或从APP质量验收列表中选择需要验收的检验批两种方式得到；

（5）根据质量验收APP上各检验批质量验收单的要求，质量员选择该检验批内某一验收项，即弹出检验批质量验收界面，如图10-39所示；

（6）在检验批质量验收界面，质量员根据验收要求顺序选定若干构件，应用激光测量仪依次测量被选定构件验收所需实际数据；

（7）激光测量仪将本次测量数据上传到质量验收APP，质量验收APP将接收到的测量数据依次关联到构件选择器选择的构件并自动填入质量验收APP的当前验收项数据格中；

（8）应用质量验收结果分析模块，针对质量验收APP当前填写的表单，根据实

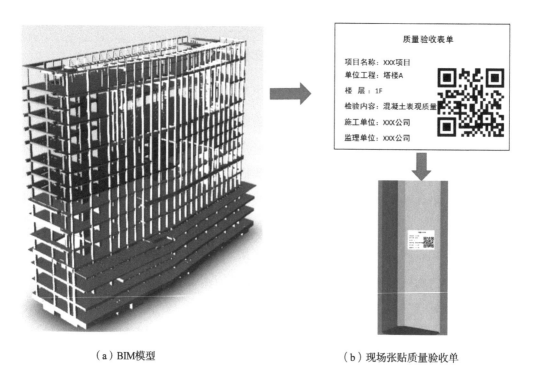

（a）BIM模型　　　　　　　　　　　　（b）现场张贴质量验收单

图10-38　基于BIM的质量验收检验批规划

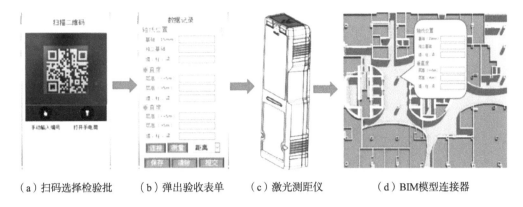

（a）扫码选择检验批　　（b）弹出验收表单　　（c）激光测距仪　　（d）BIM模型连接器

图10-39　基于智能测量设备的质量自动验收技术

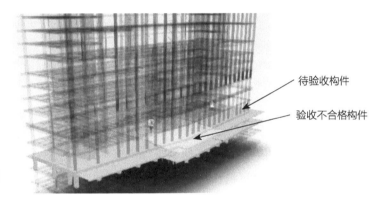

待验收构件

验收不合格构件

图10-40　基于BIM的质量验收结果展示

际检测数据和构件的质量验收要求，分析构件的验收项目质量是否合格，并计算验收合格率反馈在质量验收单中；

（9）应用质量验收APP，将质量验收结果分析模块完成的质量验收单通过无线方式实时传输给服务端的BIM模型，如图10-40所示。

10.6.2　基于智能移动端的质量整改技术

图10-41给出了基于智能移动端的质量整改技术基本操作流程，主要包含发起质量整改单、处理质量整改单及关闭质量整改单三个步骤。

1. 发起质量整改单

如图10-42所示，当施工现场发现存在质量问题时，现场管理人员可通过智能移动端发起质量问题，对发起的质量问题进行简要描述，上传与该质量问题相关的现场照片、施工文档等附件，并选择需要协助处理的各专业分包单位如钢结构、机

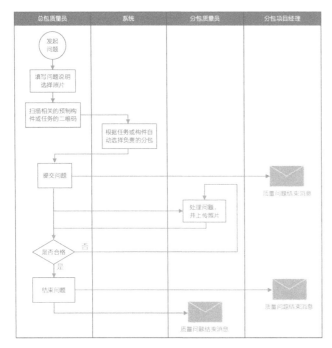

图10-41 质量问题整改的基本流程

电、安装分包等，并指定处理问题的优先程度和截止时间。如图10-43所示，质量管理平台系统会根据发起的质量问题和各方的处理意见自动生成质量问题整改单。

2. 质量整改单处理

根据管理人员设定质量问题处理流程，质量问题负责人可以通过网页端、手机端等方式接收质量问题处理消息。例如图10-44为施工工程项目中通过微信接收质量问题，点击提示消息即可进入质量问题处理界面，如图10-45所示。现场施工人员处理完质量问题后可上传相应的处理结果照片和描述信息，以方便审核和结束问题。

3. 质量整改单关闭

图10-42 发起质量问题

质量问题发起人员可根据质量问题描述以及质量处理情况的描述，对质量问题处理情况进行在线审核或进行现场审核。如果审核通过则关闭问题，否则返回问题重新整改。

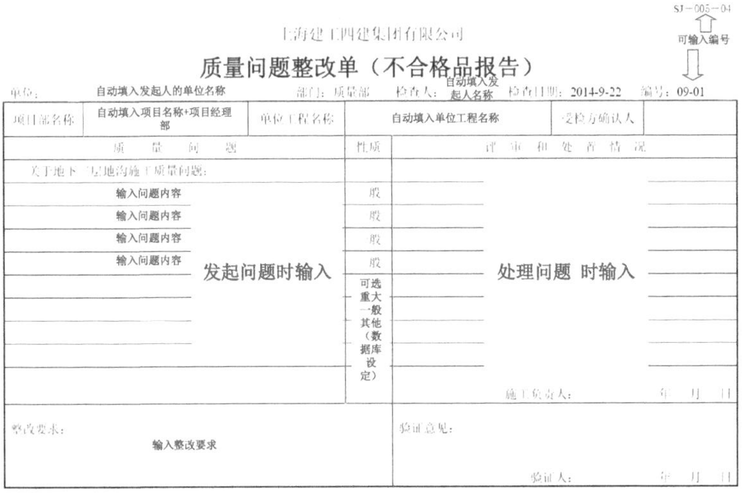

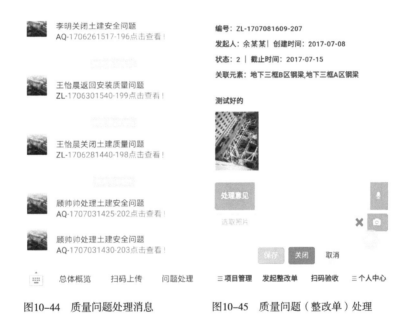

图10-43 质量整改单自动填写

李明关闭土建安全问题
AQ-1706261517-196点击查看！

王怡晨返回安装质量问题
ZL-1706301540-199点击查看！

王怡晨关闭土建质量问题
ZL-1706281440-198点击查看！

顾帅帅处理土建安全问题
AQ-1707031425-202点击查看！

顾帅帅处理土建安全问题
AQ-1707031430-203点击查看！

总体概览　扫码上传　问题处理

编号：ZL-1707081609-207
发起人：余某某｜创建时间：2017-07-08
状态：2｜截止时间：2017-07-15
关联元素：地下三框B区钢梁,地下三框A区钢梁

测试好的

处理意见

选取照片

保存　关闭　取消

≡ 项目管理　发起整改单　扫码验收　≡ 个人中心

图10-44　质量问题处理消息　　　图10-45　质量问题（整改单）处理

10.6.3　数字化施工质量分析技术

　　数字化施工质量分析技术是借助词频分析技术、数据挖掘技术等将质量平台管理系统中累计的质量问题数据进行深度挖掘和分析，实时量化统计施工现场不同单位或专业发生质量问题的情况，为施工现场管理人员提供现场施工质量情况、尚未处理的问题数量、各专业问题整改的及时性、各专业质量整改能力等有用数据。如图10-46所示，通过统计分析施工单位质量管理人员可以评估项目上不同专业分包或不同单位工程的质量监督和管理情况。例如土建分包每周有3~5个问题，说明质

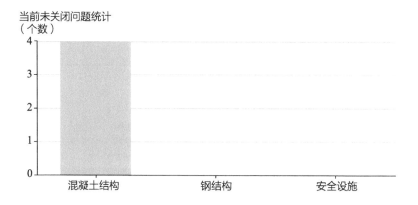

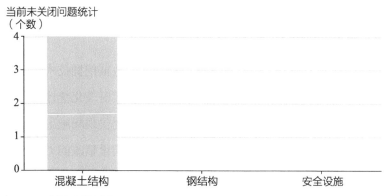

图10-46　质量问题统计分析

量监督工作比较到位；钢结构每周只有1个问题，说明质量监督工作不到位，需要加强质量管理。

10.7 数字化施工文档集成管理技术

10.7.1 施工文档集成存储

施工文件档案管理的内容主要由施工技术管理资料、工程质量控制资料、施工质量验收资料、竣工图四部分构成，每部分又可以细分为不同类型的文档或文件，详见表10-11。正是由于施工文档非常繁多，传统的本地文件式管理存在难以实时共享、无法进行权限控制等诸多问题。随着云端储存技术的不断发展成熟，施工项目上的施工电子文档越来越多地采取基于云端服务器的集成存储方法。云端服务器提供类似Windows资源管理器的界面，用户能够像管理本地文件一样管理存储在云端的各类施工资料，即可以进行重命名、移动、删除、新建、重命名施工文件等操作，可以通过文件名称、关联的构件或施工任务等名称查找相关的工程资料，可以预览.word、.pdf、.jpg、.dwg多种格式的工程资料，可以检索和批量查找文档。在文档检索时还支持根据用户权限进行文档过滤，以保障数据安全性。用户权限一般包含编辑（读写）、只读、批注、删除、移动、复制等。而用户的权限管理分项目级、文件夹级和角色级三级执行。

（1）项目级：给用户分配查看工程项目资源的权限，一个用户可以被指定多个项目，以适应部分用户参与多个项目的情况。

（2）文件夹级：管理员可对不同的文件夹设置不同的角色许可。例如：技术员

施工文档构成 表10-11

施工文档类型	文档构成
施工技术管理资料	图纸会审记录文件、工程开工报告相关资料（开工报审表、开工报告等）、安全技术交底记录文件、施工组织设计文件、施工日志、设计变更文件、工程洽商记录文件、工程测量记录文件、施工记录文件、工程质量事故记录文件以及工程竣工文件等
工程质量控制资料	原材料、构配件、器具及设备等的质量证明、合格证明、进场材料试验报告，施工试验记录，隐蔽工程检查记录等
工程质量验收资料	对检验批、分项工程、分部工程、单位工程逐级进行工程质量综合评定的工程质量验收资料
竣工图	竣工图

可以访问文件夹A，但不能访问文件B。

（3）角色级：工程项目中不同的角色对文件并非文件夹拥有不同的控制权限。例如：项目经理通常有只读、批注所有资料文件的权限，但并不需要编辑、删除、复制、移动、创建文件等。而资料员作为项目资料的主要负责人，通常需要拥有所有文件的操作权限许可。

10.7.2 基于BIM的施工文档分类管理

一般来讲，项目文档管理时有两类文档分类方法：第一类是按照资料的类别和参与方进行框架层级细分，主要包括项目前期各立项筹备资料、各参与方的工作协调文件、工作模板、公共资源、施工图纸、设计和施工规范等技术支持文档，使各参与方通过平台可以快速方便地存储和调用项目资料，如图10-47所示；第二类是各参与方工作文件，按照参与方及工作内容进行框架层级细分，主要包括设计分析、各方模型与图纸、技术方案、工作报告等，如图10-48所示。传统的目录式施工文档分类管理专注于文档的归档，不能对工程资料进行多维度的分类，不利于文档的快速检索和使用。

随着BIM技术发展和应用的深入，工程建设领域开始研究基于BIM的施工文档分类管理，以实现项目参建方的信息共享和协同工作。基于BIM的施工文档管理方法可以简单地将施工文档与BIM中的构件直接关联，即通过在数据库中建立BIM模型中构件的唯一标识符与文档资料的关联，来实现基于BIM的文件管理。但该方法在项目实际使用过程中存在以下不足：①目前施工现场管理细度往往达不到构件级别，将施工文档资料直接与构件关联，存在重复关联、难以更新等问题，易导致数据不一致；②施工文档一般针对某一区域、某一类型构件或针对某个设计或建造工序，与构件相关联的施工文档难以描述工程属性，不利于根据专业术语快速检索文档资料。基于此，上海建工四建集团提出了一种基于BIM的施工文档分类存储方法，该方法将施工文档与BIM模型的空间结构、构件分类体系、工作分解结构（Work Breakdown Structure，WBS）相关联。其中空间结构是对BIM构件按照单位工程、楼层、区域三个空间类型分类进行划分的树状结构，描述了构件的空间属性，由空间结构元素组成；构件分类体系是对BIM构件按照专业、系统和构件类型三个构件分类体系分类的树状结构，描述了构件的工程逻辑属性，由构件分类条目组成；工作分解结构是对BIM构件按照工程建造任务从粗到细分解的树状结构，描述了构件的时间属性，由工作任务组成。该方法对施工文档进行了准确、标准化的分

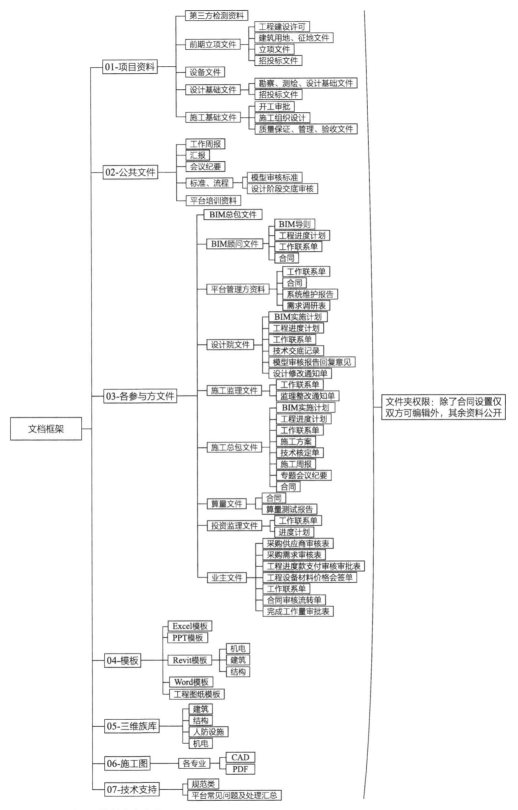

图10–47　一类项目资料分类方法

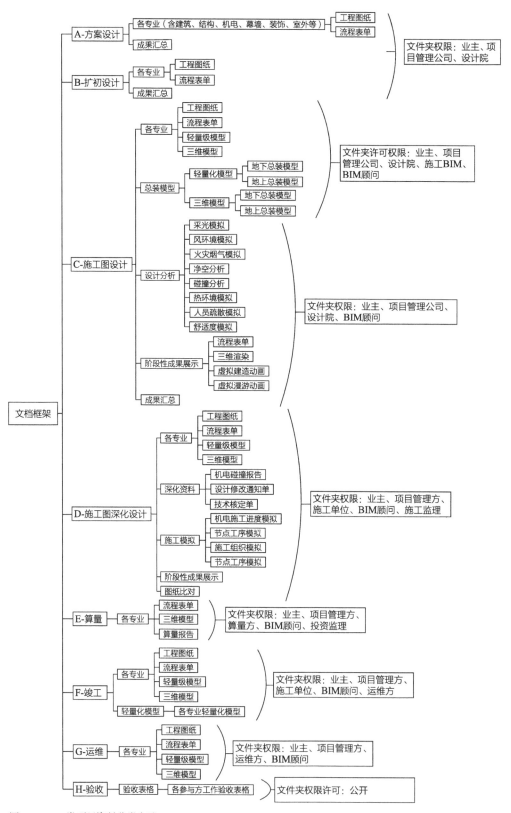

图10–48 二类项目资料分类方法

类，实现施工文档与BIM快速、准确的关联，形成施工文档的结构化知识体系，能够与当前施工现场的管理细度相匹配，符合项目的实际需求。

10.7.3 施工文档版本管理

施工文档的版本管理是施工资料集成管理中的重要环节。实际工程中，向集成管理平台上传同名文件时，常规的做法是系统将自动升级文档版本，而非新建一个文档。由于大量施工文档来源于设计院、业主、监理等不同的参与方，同一文档可能会被添加不同形式的后缀以标识版本，若采用常规做法会导致大量有用文档丢失。针对这一问题，目前已经研究出了集文件名分析、文档保护以及文档命名等功能于一体的施工文档版本管理技术，该技术能够很好地适应施工现场多方施工文档的集成统一管理，如图10-49所示。

（1）文件名分析。在上传施工文件时，系统能根据已有文件的名称计算日期或版本号后缀，在省略后缀后判断当前文件是否是已有文件的新版本，以此来建立新旧文件的版本关系。由于每个项目的资料命名规则都可能有所差异，并且项目资料牵涉的参建方众多，文件名的识别符需要能够根据每个项目的情况进行自定义的配置，同时避免一些会引起识别错误的识别符，如常用的代表楼栋单体的"#"等。

（2）文档保护机制。施工文档集成管理平台中，为了保证用户都能使用最新版本的文档并保证文档历史可追溯，在文档管理平台系统中，新文档建立后旧文档变为只读版本加以保护，同一文档仅最新文档能够进行修改等操作。

当新的文档建立后，旧的文档将被转换为只读版本被保护起来。只有最新的版本才能被检出、修改并检入回项目库。这样保证了所有用户使用一致且正确的文档及数据，并且可以对文档的历史进行回溯。

（3）文档命名功能。用户在上传新版文档时，在上传向导中保持和旧版本文档同一文件命名，同时设置版本信息为"1、2、3……"或者"A、B、C"，新版文档上传后自动取代旧版文档。如需查看和下载旧版本文件，可通过取消旧版文件隐藏状态来查看。

（4）文档版本继承机制。施工文档集成管理平台中，由于文档之间的相关性，需要对文档进行关联索引，形成关联文档，如图纸文件A关联技术核定单B。在文档版本更新时，这种关联关系依然需要继承，当上传图纸文件A的最新版本时，系统将自动继承其与技术核定单B之间的关联关系。

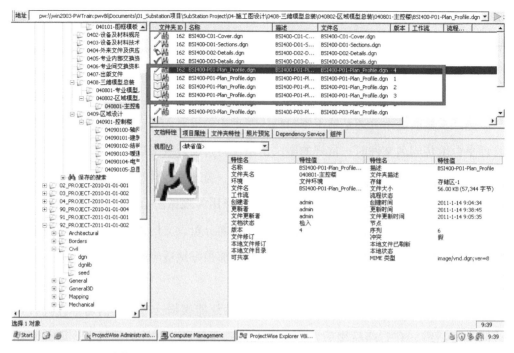

图10-49　施工文档版本管理

10.7.4　施工文档在线流转管理

工程项目中存在大量的文档资料需要各参建方反复查看和确认，采用传统的人工流转的方式时，文档流传和传递的效率不高且要消耗大量人工。随着互联网、网络通信技术的广泛应用，已发展出施工文档的在线管理技术，通过在统一的文档管理平台上实现工程文档资料在参加各方之间的高效流转，大大提高了文档流转、传递的效率。一般来讲，施工文档的在线流程以项目管理方为主导，具体包括流程需求规划、流程参与人员、流程流转路径、流程通过与驳回机制、流程表单等步骤。具体流程为相关参与方选择发起流程，过程审批者和终审者在相应的审批节点对流程文件进行审批并反馈审批意见，如果文档在某个节点被驳回，则流程回到起点，同时流程发起方在Web端和移动端会受到流程消息推送。待流程发起者，重新根据修改意见整改完毕并开始流程，将重新开始进行第二轮审批。如此循环直到所有参与方都通过审核，则流程验收通过。流程通过后，形成电子版流程审核表单，并将流程参与方的电子签名填入相应的签名栏中，形成有效的线上审核依据。

文档在线流转的过程中，一旦发起流程，通过业务流程自动化处理，相关参建方人员会收到平台的业务流程推送，了解并处理流程审批事宜，平台还会对当前流程节点联系人发出提醒和催促，以加快处理各类项目流程事务，从而提高协同效率。除了对文档本身进行在线的流程审批之外，文档的删除、更新也应该进行流程审批，文档更新不及时或者随意更换，会导致返工、索赔等情况。为了确保文档的准确性、合法性，避免后期不同部门之间扯皮问题，需要进行文档资料的删除审批，即支持对特定文件夹设置删除审批。当对文件夹中的文件进行删除操作时，自动发起审批流程，流程通过后才能删除。一般来讲，绑定的文件夹文件上传24h内可以删除，超过24h的，在对其子文件或子文件夹进行删除操作时，都会触发文档删除审批流程。审批通过后，自动删除此文件。

以设计模型交付流程为例，项目的设计阶段模型和施工阶段模型分别由设计院和施工单位负责，当项目由设计阶段转入施工深化阶段时，需要设置一个模型交付流程，即施工方接受设计模型后方可开始施工模型深化。如图10-50所示，设计根据施工图构建初期设计模型，并上传平台发起设计模型交付流程，设计模型将流向BIM顾问和施工单位，由两方同时进行设计模型的图模一致性和模型质量审核，只要有一方驳回，则流程驳回到设计方进行模型修改。施工方和顾问方都通过才进一步流转至BIM总包方，完成设计模型的交付。此过程中，不同于一般文字文档流转，由于模型占内存容量较大，平台线上预览功能在效率上不能满足模型审核的要求，因此流程中允许审批方直接下载待审批的文件，在本地对文件进行审阅，以保证模型审核效率和准确性。

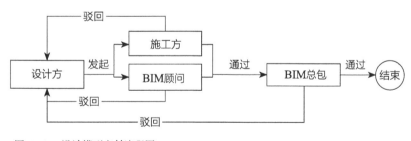

图10-50　设计模型交付流程图

10.7.5　基于BIM的工程资料快速检索技术

施工文档在线管理平台中的工程文档数量巨大，如何高效、快速地找到目标文档是实际工程中面临的一个问题。一种解决思路是通过对工程文档内容进行词频分析，将文档中出现的高频词语与IFC（Industry Foundation Classes）标准中的类型进行匹配，实现文档分类。但是该方法不能根据每个工程项目实际特点进行文档分类，存在分类细度不够、与工程项目本身关联弱等缺点。例如，超高层建筑竖向楼层划分较多，机场航站楼等大型市政工程横向区域划分较多，采用该方法不利于项目的工程人员根据自身熟知的工程术语进行文档检索等，且文档检索的效率低。目前能够解决上述问题的一种检索方法是基于BIM信息的工程资料快速检索技术，即通过将建设工程文档与BIM模型中的空间结构、构件分类体系、工作分解结构关联，实现建设工程文档与BIM快速、准确的关联。该方法总的思路为输入搜索关键字，通过将关键字与工程文档名称、空间结构元素名称、构件分类条目名称、工作任务名称等进行匹配分析，计算与关键字相关的建设工程文档及其相关度，并按相关度排序，作为检索结果反馈给用户。具体实现步骤如下：

（1）输入搜索文字，将输入的文字分解为多个关键字；

（2）将每个关键字与工程文档名称相匹配，获得所有匹配的工程文档集合，计算各文档的相关度；

（3）将每个关键字与空间结构元素相匹配，获得所有与匹配的空间元素关联的文档集合，计算各文档的相关度；

（4）将每个关键字与构件分类条目相匹配，获得所有与匹配的构件分类条目关联的文档集合，计算各文档的相关度；

（5）将每个关键字与工作任务相匹配，获得所有与匹配的工作任务关联的文档集合，计算各文档的相关度；

（6）汇总计算与所有关键字相关的工程文档集合及各文档的相关度，并根据相关度逆序排序，作为最终的搜索结果；

（7）将最终的结果排序后反馈给用户，作为文档的检索结果。

通过上述方法，可实现BIM与工程文档有层次地关联，实现建设工程文档的分类存储，并支持根据工程文档名称、任务名称、空间结构名称和构件分类条目名称四类专业术语进行快速、精确检索，提高建设工程文档查询和使用效率。

10.7.6 以图纸为主线的资料关联检索

在实际工程项目管理中，当进行资料检索时，往往需要进行以图纸为主线的资料检索，即不仅检索出所需要的图纸资料，还需要检索出相关的关联文件等。特别是在发生工程索赔需要进行资料管理的检索时，关联文件的存在会形成"证据链"的效果。要达到这个效果，首先需要对资料添加对应的属性和标签。属性是指文件在采集过程中必然会存在的事实信息，包括文件类型、名称、编号、区域、标高、专业、责任单位、生效日期、关联文件、备注、附件、状态。标签是指文件在采集和传达过程中收集到的辅助信息，用来对文件进行快速的检索、标识、汇总的信息，例如经济师提供的标签，索赔、不可抗力、工程量、价格等，如图10-51所示。

以某工程项目资料员上传名称为"程十发项目地下室一层混凝土结构图纸-2018.6.20"的CAD图纸为例，上传文件后平台系统会根据文件名称和扩展名自动识别该文件类型为"图纸"、名称为"程十发项目地下室一层混凝土结构图纸-2018.6.20-图纸"、编号为"1"、区域为"一层"、标高为数据库中一层对应的标高"-3100"、专业为"混凝土结构"、责任单位默认为上传用户单位"上海四建"、生效日期为默认为图纸名称中的时间"2018.6.20"，系统自动识别的信息支持用户修改。系统还支持用户补充文档信息，例如该用户可勾选该文件的关联文件、填写"备注信息"（即若要提交附件，可把附件补充进去，附件与文件不同，附件是展示说明文件来源的截图、聊天记录等文件）。若针对该图纸项目上展开了会议讨论，并形成了名称为"地下室一层混凝土结构图纸交底-2018.8.20会议纪要"的会议纪要。资料员上传该文件时，平台系统会根据名称识别文件类型，根据名称自动关联文件，并根据关联文件的属性自动获取该文件的属性（标高、区域等），用户可进一步检查关联文件是否关联正确，若错误则手动更改关联，属性也相应地自动

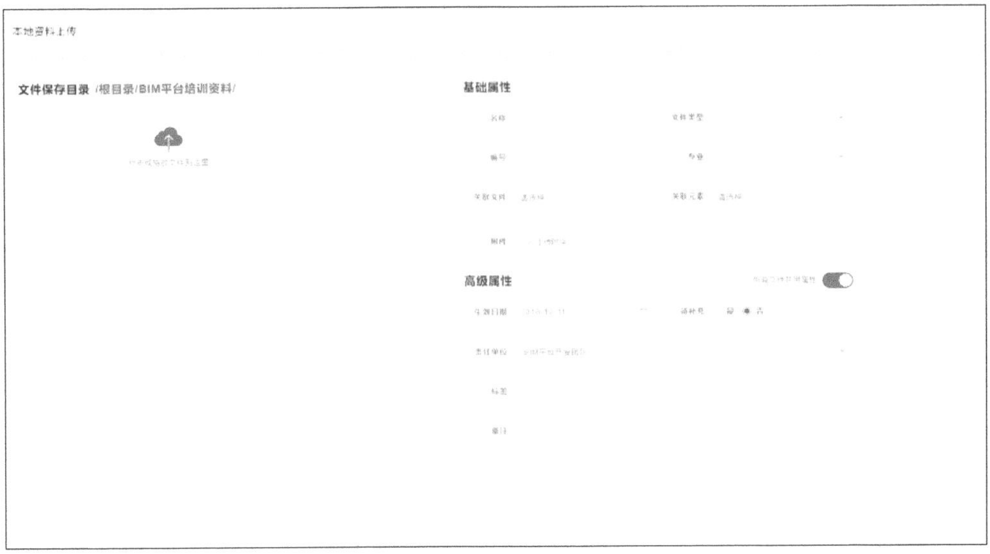

图10-51 文档上传界面

更改。用户还可同时检查文件信息是否需要修改，如案例中"责任单位"不仅是上海四建，资料员还可按实际选取其他参建方。用户进行备注信息填写（例如简要的会议结论等）和提交附件（例如会议的照片）操作。

对上传的资料添加完属性信息之后，可以根据文件类型、专业、空间、责任单位、生效时间、标签等进行全面的检索，如图10-52文档检索界面所示，并且支持对文档关联文件、关联元素、历史版本等信息的查看，如图10-53、图10-54所示。特别地，针对文档类型为图纸的文件，能够进行自动汇总，显示图纸的所有历史版本和关联文件。

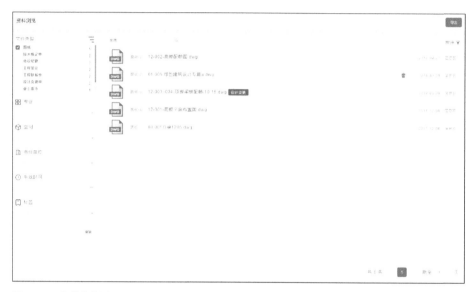

图10-52　文档检索界面

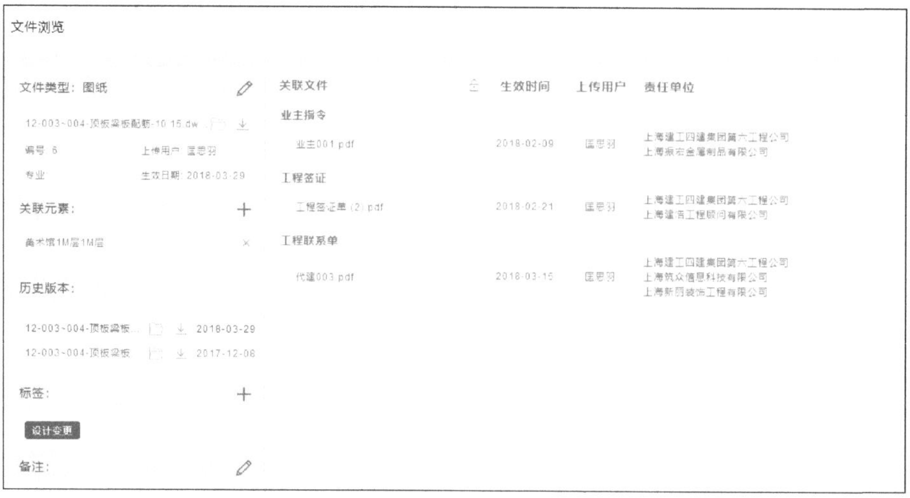

图10-53　文档关联文件界面

图纸汇总

序号	图纸	第一版	最新版	关联文件	文件类型	上传用户	生效时间	备注
1	12-001-底板平面布置图.dwg	2018-10-11	2018-10-11	技术核定单1.pdf	技术核定单	匡思羽	2018-01-13	已审核
				伟会001.pdf	会议纪要	匡思羽	2018-01-12	图纸会审、质量、施工、技术、预算部门参与
2	01-005 绿色建筑设计专篇a.dwg	2018-10-11	2018-10-15	技术核定单2.pdf	技术核定单	匡思羽	2018-02-14	已核实
				伟会001.pdf	会议纪要	匡思羽	2018-01-12	图纸会审、质量、施工、技术、预算部门参与
				伟会002.pdf	会议纪要	匡思羽	2018-02-07	改版后图纸交流
3	12-003~004-顶板模板配筋-10.15.dwg	2018-10-11	2018-10-15	工程签证单(2).pdf	工程签证	匡思羽	2018-02-21	
				代建003.pdf	工程联系单	匡思羽	2018-03-15	
				业主001.pdf	业主指令	匡思羽	2018-02-09	预埋件改动
4	12-002-底板配筋图.dwg	2018-10-11	2018-10-15	技术核定单2.pdf	技术核定单	匡思羽	2018-05-10	施工组织安排与协调
				技术核定单1.pdf	技术核定单	匡思羽	2018-01-13	已审核
				伟会002.pdf	会议纪要	匡思羽	2018-03-15	有既定办废，需要现场物补充资料
				伟会001.pdf	会议纪要	匡思羽	2018-01-12	图纸会审、质量、施工、技术、预算部门参与
				工程签证单(1).pdf	工程签证	匡思羽	2018-02-14	
				代建003.pdf	工程联系单	匡思羽	2018-03-15	
				设计变更单1.pdf	设计变更单	匡思羽	2018-01-18	A轴到E轴变动，绿色施工要求变动

图10-54　图纸汇总

第11章

数字化施工协同管理平台

11.1 概述

当前工程建设行业管理信息化普遍存在施工项目部综合管理信息化手段不足、项目实时状况获取滞后、资源配置不具全面性、协同管理类软件与实际项目脱节等问题，导致工程中管理工作量大、效率低下、资源浪费、技术推广难度大，且不利于企业由上至下的统一管理。本书前面章节涉及的软件系统基本以中小型专业类软件为主，访问用户主要为相关专业技术人员，系统设计仅需要考虑功能是否满足技术人员的使用需要，系统最终实现的功能逻辑仅用于解决某个或某类专业问题，而在建筑施工的整体协同工作和数字化技术集成推广使用等方面基本不作要求，无法作为企业级别的管理系统使用。因此，在此类软件系统的更上层，应当考虑企业级别的协同管理，分别针对专项技术规划研发、已有技术协同管理应用以及服务支撑等，设计实现覆盖面更广、信息更为集中的协同管理平台软件，以便为大规模的数字化施工技术研发、应用和推广提供支撑。鉴于此，本章将从企业和项目的协同管理需求出发，对企业和项目的数字化施工协同管理平台软件的设计、开发、应用等进行研究和阐述。

11.2 协同管理平台的建设方法

11.2.1 数字化施工协同管理平台的构建

随着数字化技术的快速发展，面向数字化应用的硬件配置日益丰富。简单如PC、智能手机等早已是项目人员的标配，项目部也普遍购置了超高分辨率的照相机、摄像机，并为了方便现场管理和资料回溯，大多在施工现场安装了24小时连续视频监控设备；尤其是在一些重大工程项目上，更高技术含量的数字化技术，包括无人机、VR终端乃至于三维扫描仪等都有所应用。配合现场全面覆盖的无线网络和高带宽的电信VPN接入，上述硬件设备的使用为施工数据的搜集、传输、汇集、共享带来极大的便利，解决了数字化施工协同管理平台的信息来源问题。

应当明确，施工数据基本无法作为协同管理平台的直接信息来源。施工数据采集传输和存储后，主要应用于项目级别的管理，其信息特点是较为驳杂，分类不清晰，直接利用价值较低，需要在原始数据基础上进行使用前的预处理，形成规范化的信息后，才能进入企业级别的协同管理阶段。

根据目前的施工管理模式，数字化协同管理平台可划分为项目级管理系统和企业级管理系统。前面提到的预处理过程即为从项目级管理系统到企业级管理系统的数据信息传递过程。施工企业的项目部是企业施工管理的最小层级，项目级管理是围绕工程建造这个对象的各家参建单位相关工作岗位的扁平化管理；而企业级管理是对各条线的纵深管理，所以项目级管理并不可以作为企业级管理的缩小版，二者的侧重点是不同的。

项目级管理系统是基于总承包管理模式而构建，整合了总承包内部各条线管理以及各参建方的协作关系，适用于单体项目或群体项目的总承包管理模式。通过集成工程项目全过程产生的模型、图纸、文档等各种信息，形成标准的参照对象，满足工程项目的数据存储、计划管理、质量监控、成本控制、分包管理、各方协作等管理需求，为项目参与各方提供共享、交流和协同工作的信息基础。

企业级管理系统是基于企业运作管理模式而构建，整合了企业内部各条线对企业内承建的各项目的管理需求，适用于企业内部使用。企业内相关技术、质量、安全、工程、合同、法务、财务、人力资源等条线可通过该系统执行企业制定的各项规范、标准，把控企业内各个工程项目的运转，提升企业的管理效率。

设计项目级与企业级协同平台有两个方法：一是建立一个大平台，也就是一个统一的大软件系统，然后再建立分功能的子系统；二是先建立多个独立的子系统，然后再连成整体系统群。第一个方法比较理想，整体性比较好，但实施周期长，容易出现因个别子系统急于求成而考虑不够周全的情况。第二种思路比较灵活，可以根据管理的需求，分轻重缓急先后实施，成熟一个，发布一个；要注意的是，在开发子系统时，同时要考虑到后续软件系统集成的可能性。

企业在设计数字化协同管理平台时，首先要有个中长期规划，要全面考虑各子系统的功能布局和衔接，既不重叠，也不遗缺。以某大型集团施工企业为例，在数字化施工协同管理平台规划时，将设立三大板块——技术管理类、科研管理类和服务支撑类，如图11-1所示。其中科研管理类系统主要负责专项数字化技术的规划和研发管理工作，包括科研项目管理系统和科研成果管理系统；技术管理系统主要负

图11-1　数字化施工协同管理平台三大板块

责已有技术的协同管理应用，在项目层面可落实为项目信息管理系统和施工现场技术管理系统以及各类企业级别的专业型系统；服务支撑类系统主要为前两类系统提供服务支撑，包括科技资源信息共享平台以及专家信息管理系统。

11.2.2　数字化施工协同管理平台的组成

项目级管理系统分为企业内部管理和各企业之间的协同管理两个部分。企业内部项目管理，主要是针对施工现场管理的计划、技术、质量、安全、设备、劳动力等各条线工作的集成，但需要在目前的项目施工管理系统上有质的提高，目标是实现在系统上智能产生协同管理的成果，以进一步推动精益化建造，提高施工效率和施工质量。各企业之间的协同管理是各承建单位围绕项目主体而开展工作，基于BIM技术可构建可供参建各方协同参与的数字化模型，参建各方可以围绕该数字化模型进行精准的项目管理。

企业级技术管理类主要是开发用于施工现场技术管理的软件系统，包括工程项目信息管理系统和施工现场技术管理系统。信息查询是数字化协同管理的基础，工程项目信息管理系统定位于工程项目的信息汇总，用于各层级的施工管理人员查询项目。与现有的电子报表不同之处在于，从实际的管理需求出发，定制大量的项目关键数据，便于各种使用角度的查询，详细的查询功能将在后续章节中叙述。由于系统弱化项目的管理过程，而仅仅提供信息查询，与基层现有的管理软件不易发生冲突，更便于推广。施工现场技术管理系统主要着眼于施工现场的技术管控，目前主要考虑对施工组织设计和施工令的管理。施工组织设计的管理功能，目前的OA软件都实现审批功能，但软件系统应给编制者提供编制文档的各类技术支持，提高编制质量和效率。施工令的管理功能，将规范各种施工令文档的填写，按照企业规定正确分级，提高签发的效率，解决多层次签发的及时性问题。

企业级科研管理类主要是施工技术研发过程及总结归纳的管理软件系统，主要用于非生产直接相关的技术管理，包含科研项目、专利、工法、标准等各方面的数字化管理，可进一步划分为科研管理门户平台、科研项目管理系统、科研经费管理系统、科研奖项管理系统、知识产权管理系统、标准规范管理系统等子系统。其中，科研管理门户平台可定位于科研管理系统的入口系统，将未单独开发子系统的其余业务都划归到这个入口系统，同时具备内部通往各子系统的快速导航功能。

企业级服务支撑类主要是给上述两大板块的技术工作提供资料和专家咨询上的支持，包括技术资料共享平台和专家信息系统。技术资料共享平台作为施工企业的网上图书馆，涵盖日常工作中可能用到的各类相关规范、文件、参考文献、技术资料等，可供各层级技术人员、管理人员随时随地检索、查看。技术资料共享平台的开发，可解决项目部和企业大部分知识需求；但是，鉴于施工项目对工程经验和实际操作知识的需求，尚需要建立专家信息系统，其主要功能就是协助用户精确找到能提供文本资料以外的相关项目经验和实操知识咨询的专家。

11.2.3　数字化施工协同管理平台的开发

在功能板块精确分类、子系统功能完善设计的基础上，一个良好的软件系统还需要有良好的人机界面，便捷的操作，稳定的运行。系统的成功开发和运行，需要项目技术人员、企业管理人员、企业IT管理人员、软件开发商发挥各自所长，共同参与。

项目技术人员有明确的技术需求，对系统的使用频率高，但往往缺乏话语权，其需求可能会被忽视。企业管理人员有明确的管理需求，对系统的使用频率亦高，在企业内部也有较高的话语权，但对软件开发的认识程度较低，参与程度有限。企业IT管理人员，不甚了解管理需求，使用频率低，有话语权，懂开发。软件开发商，精通开发，但不了解企业特点，有的软件开发商有施工企业管理软件开发经验，了解施工企业的一般需求，比较容易沟通，有的没有施工管理软件开发经验，沟通比较困难。从各方人员的特点分析可以看出，缺了任何一方的参与，都不可能开发好一个成功的管理软件。

项目技术人员因为资历相对较浅，不熟悉管理，且没有多余的时间可供支配，因此，由熟悉项目施工管理经验的企业业务管理人员深度参与软件的开发，才是软件开发成功的前提。企业业务管理人员负责提出需求，确定软件系统的功能定位，处于开发的主导地位；而IT管理人员起到桥梁作用，在企业业务管理人员和软件开发商之间建立良好的沟通机制；软件开发商负责软件开发的实施、测试和运维，确保软件系统能够正常开发和运行；项目技术人员负责上线后的使用和测试，并反馈软件修改的需求，以及进行基础数据的录入。通过四者的协同合作，最终成就协同管理平台的建立、优化和改进。

协同管理平台开发的其他要求是能够促发用户使用的能动性，可以充分借鉴游戏开发的理念，利用人的好奇心和好胜心，在操作规则和工作流程上建立易于掌握的机制，做到用户零基础、无师自通，对正确完成的工作任务，要出现提示，给予激励。系统的知识储备和学习功能要齐全，便于用户在工作之余主动了解各种工作流程和相关知识。

11.2.4 数字化施工协同管理平台的展望

数字化施工协同管理平台的建立和应用，将给施工管理和企业管理带来极大的便利。一方面，平台将基于BIM数字化模型、既定的施工方法和工程目标为项目技术人员提供建议的工作清单，并提供相应的工作指南，包括工作程序、技术支持等。平台上内置选项和范文规范将指导技术人员进行相应文档的编写，如占用技术人员大量时间的方案编制和交底文档编写，系统能提供模块和编写指导，以提高效率和质量。当技术人员需要查询资料和需要专家指导时，服务支撑类板块能提供全面的帮助；另一方面，对于管理者来说，系统为审批方案和签发施工令提供审核节点通知，提高审批效率；通过项目信息平台，每个管理者可随时随地了解自己所关心的项目的进展和管控状态，并根据需要对项目进行巡查，及时了解项目最真实的状态。借助于数字化施工协同管理平台，企业整体的管理工作将变得极其便捷准确，同时，历史工作成果可以得到回溯和积累。

协同管理平台还可以作为知识理论的学习平台，用户通过熟悉平台了解岗位的工作任务清单、各种工作流程和规范文件的要求，通过了解历史工作成果，建立全面的知识体系。因而，协同管理平台不仅是办公工具，还是良师益友，协助每一个专业人员正确、高效地做好工作。

11.3 工程项目信息管理系统

11.3.1 工程项目信息管理现状

优秀施工企业的项目管理能力体现在两个方面：一方面要提供优秀的项目管理团队完成对工程项目的直接管理，即建立较优的项目部管理体系；另一方面需要通过管控手段对项目部管理体系的工作情况进行有效监督，确保项目部对工程项目管理质量达标。但是，企业层面管理能力是有限的，不可能对每个项目都做到平均管理，只能根据项目规模进行重点项目的管理，企业管理的项目越多，对每一个项目的了解就越少；管理的重大项目越多，对中小型项目的了解就越少。因此，企业级别的管理近年来暴露出了大量的问题，包括：在企业级别的管理过程中，如何正确并及时查询到最需要了解和管控的项目？在一个多层次管理的大型企业，通过纸面报表和电子报表传递项目的施工信息，如何反映变化的施工状态？通过下级管理层检查后填写的汇总报告去进行现场检查时，是否能反映项目部平时的管理水平？随着工程规模的日益庞大，随着管理控制点的日益细分，项目部该提供多少信息量才能满足企业管理的需要？

目前的纸质报表，是由项目基层开始，自下而上层层上报、整理汇总，及时性无法得到保证，检索也不方便，只能是根据项目看进度，而不是根据想查看的施工状态查项目。企业管理层在管理需求上，更多是根据关心的热点查找项目，这使得纸质报表方式在使用上很不方便，仅能满足工程项目少数企业的需求。

对于大型和特大型的施工企业集团，基本上已经采用了电子报表或者管理软件进行施工管理，可通过关键词对项目进行搜索和筛选。但这些软件往往套用OA软件的构架和界面，而本质上仍是电子报表，与真正从管理实际需求出发而开发的软件还存在一定的距离。

对于已竣工的项目，历史数据也需要能够被追溯。例如，在经营活动中，常常需要检索施工企业有哪些已竣工项目和项目经理与投标项目相类似，可以作为企业投标的优势。面对类似询问，由于没有系统数据可查，而且核实数据的真实性也很繁琐，投标企业的管理人员只能进行大量的人工追寻和检索工作，大大降低了管理效率，对管理水平提出了严峻考验。

鉴于上述管理需求，施工企业亟须开发符合本企业管理特点的工程项目信息管理系统，给企业项目管理提供精确、高效的项目信息查询功能。

11.3.2 工程项目信息管理系统建设方法

1. 需求分析

工程项目信息管理系统将建立每一个施工项目的信息库，由项目工程信息和项目施工信息两部分组成。工程信息包括：工程名称、属性、规模（面积、高度）、地点、工程合同范围、施工内容等，施工信息包括：项目部隶属企业名称、施工负责人及主要管理人员信息、施工获奖目标、施工工期、施工阶段、施工工艺、施工方案动态目录、施工令动态目录等。各种信息尽量使用下拉列表方式，便于规范填写，也便于系统搜索，系统管理员可以灵活对系统进行新增项目信息条目。

鉴于目前个人PC、智能手机、无线网络环境的全面普及，因此系统将同时满足办公PC端和移动手机端的使用。系统应建立完善的权限管理机制，使得各层级管理人员可以根据所属单位和所在岗位，分权限查询，便于企业进行统一监督和管控。

相比传统的电子表格，系统优势是建立了强大的检索功能，除了依据边界条件进行列表搜索外，还可以通过系统界面提供的GIS功能搜寻相关的项目，在地图上根据关键词设定，层层筛选，方便用户查找项目。

系统的核心设计在于项目信息内容的填报设计，鉴于每个项目都有独立的信息库，因此在信息数量的设计上要贴近管理需求。信息量过少，系统的功能就变得简单，无法有效使用；而事无巨细的填报方式，将使系统变得臃肿，同时让填报者增加过多工作量。因此在信息内容的填报设计上，需由施工企业管理层详细制订。管理层应充分考虑各层级管理人员的管理需求，和将来企业发展在大数据方面的需求，综合设计；并预留后期信息拓展的余地，使系统能得到良性优化。

2. 总体设计

工程项目管理信息系统主要包含以下功能模块：管理平台（PC端、手机APP移动端或微信端）、项目搜索模块、施工组织设计与施工令状态信息模块、项目目标及获奖信息管理模块、标养室状态信息管理模块、后台用户权限管理模块等。

系统可使用绑定的手机号码登录，在登录页面上，为丰富信息量，可增加显示企业相关新闻、公告信息和友情链接等内容，浏览者即使不登录，也能通过企业的公众信息了解本企业的相关资讯。

登录后可进入项目搜索模块，该部分是系统设计的重点，为了搜索方便，系统应提供GIS地图搜索界面和条件字段搜索界面以及关键字搜索界面，也可在GIS地图搜索界面中结合字段搜索以进一步提高搜索准确率。在地图界面部分，默认显示以用户当前位置为中心，指定半径范围内的在建工地信息。鼠标指向某项目的图钉，显示该项目主要信息。条件搜索模块中，可根据各字段进行筛选：施工单位、施工状态、地理位置（省市区）、施工内容、项目目标等，所有选项均可自定义单选、复选，并可以在结果中进行过滤。搜索结果以列表形式展现，提供效果图、项目名称、位置等工程概况信息。

施工组织设计和施工令的管理是施工技术管理的重点，其管理职能在独立的系统中予以实现，在项目信息系统中，先实现其中的信息查询功能。系统将显示"今日、明天、近一周、逾期"审批的施工组织设计计划一览表和施工令一览表。点击进入后提供文件、图纸的查看、下载、打印，并可以在施工组织设计文库及施工令文库中检索。

在其他信息方面，项目目标和各类获奖信息、标养室状态信息，也都应纳入项目信息管理系统中。系统信息提醒功能也将在登录后启动。系统登录后，将弹出各类提醒类信息。提醒类信息包括：用户所负责项目的相关信息、用户订制的信息、系统自动发送的提醒信息、来自系统其他用户的留言信息等。

对于系统移动端，主要考虑使用手机进行登录查询，鉴于手机屏幕较小，移动端主要使用项目查询功能，施工组织设计的内容编写和施工令模块可暂不设置或有所精简。同时，利用手机的摄影摄像功能，可进行现场资料和数据的影像上传。根据手机本身是通信工具的特点，可增加APP软件移入后台后的信息提醒功能，包括各类管理信息和消息互动等。

系统用户按功能分成三类：管理者、信息提供者、查询者。其中，管理者即管理员，分为系统总管理员和企业各单位的管理员。系统总管理员可设置各单位的管理员，并维护系统组织架构、负责用户与角色组配置（用户与角色的关联）和各功能点权限与角色组的关联配置。各单位管理员可建立本企业的下属单位，并新建管理人员账号、项目部工程师账号、新建项目，并与项目部工程师进行有效关联。信息提供者一般为项目部工程师，填报并发布其管理项目的信息内容，负责信息的建立和过程中的维护。查询者就是最终使用者，通过本系统获取所需信息，在企业中一般为各级管理层。

11.3.3　某企业级工程项目信息管理系统介绍

上海某企业施工过程状态信息管理平台系统是结合建筑数字化管理和数字化施工需求打造而成，是一套以企业管理和项目进度管理为核心的企业级管理平台。系统总共分为10个主要功能，在充分考虑用户的易用性需求后，该10个功能均被设计为兼顾信息展示和子功能入口的多信息集成页面，故系统不设立二级菜单。平台系统界面见图11-2。

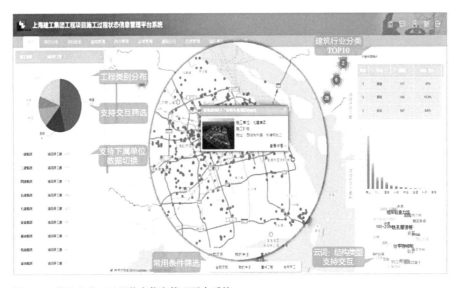

图11-2　某企业施工过程状态信息管理平台系统

该系统根据所提供的用户使用功能可分为三大部分：

信息录入部分，主要包含信息管理、系统设置两个功能，分别管理项目信息和人员权限信息。

项目查询部分，主要包含项目分布、项目检索、施组管理、四令管理、试块管理，这四个功能将提供多种维度的项目查询方式；例如根据条件筛选找项目，或按地理位置找项目等，还能进行多条件的组合查询，快速找到符合筛选条件的项目。

信息展示部分，主要包含在各个模块的子页面中，例如查询项目后可点击查看项目详情、在项目分布页面可以点击地图上的项目图标，直接查阅项目概况等。

展示的信息可以分为以下几个内容板块：

（1）项目概况、施工内容、施工进度、人员信息；

（2）施工组织设计编制和审批情况；

（3）施工令的计划和签发情况；

（4）试块标养室的运行情况和监测情况；

（5）管理员发布的信息公告和登陆者之间的消息互动等。

图11-3展现了该平台系统的加购示意图，按自左向右从数据源进行大数据采集、设置规则与数据接口，通过数据引擎进行保存；设置各功能模块（信息检索、分类统计、BIM展示、施工组织设计等），最后通过PC端、移动端、数据大屏进行展现。

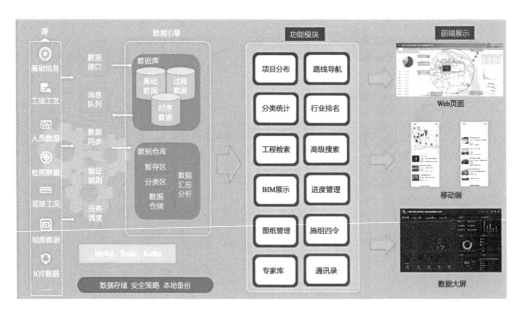

图11-3　某企业施工过程状态信息管理平台系统架构示意图

系统的技术框架具有以下优点：

（1）松耦合——通过微服务架构提升了各个模块的可复用性和可组装性，更好地实现了原单体应用内部各个组件或模块的彻底解耦，通过解耦本身也降低了原单体应用内部的复杂度。

（2）易扩展——更容易水平扩展，每个微服务均可独立运行，可以根据实际需要灵活拆分与组合，便于企业后续数字化施工平台各项专项系统的整合。

（3）大数据——分布式架构，均衡系统负载，支持大数据和高并发。

（4）兼容好——服务单元之间可以兼容不同技术实现，前后端完全分离，可以根据业务功能进行自由的技术选型。

（5）高稳定——访问过滤、集群监控、熔断与故障转移，保障系统稳定与数据安全。基于Spring Cloud，可以独立部署、水平扩展、独立访问（或者有独立的数据库）的服务单元，随着项目数的增多，Spring Cloud将作为大管家的角色，提供各种方案来维护整个生态。

11.4 施工现场技术管理系统

11.4.1 施工现场技术管理现状

施工现场技术人员工作一般可划分为专业强相关工作和专业弱相关工作。其中强相关工作是指需要结合岗位相关专业知识进行的工作，比如施工方案的编制，包括了施工方法和工艺的选择、相关参数的选定、各种施工设施的选取和临时设施的计算；以及为了确保施工方案的正确实施而对施工现场进行图纸会审、修改、交底、检查、复核、验收、控制和协调，非常规施工方法的可行性研究、突发事件的处理，还有项目完成后的科技论文及各类施工总结的撰写等。而弱相关工作主要是一些事务性的工作，比如一些常规文案工作，各类技术管理资料的整理，各类社会奖项评选的资料筹备工作，企业内部管理工作，各种事务性会议等。

在专业强相关工作内容上，项目技术人员需要相关规范和标准目录支撑。目前全国范围内，各种国家标准、行业标准、地标规范重复、交叉现象较常见，相互矛盾的条文不可避免。在互联网上查询某项规范不是难事，但难在确定项目究竟需要多少规范以及需要什么规范。施工过程中无意"冒犯"某项规范条文的情形防不胜防，给施工造成很多被动局面，因此，全面系统的规范整理能给施工带来可靠的保障。同样，在规范整理的基础上引申开来，大量其他知识的管理亦非常有必要：一方面，对于非常规的施工方案编写和突发事件的应对，项目部希望得到上级部门和相关专家的指导和建议；而另一方面，对于常规施工方案的编制和审核，项目部希望能够一次编写一次通过，将这类工作尽可能的专业化和程序化，以减轻技术人员的工作量。

在专业弱相关工作内容上，诸如文明工地评选、绿色工地评选、结构验收，有些比较特殊的例如人防验收、节能验收等工作，都需要了解国家、行业、地方、上级单位、本企业的各类管理制度，便于按照正确的流程进行工作。尤其是那些发生频次很低的工作，每当上级布置此类任务时，项目部的管理人员第一个反应就是"怎么做"，即便是经验丰富的技术人员也可能不清楚目前最新的管理文件有无更改。在文件资料的编撰时，往往仅凭自己的经验去填写，不够规范，容易出现在审查时被退回、重复劳动、效率低下等情况。

随着建筑市场的不断发展，各施工企业逐步走向全国化进程，施工企业管理的地域跨度也越来越大，施工项目部距离企业总部也越来越远，用传统方式对项目进行管理越来越困难。在新拓展的地域施工，带来了新的行政管理体系、建材市场、设备租赁市场、劳动力市场等地域特点，给施工管理增添难度。各地的管理要求存在一定差异，常常使项目管理人员产生困惑。

目前，各项目部的技术管理人员经常各自为营，单打独斗，经验和教训得不到吸收与借鉴，造成大量的重复劳动和低层次简单劳动；管理工作效率低下，加班加点，疲于奔命，尤其是远离总部的，容易出现孤军奋战的情形。在这样的工作环境下，技术人员很难再有精力钻研前沿施工技术和提高施工管理水平。因此，项目部亟须通过信息化协同管理平台对内对外进行信息的沟通，及时获取项目最新产生的技术资料、工程遇到问题的解决方案和各级批文等，持续规范项目部技术和管理的流程和标准，降低项目管理实施的难度。

11.4.2 施工现场技术管理系统建设方法

1. 需求分析

针对施工现场的技术管理，其核心关键在于施工组织设计的数字化管理和施工令的数字化管理，其余管理措施和流程均围绕两个关键点进行。

施工组织设计（施工方案）的管理，是施工技术管理最重要的一环，技术就是解决可实施性的问题，施工组织设计既是技术管控的源头，也是技术管理的对象本体。目前的施工组织设计在管理上主要存在于以下几个方面的问题：①编制无针对性，七拼八凑，抄袭痕迹严重；②审批形式化，随意签字了事，并不深究实际内容；③审批不及时，或者审批程序半途中断。造成这些管理缺陷的原因主要是施工组织设计（施工方案）编制的工作量增长太快，技术力量的配备没有跟上。指导施工的技术文件是分层次的，从标准规范、施组文件、技术交底、工艺流程到操作规程，各有分工，侧重不同，但目前，除了标准规范之外，技术交底、工艺流程、操作规程都相对弱化，而施工组织文件必须要对后三个指导文件有所覆盖，造成施工组织文件的内容庞大臃肿，越编越厚。如今无纸化操作的复制便捷功能也对施组内容的增量起到了推波助澜的作用，加上有关管理部门要求部分施工方案专项编制，也使得施组文件的数量进一步增大。随着建筑市场竞争的日益激烈，受成本制约，人员并未得到相应的增加，不能适应编制和审批工作量的变化，于是方案编制粗制滥造、方案审批匆匆而过等现象，都屡见不鲜。另外，大型建筑企业的管理层级多，审批流程也长，这也是审批不及时和签字走过场的原因之一。

目前的施工企业都启用施工组织设计文件网上审批流程，即将电子文件上传网络，各级审批部门通过在线审阅后进行审批。这并未从根本上解决问题，只是节省了纸质文件的流转，并没有从根本上减轻文件编制和审批的工作量。部分管理软件通过限定时间，采用默认审批的方法强制提高审批的效率，也是无奈之举。

施工令的管理，是施工现场技术管控最重要的一环。目前普遍采用施工令管理的环节有挖土令、沉桩令、浇筑令、吊装令等，通过令的签发，对下阶段实施所需要的施工准备进行梳理和检查。施工令管理主要解决多级审批和现场准备工作实际情况、及时性之间的矛盾。根据规章制度，施工令应该在施工现场的人、机、料、法、环各个环节都就绪后才能签发，且上级管理者要在接收到下级管理者的文件签发之后，经再次检查后才能签发。但在实际过程中，不能完全做到理想化的逐级签发，而是变通为各级管理者到达现场，实行会签，可以最大程度上缩小各级签发的时间差。

2. 总体设计

总体设计从解决施工组织设计的数字化管理和施工令的数字化管理两个方面展开。

（1）施工组织设计的数字化管理

要想通过数字信息技术有效地解决目前存在的问题，必须要从减轻编制工作量着手，施工企业先建立完善的技术资料文件，将各种有关的施工工艺分类归档，便于调用。然后将可能需要编制的施组文件进行多维度分组，统一构建施组文件的类型标签，每一类施组文件都提供一个参考的标准范本，根据实际工程内容调用相应的施工工艺，将编写施组文件变成一个类似填表的过程，最终实现施组文件编制的标准化管理。

范本中需要预先划分为三个部分：第一部分是必须重新编写的，比如工程概况、方案比较和选择、技术路线描述等最关键的部分，这是施组中的精华和根本，是其他作业指导书不可替代的部分，范本只是给出了编写的深度和广度以供参考；第二部分为需要部分修改才能引用的，在备用的施工工艺中，将需要选择的参数进行标注和解释，便于项目工程师在编写的时候按需选用；第三部分，是不可更改的内容，来源于企业或行业协会的标准和规章制度强制执行的部分。这样一来，即可大大减轻编制人员的工作量，审批的效率也随之得到提高，只需要审阅修改的部分，做到有的放矢。在管理系统中，还需提供问答模块，审阅者将有疑问的部分圈出来，发送给编制者，这样就能提供远程互动，最大限度地接近现场会审的效果。

施组文件的数字化管理，在系统上提出了新的要求，要求不断地更新更好的施组文件范本，不断补充施工工艺模版，根据现场反馈及时调整相关资料。新的施组设计管理系统，内容越来越丰富，功能越来越强大，把技术人员从繁重的施组编制任务中解放出来，从而有更多的精力去加强现场的管控。

（2）施工令的数字化管理

在信息化全面开展的时代，可以利用信息手段，将所需检查的文件资料电子化，远程检查。对于现场的施工准备，则可以通过现场视频监控和关键节点的高清照片，达到检查管控的目的，通过电子签名签发施工令。这样就解决了高级管理层因为事物繁忙而不能及时出现在施工现场的实际困难。

11.4.3　某施工现场技术管理系统介绍

建筑施工项目的生产要素有劳动力、材料、机械设备、技术和资金，要素之间有密切的联系性和相关性，其有效管理需要考虑要素之间的彼此影响，因此通过管理实现项目目标是一项系统工程。通过对施工项目的生产要素进行详细分析，认真组织并强化其管理，方可满足施工项目管理体系各方面管理人员的需求。

某施工现场技术管理系统的业务逻辑遵循以成本管控为核心，以进度和资金为双主线，以合同为约束的管理模式，主要完成"三控四管两协调"的工作，即过程三项控制（计划控制、成本控制、资金控制）和四项管理（投标管理、合同管理、物资管理、成本管理）以及项目资源组织协调和现场管理组织协调的工作。系统架构如图11-4所示。

系统是基于项目业务基础研发而成，采用基于互联网技术，支持云架构的系统平台，方便更新和二次开发，同时跨操作系统方面很有优势，平板、手机都默认支持；系统采用MVC架构，实现了业务逻辑层、数据层、视图展现层分离，为适应施工项目管理中灵活的业务需求，提升开发、维护效率，带来了天然的优势。底层开发语言采用了Java语言，数据库支持主流数据库Oracle、SqlServer、MySql等，在产品兼容性方面做了充分的考虑。系统可以部署在云端，对于战略决策者来说，本系统的云计算特性很容易能把上下游整个资源都整合到一起，使社会资源得到了更好的利用。另外，系统的高度集成化优势，大大提高了它的性能，如集成OA系统（实现单据审核、公文流转等流程）、社交网络（可以讨论、关注项目、任务等的变化情况）、合作伙伴门户（客户、供应商可登录进系统处理与其相关的单据：销售订单、送货单、采购订单、收货单的审核和查询）等。

通过系统提供的功能配置，用户在使用过程中，可轻松完成对系统的功能完善，切实保障系统更快更安全地个性化落地。管理人员可以通过移动终端，在走动中完成信息采集和传达等工作，通过离线上传解决工作现场网络环境不佳的问题。

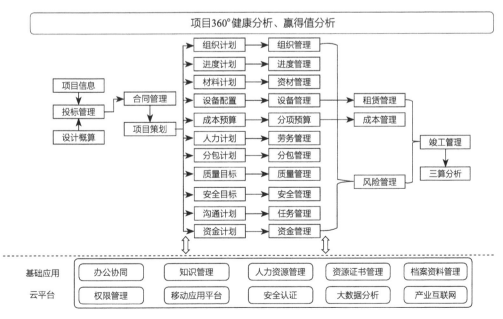

图11-4 某施工现场技术管理系统架构示意图

系统根据施工现场实际情况进行不断完善，在系统内部增加各类小应用，增强现场技术管理的针对性，让施工现场技术管理管理得住，管理得好。

11.5 科技资源信息共享平台系统

11.5.1 科技资源信息共享现状

施工企业正常开展工作，需要技术人员具备扎实的专业知识。建筑施工行业（特别是施工总承包）的项目涉猎面很广，技术人员除了本专业之外，建造相关专业的知识在工作中也经常用到，随着建筑技术的不断发展，需要不断地学习以适应工作需求。依靠同类项目积累经验和前辈的言传身教获得的知识是远远不够的，最重要的学习的渠道，就是查阅相关专业技术资料的渠道。这就需要一个较为完整而先进的技术资料库，能为企业内甚至行业内的技术人员提供查阅平台。

技术资料库应该涵盖本行业所有的相关知识，通俗的比喻就是一个在线专业图书馆。在这个资料库中，有相关的技术书籍，有政策法规，有规范标准，更多的是同行间共享的技术资料。当技术人员在工作中产生的技术资料进入资料库共享之后，资料库内的资料才能不断地丰富、更新和发展，进入一个良性循环。

能共享的不仅仅是技术资料，还有技术人员的人才信息。有些工作需要技术专家的直接指导，技术专家的指导和交流比查阅资料能更快速有效地指导工作，是获取知识的高级形式。受制于工作关系和个人社交关系网，需求者能结识的专家数量有限，无法及时获取与专家的沟通渠道。这就需要共享平台系统提供庞大的专家人才信息网络，使得求助者能及时获得相应的专家指导，解决工作中的难题。

从上述分析可知，建立技术资料和专家人才信息共享平台是十分必要的，能保证工作质量，提高工作效率，是数字化施工协同管理平台系统的重要一环。

目前建筑施工企业的科技资源信息工作方面存在以下几个方面的问题和不足：

（1）各机构企业缺乏自有科技资源文献数据库，自有业务资料未能进行统一管理和分类，文献资料和业务资料的重复利用率不高，难以发挥信息整合的绝对优势。

（2）缺乏统一的规划与协调，出现资源短缺和分散、重复建设等问题，平台在建设过程中和投入运行后，往往会出现重建设、轻运行等情况，使得有限的资源未得到充分利用。

（3）现有信息系统功能比较单一，难以满足机构员工多样化的学习需求，欠缺机构知识创新的良好组织能力，在企业的科技成果应用与推广方面欠缺完整的信息管理机制。

（4）自有纸质资源储量大，散落在各个部门办公室或员工手上，占地面积大，且难以长久完好保存，信息资料查阅难、推广应用难，造成了本机构科技信息资源的巨大浪费。

（5）忽视个人隐性知识的挖掘，员工之间、部门之间缺乏交流沟通桥梁，缺乏知识交流与信息分享的窗口，造成信息资源的一定闭塞，形成信息孤岛，不利于科技信息资源的共享。

（6）行业专业知识和经验通过网络形式传播的渠道有限，众多视频课程、PPT讲义、微课程、学习资料不能及时得到共享，缺乏对行业从业人员和机构内部人员的系统性学习培训课程，使得科技资源的传播受限。

（7）缺少对行业人员个人信息的管理，尤其是专家学者个人信息的集中管理，专家的机构、职称、期刊论文、科技成果、研究领域、工程项目等个人信息散落在各个模块。

建筑企业也都意识到了科技资源网上共享的便利和必要，但大部分还是停留在企业内部免费查询多年不变的标准规范阶段，这是远远不够的；而科技人才信息的查询系统更是难觅踪影。从科技信息的构成来说，通常由政策法规、标准规范、行业规定、专利、工法、书籍杂志、科研项目资料、论文、培训资料、企业内部的施组方案等技术资料组成。从构成来看，标准规范只占其中的一小部分，而这一小部分还是在网上容易查询到的，因此在科技资源信息共享平台的建设道路上仅仅迈出了一小步。

通过科技资源信息共享平台的建设，整合与共享企业科技资源，改变以往各自独立进行研究和技术创新的局面。具体来讲，平台建设意义主要体现在以下几个方面：

（1）建立统一的企业科技资源信息库。避免重要的文档资料等无形资产的流失，并逐渐累积成为企业重要组织资产。在整合的过程中，需要花大量精力对不同信息进行梳理，形成适合企业的规范化的数据，同时形成或优化相关的管理制度，也进一步提高了企业管理的规范化、标准化。

（2）减少企业内部的信息壁垒。通过平台的建设、信息资源的关联性得以提升，避免了以往因为各个网站数据库结构和检索模式的不同而造成的信息资源被分割的情况，以"一站式"解决的方法满足用户的资源需求，平台的建立改变了以往各自拥有信息资源而不共享的局面，同时也使不同领域的科技信息资源得以在同一网站平台上显示并可以同时获取，为积极营造企业的科技创新氛围打下坚实基础。

（3）更有效地服务员工、服务企业。相比于百度、谷歌这类全网的信息搜索，员工会更偏好于从企业统一资源信息库中搜索相关信息，搜索的准确度会更高。年轻的员工可以充分利用前辈积累的大量经验资料，快速地学习成长，同时也降低了新员工的培训成本。平台企业和个人用户提供科技信息共享的渠道，加速科技创新，加速科技成果转化提高企业科技竞争力，形成信息的流动、共享、利用、开发和再生产的良性循环。通过资源的共享和合作，有力地提高科技活动的参与度和科技决策水平，实现在技术管理、科研管理、服务等各方面的全面创新。

11.5.2 科技资源信息共享平台系统建设方法

1. 需求分析

科技资源信息共享平台承担着信息发布、资料查阅、人员互动等主要功能，是一个动态的综合性平台，而且服务的对象群体也较为多元，不仅包括各科研院所，也包括各施工单位，不仅开放给下属子公司，还可以把部分内容对外开放，以展现企业的科技实力。对于科技资源信息共享平台基本需求主要体现在以下三个方面：信息整合、应用服务、知识发现。

（1）信息整合

基础知识库的建立是后期一切应用的基础，基础知识库的好坏直接影响科技信息的精准度和科技信息资源共享平台的查全率和查准率，也对后期知识的精准推送产生巨大的影响。

基础知识库中不可或缺的三部分为企业自有资源、网络采集资源、知识文献资源，将这三部分数据进行信息归类和统一整合，形成企业自建的特色知识库，以满足员工全面的学习需求。

企业自有资源。企业自有资源可分为企业内部知识和员工个人知识，主要形式为电子档和纸质版。对于大量电子文档，可由各部门负责整理归类，进行标签管理、人工标引后，可实现内部资料的高级检索。

网络采集资源。随着计算机技术、网络通信技术以及多媒体技术的飞速发展，各种信息呈爆炸式增长。通过采集新闻门户、论坛、微博、贴吧、微信等互联网站点的信息，通过规则筛选，加以分析后，实现对政策法规、专利、成果等信息的实时追踪，抓取热点舆情信息，从而实现信息资源的全局共享，加快信息与知识的更新速度，为平台使用者提供更优质的信息服务。

知识文献资源。以中国知网为例，按照中图法分类，其数据资源分为10个专辑、168个专题；建筑行业技术人员及技术管理人员对于期刊、博硕学位论文、国内外会议论文、报纸、中国标准、中国专利、科技成果、法律、工具书、图片库12大数据库中的3大专辑（工程科技Ⅰ辑、工程科技Ⅱ辑、经济与管理科学）资源有较高文献需求，是科技资源信息共享平台中必不可少的一项重要组成部分。

《知网工具书库》是传统工具书的数字化集成整合，除了实现库内知识条目之间的关联外，每一个条目后面还链接了相关的学术期刊文献、博士硕士学位论文、会议论文、报纸、年鉴、专利、知识元等，大大突破了传统工具书在检索方面的局限性，极大地丰富和利用了科技资源信息平台知识资源，满足了行业从业人员知识拓展，解难释疑的需要。

（2）应用服务

应用服务需求主要包括大数据管理、学习培训和专家库等。

其中，大数据管理平台是建设科技资源信息共享平台的重要组成部分，可充分整合海量文献资源、网络采集资源、企业内部资源等各类信息，以数据库为核心，同时管理文字、图片、多媒体等信息，并提供全文检索服务，支持网页的动态发布。大数据管理平台面向内容进行管理、发布和增值利用，功能覆盖数据资源的采集、加工、管理、发布、检索、参考咨询、信息资源整合、个性化服务；支持众多标准协议，如：OAI、METS、Web Services等；支持国家元数据方案，支持与其他系统的集成；集成智能文本挖掘、自然语言处理、概念关系词典等多项国际领先技术。

学习培训平台是针对机构员工的岗位和业务培训以及专家学者自主学习的要求，构建的集公开课、学习培训系统、考试系统于一体的机构学习平台。平台应实现员工学习和培训的功能，提供学习培训课程的创建、资源上传、考试以及在线学习功能。基于学习培训平台，用户可以查找课件、视频、培训，不断学习专业知识，实现终身学习的目的，通过对业务知识、岗位知识、规章制度以及一些技能的梳理，建成专家及员工自主学习的课程，通过在线培训、学习、考试等手段加强对这些课程的掌握、应用和融会贯通，培养创新意识和能力，从而为行业发展培养人才。

专家库平台是全面的专家信息库。基于专家库平台，可进行专家信息检索，并在一定条件和范围下允许和专家进行交流咨询；专家基本信息包括姓名、机构、职称、个人简介、研究领域，系统记录每名专家的期刊论文、科技成果、工程项目等信息，并分析专家所在领域的研究现状及其学术影响力。建设完成后可形成学术关系网络与工程关系网络图，平台使用者可根据不同的需求类型对专家进行分类别检索，如名字、机构、研究方向等类别进行高级检索，找寻所需要的专家信息；且与其他模块互通，将专家信息库全面运用到协同创新、协同创作、知识社区、学习培训模块，充分发挥专家影响力，扩展专家知识传播渠道；建立专家问答系统，提供专家咨询窗口；在知识社区中，问题按照专业进行分类后，系统可分配相应专业的专家进行解答。

（3）资源检索

信息检索是科技资源信息共享平台的基本核心功能，评价标准在于检索是否快速、全面、精准和智能，平台使用者能否在第一时间查询到自己所需要的信息，并充分保证其查全率和查准率。资源检索应具有智能检索、检索结果优化及智能推荐等功能。

在智能检索方面，科技资源信息共享平台往往来源于不同的数据资源库，用户若是多次登录各种资源库、多次输入关键词，将会非常繁琐。通过信息整合之后，所有信息资源可以互联互通，用户能够进行统一检索、高级检索，不需要进行多次登录。智能跨库检索的实现为用户提供了便利，只要任意输入作者、发表时间、出处、题目以及主题等关键词信息，就能在所有的资源库中进行检索，也就是所谓的一站式检索，检索信息将会更加方便、快捷、准确。

在检索结果优化方面，智能检索为用户提供了便利，而其自带的优化功能使检索结果愈加精确。在确定的待检索集合中，用户随机检索出事先无法预知的结果，按相关性排序，预测相关性的强弱；被检索的文档集合是不断更新变化的，预测最新推送资源的相关性；第一时间将高相关的最新资源发布出来，并排在前面。对同义词和上下位词进行规约，大幅提升关键词的标引精度；通过组合词对文章进行标引，更加准确地表达文章的主题；关键词分组有效地将主题内容揭示出来，显性化，保证检索率的基础上，瞬间切中读者的检索意图，优化检索结果，帮助平台用户查找到更加适合的信息，为其研究提供便利。检索结果的优化有利于发挥平台的科技信息资源优势为企业的产业与技术创新提供有效服务与支持。

在智能推荐方面，当用户不能准确描述自己意图的情景时，需要花费大量的时间去检索和筛选海量信息，通过智能发现系统可以更好地发现"长尾关键词"，解决信息过载的问题，提升用户检索体验，提高用户的互动性和活跃度，促进信息服务平台访问量和利用率的提高。通过对用户行为和个人信息的分析和挖掘，结合情报信息新颖度，以及情报本身信息特点等，为用户进行个性化的推荐，为用户推荐最符合其检索意图的资源，并根据用户最新兴趣以邮件或者短信的方式推荐新收录的相关高质量期刊论文和最新科技信息。

2. 总体设计

科技资源信息共享平台的建立要针对目前存在的各种现象和问题做出根本性的改进，应该将信息平台分成两个子系统：子系统一负责科技信息资源的查询，通俗的说就是一个知识库；子系统二负责科技人才信息的查询，通俗的说也就是专家库。从建立的周期来说，这是一个长期的过程，系统框架在初期建立之后，会有所调整，而科技资源的信息内容则会一直不断地更新，以适应不断发展的施工技术进步的需求。因此，还应当对平台的功能架构和技术架构进行充分设计，以应对知识爆炸和功能拓展的需求。

（1）知识库建立

在系统构成中，资料的分类可以由政策法规、标准规范、行业规定、专利、工法、书籍杂志、科研项目资料、论文、培训资料、企业内部的施组方案等方面组成。在内容的选择上，要理论与实践兼得，先进与实用并举，不可偏颇。目前的科技资料以纸质载体和电子文档这两种形式存在，要进入共享平台系统，必须经过数字化、网络化、系统化这三个步骤。目前存在的大量的纸质载体的科技资料，最大的缺点是检索的不便，由专人管理的档案室的资料查询还算便捷，可大量的资料是不进档案室的，这部分技术资料的查询和检索就非常困难，尤其是未经过书籍规格装订的文件，只能一张张地人工识别，跟废纸无异。因此，纸质资料要进入共享平台的第一步就是通过扫描识别等方式进行数字化，变成电子文件。以电子文档存在的文件，也需要经过拥有者的"贡献"才能成为共享平台系统的资料素材。进入资料素材库的电子文档，就像一本书籍进入图书馆之后，需要进行分类整理、归档，便于读者阅读、查询。有些未经出版的资料，还需要经过校核，为减少校核工作量，可采取读者提交勘误，系统后台鉴定、修正的方式。

为方便查阅，除了文件名关键字查寻之外，还能通过多重分类方式进行查询，目前的技术已经支持对文件内容的关键字进行查询，总之，查询变得十分方便，远胜于传统图书馆。

（2）科技人才库建立

科技人才库的建立，可以先从企业内部的专家入手，建立一级专家库，通过内部专家的介绍，逐步扩展，人才网络逐步建立。但平台系统的建立，远非罗列人才这么简单，而需要更多的探索，因为人才信息有其特殊性。

首先，如果把人才比作"设备"的话，他的性能是在不断变化的，远非"设备"出厂时附带的性能参数那么简单，随着人才的工作经历变化，人才的知识结构和组成也在不断地变化，有新的知识点在产生，原有的知识领域在增长和深入，也有些知识领域在停滞、老化，甚至消亡；所以及时地掌握专家库内专家的实际能力变化，是个难点。而科技人才本身还存在一个新人辈出的现实。

除了及时而精准地掌握科技人才的发展状况之外，人还具备特殊的社会属性，人是有感情的，也是有个性的，当经过合适的人介绍，与咨询者建立良好的关系之后，专家便会知无不言，言无不尽，倾囊相授，对咨询者的帮助很大；假如没有合适的人引荐，专家有可能避而不见，咨询者求助无门。因此，科技人才查询平台还需具备人才关系社交及搜寻功能，给使用者提供求助的线索，当然这还牵涉人的隐私和个人信息安全问题。如何解决这些问题，还有待探索。

（3）功能架构与技术架构设计

基于企业科技资源库，进行机构科技资源管理和个人科技资源管理，平台整体由下层的企业科技资源信息库以及上层面向用户的科技资源门户组成。科技资源库是由三类数据源（企业内部资源、互联网采集资源、其他第三方资源）通过不断地挖掘加工等工具整理产出的，其内容涵盖科技工作中所需的各类资源，如政策法规库、工程项目库、科研项目库、科技成果库、科技人才库等。科技资源门户是直接面向终端用户的，其通过下层的搜索引擎和统计分析引擎，动态地提供给用户使用查看各类科技资源信息。门户的功能包括资源导航、统一检索、阅读下载、关联推荐、订阅推送等功能。平台功能架构如图11-5所示。

共享平台主要由六部分组成，自下而上分为资源层、资源整合层、内容管理层、数据仓储层、基础服务层、业务服务层，运行保障体系和安全保障体系贯穿于各个层面，保障系统的安全运行。平台技术架构如图11-6所示。

11.5.3 某科技资源信息共享平台系统介绍

企业科技资源信息共享平台系统可以很好地实现企业内部科技资源整合、共享与管理，是大型企业科技管理重要的系统之一，本节将以两个简单示例予以介绍。

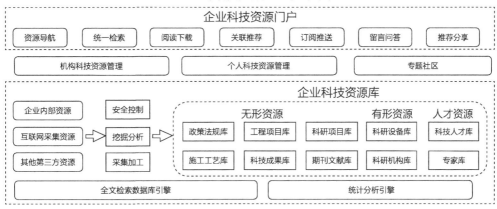

图11-5 科技资源信息共享平台系统架构示意图

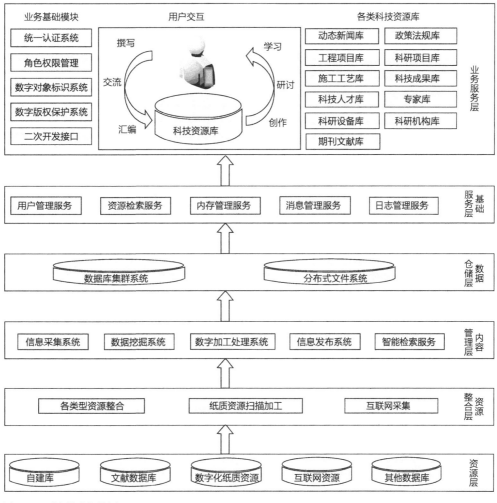

图11-6 平台技术架构图

在施工企业的技术管理方面，如以项目信息库为例，项目信息是最基础的，随着企业规模的不断扩大，项目数量不断积累，实现项目检索功能，方便各级用户在权限范围内自由查阅；再如以施工工艺库为例，在工程招投标时可以帮助有限的时间内迅速找到尽可能多的相似项目，来确定施工方案和进度计划，同时也可以运用在员工培养、新技术新方法的学习培训中，对于企业的竞争力提升起到积极作用。

如图11-7和图11-8分别展示了上海某企业工程项目信息搜索界面（工程项目信息库）以及施工内容、施工工艺选择界面（施工工艺库）。

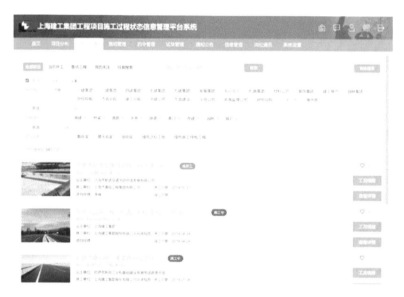

图11-7　工程项目信息检索界面

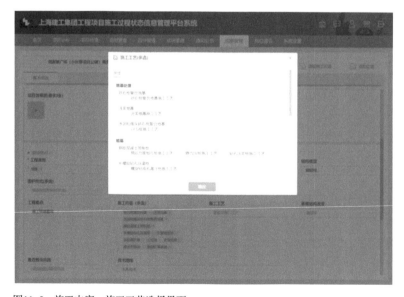

图11-8　施工内容、施工工艺选择界面

在施工企业的科研管理方面，以科技成果库为例，提供科技成果信息共享服务，可以为企业内部科研工作人员的科技工作提供便利，也可以帮助企业内部的成果落地转化，增加内部沟通协作（图11-9、图11-10）。

科技资源信息共享平台系统的建设可以很好的实现企业内部各类科技资源和创新要素的整合、共享与集成管理，对于企业科技创新工作持续发展具有重要作用。

图11-9　科研项目信息搜索界面

图11-10　科技奖项信息搜索界面

11.6 基于项目协同管理的信息交互平台系统

11.6.1 项目协同管理现状

随着社会的发展，工程项目越来越复杂，这就对项目管理提出了更高的要求。传统项目管理模式是离散型收集工程建设的数据信息，各专业与各环节都是相对独立的，相互之间沟通成本较高，难以实现数字化模型的共享与传递。这种管理模式虽然能够在一定程度上实现项目参与各方（图11-11）的文件传输以及信息交流，但是不能从根本

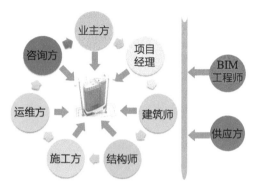

图11-11　信息交互平台各方

上实现项目参与各方的相互交流，更不能实现建设工程项目的协同管理，使得项目超出预算、工期延长、质量问题、安全事故等经常发生。

基于项目协同管理的信息交互平台系统，通过集成工程项目全过程的各流程中各专业产生的模型、图纸、文档等各种信息，可以实现工程项目的数据存储、沟通交流、进度计划、质量监控、成本控制等统一协作，为项目参与各方提供信息共享和协同工作的网络环境。

工程项目的信息交互平台建成后，系统可以在项目各阶段发挥作用。项目参与各方在施工准备阶段可以通过项目管理协同平台传递设计模型和设计方案，可降低深化设计的资源消耗；施工实施阶段利用项目管理协同平台共享工程进度、质量、安全方面的可视化资料，使建设单位、质量监管部门、设计单位、监理单位和施工单位实现协同工作；竣工验收阶段利用项目管理协同平台补充更新项目模型和构件信息等，辅助业主将项目管理协同平台转化为运维管理平台。项目管理协同平台通过管理建筑全生命周期的数据信息，实现高效率的信息交流和协同工作，从而提高工程项目的管理水平。

11.6.2 基于项目协同管理的信息交互平台系统建设方法

1. 需求分析

基于项目协同管理的信息交互平台的构建目标，是为工程项目的协同管理提供全寿命周期、协同化、可视化的信息管理平台，为工程项目提供信息服务与决策支

持。该平台不仅可以满足业主以及项目建设参与方之间的信息沟通，还可以提供项目参与方之间的信息支持。所以，构建该平台主要依照以下三个原则：

（1）平台的构建首先应该以项目为中心，而项目协同管理的关键是信息。

（2）信息数据必须在平台集中管理，并可以永久地存储于云端，使得项目参与各方能够分享和共享信息，保证项目信息实时的更新。

（3）项目的各方协同模块能与第三方软件进行集成，使得平台数据可以流畅地进行流转。信息交互平台应协调好各个模块的作用，发挥项目的整体协同作用，实现项目的协同管理。

针对该平台的特点和价值，结合项目管理的实际情况，信息交互平台的构建需求包括以下几个方面：

（1）确定协同管理工作流程

明确规范的协同管理工作流程是平台搭建的关键环节。规范有效的工作流程一方面可以使得项目参建单位和相关人员登录平台实时查看流程执行情况，了解项目进展，及时调整工作内容；另一方面可以减少流程签审时间，提高工作效率，尽量减少人为一个部门一个人员跑流程的情况，系统上签审后直接提交至下一个签审人

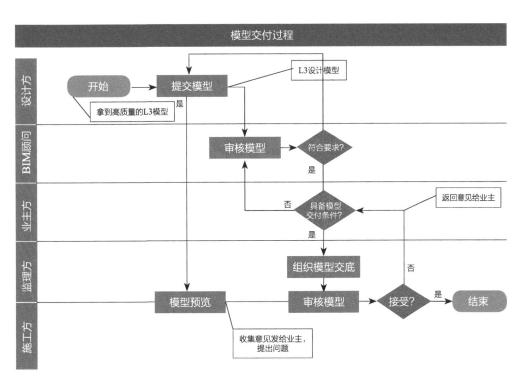

图11-12　模型交付过程

员，减少中间流通时间；即使出现问题需要重新签审，相关的意见及处理方法也可以保存在平台上，便于事后追查，真正做到不仅管理结果，同样管理过程的平台化管理。

以施工总承包商的职责为例，信息交互平台的协同管理工作主要着眼于施工总承包方的工作流程。实际操作中将模型交付、碰撞检查、施工组织设计、施工方案分析、模型数据更新等核心流程定义至平台系统，项目参与各方可直接在平台上完成相关工作。模型交付流程主要参与方包括设计方、业主、监理和施工方等。

（2）攻关数据结构化技术

模型数据结构化技术是平台搭建的重要技术。采用面向对象的软件开发方法，结合关系数据库系统，构建具备合理组件属性的数字化模型并能支持灵活的多维集成任务。每个从数字化模型进入平台的组件都需要进行"类"定义，每一个"类"都拥有自己的名称、属性和方法。组件对象的属性值赋值可以在组件实例化过程中进行，也可以通过调用已生成的组件对象的方法来进行赋值或调整属性值，也可以通过系统的公共方法进行批量赋值或修改。这件组件"类"定义以"表"的形式存于关系数据库中，通过结构化查询语言从表中读取组件数据，最后通过图形转换形成可视化的建筑模型。

（3）探索模型轻量化和平台兼容性

模型轻量化和平台兼容性是搭建互联网环境下的协同平台的必要前提。为了消除数字化模型应用的硬件限制、降低数字化模型应用的准入门槛，创造更简单易行接触数字化模型的途径，进一步推广数字化模型技术应用，只需打开网页登陆平台即可进行相关操作，而模型轻量化是实现这一目标必须攻克的难题。轻量化模型仅保留了后续操作必要的产品结构和几何拓扑关系，模型信息和文件占用的空间会大量减少。平台的兼容性是指数字化模型软件生成的数据可以无障碍地从软件自身转移到平台或逆向转移，无需采用有别于为该软件特殊定制的插件或接口就可适应平台的环境，即数据在数字化模型软件和平台间可移植或遵守相同的数据格式标准、数据接口。平台的兼容性是平台得以推广与应用的前提。

（4）实现模型在线操作

模型在线操作是平台搭建成功的最终表现方式之一。信息交互平台上需要基于数字化模型实现文件管理、模型浏览、模型对比、模型碰撞分析、施工进度管理、施工方案管理和现场监控等功能，同时可以协调模型的修改、变更及审核，实现流程的平台化管理。

（5）探索平台智能化和数据化

人工智能和大数据对建筑行业带来了很大的影响。平台智能化一方面需要平台使用起来更加智能，不需要复杂的操作即可满足实际要求；另一方面通过平台可以够精确定位施工场地内人员，自动登记人员信息和识别人员的安全状态，以及自动更新考勤表等。平台在使用的过程中会产生大量的数据，有必要将这些数据通过一定的逻辑规则保存到数据库或云平台中，通过在平台上对数据进行分析，可以将此数据用于其他类似的工程，得到类似工程的工程量以及其他参考值。

2. 总体设计

基于项目协同管理的信息交互平台即提供了一个数据整合平台，改善了传统施工进程，工程各参与方通过协同平台对数字化模型及信息进行查阅和读取，不仅可以直观地看到设计成果以及相关错、漏、碰、缺问题，还可以查看经过深化设计能够直接指导施工的最新建筑信息模型，以及有效减少现场变更，从而加大对施工质量和进度的掌控力度及工程管理能力。

基于项目协同管理的信息交互平台的价值是实现工程项目各参与方的协同工作，项目各参与方可以实现信息共享。该平台可以通过网络实现文档的提交、审核和审批以及进行工程协调，实现施工质量、安全、成本和进度的管理。

通过基于项目协同管理的信息交互平台，工程项目参与各方应可以实现：

（1）快速上传文档文件

通过移动端和PC端等上传照片、文本文件以及BIM数字化模型等。

（2）便利浏览模型信息

多种模型信息浏览方式，可通过网页、客户端、体验仓方式进行浏览；支持多种数字终端，可通过计算机、笔记本、手机登录平台，查阅信息。

（3）同步获取变更内容

模型信息数据内容发生修改，项目其他参与人员可同步获取，及时更新。

（4）及时掌握工程进度

工程实际进度在平台上同步展示，计划与实际进度可进行对比分析。

（5）高效管理深化设计

开发的接口将工具软件由单机操作升级为互联网协同操作，平台工作方式反映深化设计流程，提高工作效率。

（6）严密监控工作流程

工作流程标准化，构建适合数字化模型技术发展的工作方式和管理模式。

（7）完整交付竣工资料

形成三维竣工资料，为运维阶段提供数据支持。

（8）实时追踪材料状态

管理和查询材料的信息；实时更新、查询材料状态；对工程材料各维度信息进行统计。

（9）高效促进工作协同

施工现场发现问题，可通过移动端上传到平台，并告知相关负责人进行讨论或处理。

信息交互工作平台可以将项目管理、协同工作和数据储存有效联系在一起，形成如图11-13所示的业务架构。通过该平台不仅可以同时实现多项目的协同管理、流程自定义、碰撞检查和模型修改及审核，还可以实现数据结构化管理、项目多方协同工作。

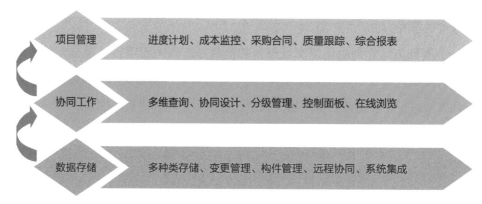

图11-13　信息交互平台架构

11.6.3　基于项目协同管理的某信息交互平台系统介绍

基于项目协同管理的信息交互平台系统可以在项目的全生命周期中发挥着重要的作用，其实现功能主要包括以下几个方面：

1. 文档在线管理

随着信息技术的发展，项目中产生的数据以及信息的结构和类型都越来越复杂，因此作为数据、信息载体的文档管理系统需要进行相应的改变，而基于项目协同管理的信息交互平台系统给文档管理带来了新的视角。项目实施过程中产生的各种文档都可以上传至平台，平台会记录文档的各种信息，包括责任人、上传时间、

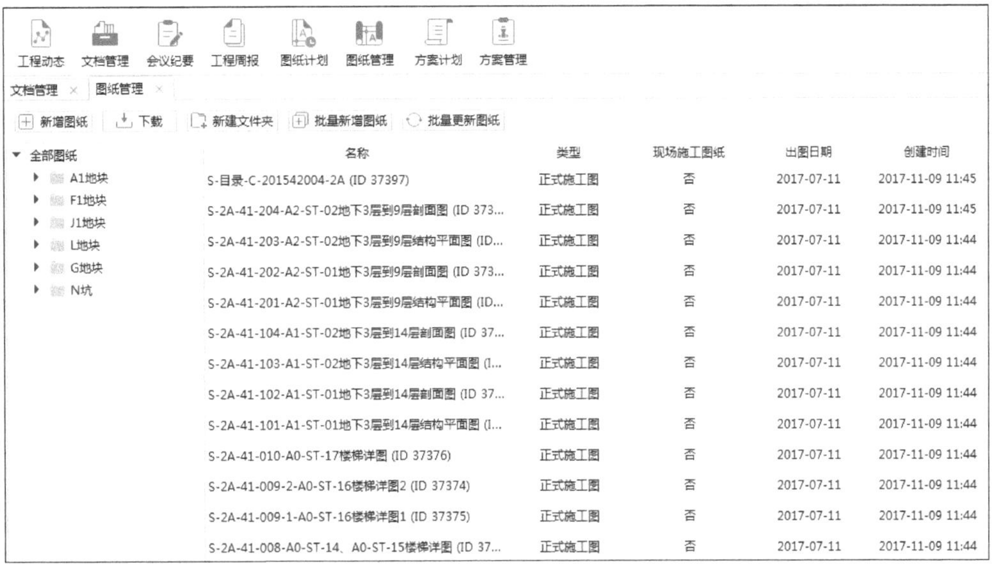

名称	类型	现场施工图纸	出图日期	创建时间
S-目录-C-201542004-2A (ID 37397)	正式施工图	否	2017-07-11	2017-11-09 11:45
S-2A-41-204-A2-ST-02地下3层到9层剖面图 (ID 373...	正式施工图	否	2017-07-11	2017-11-09 11:45
S-2A-41-203-A2-ST-02地下3层到9层结构平面图 (ID...	正式施工图	否	2017-07-11	2017-11-09 11:44
S-2A-41-202-A2-ST-01地下3层到9层剖面图 (ID 373...	正式施工图	否	2017-07-11	2017-11-09 11:44
S-2A-41-201-A2-ST-01地下3层到9层结构平面图 (ID...	正式施工图	否	2017-07-11	2017-11-09 11:44
S-2A-41-104-A1-ST-02地下3层到14层剖面图 (ID 37...	正式施工图	否	2017-07-11	2017-11-09 11:44
S-2A-41-103-A1-ST-02地下3层到14层结构平面图 (I...	正式施工图	否	2017-07-11	2017-11-09 11:44
S-2A-41-102-A1-ST-01地下3层到14层剖面图 (ID 37...	正式施工图	否	2017-07-11	2017-11-09 11:44
S-2A-41-101-A1-ST-01地下3层到14层结构平面图 (I...	正式施工图	否	2017-07-11	2017-11-09 11:44
S-2A-41-010-A0-ST-17楼梯详图 (ID 37376)	正式施工图	否	2017-07-11	2017-11-09 11:44
S-2A-41-009-2-A0-ST-16楼梯详图2 (ID 37374)	正式施工图	否	2017-07-11	2017-11-09 11:44
S-2A-41-009-1-A0-ST-16楼梯详图1 (ID 37375)	正式施工图	否	2017-07-11	2017-11-09 11:44
S-2A-41-008-A0-ST-14、A0-ST-15楼梯详图 (ID 37...	正式施工图	否	2017-07-11	2017-11-09 11:44

图11–14　文档在线管理

所占空间等。在平台中可以对文档进行管理，并形成相应的记录。在平台中对文档的操作都会形成相应的记录，以便对文档的追溯和查询。平台中的文档支持下载和导出。平台会根据文档计划获取时间提前推送提醒，以便相关责任人及时上传相关文档，以保证项目的顺利进行。信息交互平台系统可以实现多种类型文档的在线管理。文档管理界面如图11–14所示。

2. 模型在线操作

在项目建造的不同阶段，基于不同目的，对于不同的参与者，数字化模型要包含和表达的信息以及详细程度也是不同的，有必要根据具体运用情况对数字化模型进行轻量化处理。通过模型兼容性技术，常用数字化模型软件所构建的模型格式均能够互相读取，且基本无构件丢失现象，可以保证数字化模型在各专业间和各参建方之间的充分协同。通过平台可以实时查看模型，点击模型的构件，可以实时查看构件的属性以及设置扩展属性，以满足工程项目的实际需求。每一个构件都可以生成相应的二维码和写入芯片，以便进行材料管理和现场施工。平台浏览数字化模型界面如图11–15所示。

3. 施工进度管理

施工项目部可编制并录入施工进度计划，并以施工阶段性进度计划作为目标，在施工过程中不断进行检查、核准、优化等操作，必要时可采取相应措施，调整进度计划或加快现场施工，实现工期进度可控。在信息交互平台上可以查看项目总的

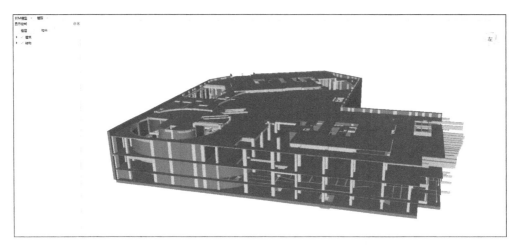

图11-15 平台浏览数字化模型

序号	计划名称	任务名称	责任人	相关人	完成情况	计划劳动力（工日）	实际劳动力（工日）
1	总包交业主查章版2018年工期07	挖土地下室结构施工			未完成	0	0
2	总包交业主查章版2018年工期07	室内隔墙实施（春节2019.2.5）			未完成	0	0
3	总包交业主查章版2018年工期07	地下室砌筑工程施工			未完成	0	0
4	总包交业主查章版2018年工期07	地下三层墙体砌筑			未完成	0	0
5	总包交业主查章版2018年工期07	地下二层墙体砌筑			未完成	0	0
6	总包交业主查章版2018年工期07	5层核心楼施工（10天/层，设备基…			未完成	0	0
7	总包交业主查章版2018年工期07	外总体及景观绿化（春节2019.2.5）			未完成	0	0
8	总包交业主查章版2018年工期07	人货梯拆除			未完成	0	0
9	总包交业主查章版2018年工期07	第六条土方及地下室大底板			未完成	0	0
10	总包交业主查章版2018年工期07	楼梯开通使用			未完成	0	0
11	总包交业主查章版2018年工期07	地下二层墙构顶板施工			未完成	0	0

图11-16 施工进度管理

进度计划以及各分部分项工程的进度计划，并可以显示项目的详细信息。根据模型和时间节点，可以在平台上进行施工进度的模拟，用以展示施工的整体流程。施工进度管理界面如图11-16所示。

4. 施工专项方案的管理

信息交互平台上可以上传和浏览施工专项方案，对施工专项方案进行批注；方案各级审批，反映审批状态及审批意见，跟踪方案审批进度；方案归档整理及查看。根据平台上所提供的审批内容对施工专项方案进行管理，可以大大提高施工专项方案管理的效率。施工专项方案查看界面如图11-17所示。

5. 协同工作

施工现场发现的问题，可以在第一时间通过移动端上传到平台，可以上传的内容包括照片、文字说明、关联BIM模型等，平台会及时告知相关负责人，最后会记

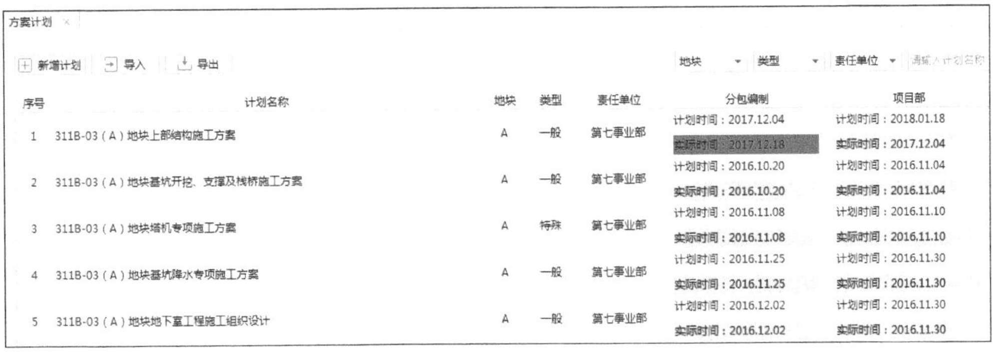

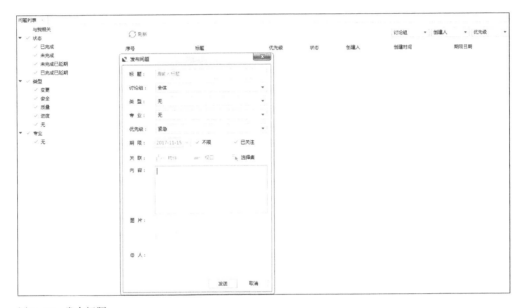

图11-17 施工方案文档查看

图11-18 发布问题

录问题处理的情况。发现的问题会匹配到模型的具体位置，并做标记，直到问题得到解决，标记才会被去除。平台会对施工过程中产生的问题进行统计和整理，便于管理者对问题进行分析以及处理。这大大提高了解决施工现场问题的效率，使得项目参与各方都能及时参与到项目中来。问题发布页面如图11-18所示。

11.7 基坑工程远程可视化监控管理平台系统

11.7.1 基坑工程监控现状

随着城市化建设的不断发展，高层、超高层建筑不断涌现，地下空间开发利用也不断升级，基坑工程规模愈发"深、大"，周边环境愈发"紧、近"，施工过程安全风险管控问题日益突出。近年来基坑工程已成为岩土工程中施工事故最为频发的领域，且一旦事故发生势必造成极其负面的社会影响及巨大的经济损失。大量的基坑事故案例统计分析表明，造成基坑工程事故的主要原因有以下几个方面：①建设单位管理失责；②工程勘察设计失误；③施工质量管理不当；④监理单位监督不力。有调查表明由施工质量管理问题导致的基坑失事占比高达40.4%。因此，有必要引进先进的安全风险监控与管理手段，采用信息化工具将项目参与各方尽可能地统一协同起来，更全面、更系统、更有效地提升基坑施工的安全管理水平。

基坑施工管理具有施工工序复杂、专业队伍众多、作业位置分散和人员管理不便等诸多困难，同时，基坑工程风险管控面临众多工程异步同时开工、高负荷运转等一系列挑战，通过建立一套全面的、稳定的可视化监控与管理信息系统，采用分布式远程监控管理终端，将项目现场与工程管理各方协同有效地联系起来，建立高效便捷的数字化管理网络平台，可以实现对地质条件、设计参数以及现场施工情况的实时掌握。基于实测数据对整个基坑风险稳定性进行实时分析并对其发展趋势进行预测，确定工程后续采取的相应技术措施，确保基坑开挖满足稳定性要求及结构施工质量控制要求，并确保周边临近建（构）筑物及管线的安全，使项目安全风险得到高效管控。

11.7.2 基坑工程远程可视化监控管理平台系统

1. 需求分析

基坑工程远程可视化监控管理平台作为企业级技术应用平台，针对基坑工程规模大、安全风险高、可进行数字化监测以及难以有效全面管控的特点，结合现有的数据自动化采集系统、数据分析及可视化方法，形成高效的信息系统和支撑平台，以使基坑施工风险管控工作有条不紊地进行。

平台需要实现的基础性需求包括三个方面：首先，要获取数据并进行分析，即实现对工程现场监测数据、视频数据的快速传递与分析；其次，要完成风险管控功能，即实现各施工阶段安全评估任务以及预警信息的及时发布；最后，要针对基坑完成技术文档、资料、数据等信息的传递和共享机制，实现各类监测信息、施工方案、技术文档、设计图纸、勘察结果等的集中存储和管理，为基坑数据比对和安全管控提供信息基础。

即实现对工程勘察、设计、施工技术文档的网络集中管理与共享，并保证施工监测、第三方监测数据和其他相关数据的及时、有效、准确。

此外，针对三大基础性需求中蕴含的自动化监测功能信息单一，数据分析及可视化性能低级等缺陷，平台还需重点实现以下七个"可视化"方面的内容：

（1）安全管理可视化。通过评估和预警机制实现现场的安全管理，结合已有的安全管控规划和管控措施，通过可视化手段在平台上进行呈现，做到前期管理和后期预警的集成，形成数字化技术背景下的新型现场安全管理模式；

（2）安全风险可视化。把无形的安全风险管理变成有形的、可控的安全风险管理，从而保证企业各级管理职能部门可随时随地了解安全风险管理的细节，保证安全风险管理工作得到最有效的执行；

（3）事件处理可视化。整合各单位的人员和资源，对安全风险进行层层把控、多重防御，对各类事件处理均做到闭环管理，把事故发生概率降到最低，确保不发生重大特大安全事故；

（4）监测数据可视化。通过大量项目监测数据的收集，在平台上进行数据的可视化展示，便于工程人员及时了解现场真实状况；在大量可视化数据基础上，通过人工智能手段，配合工程经验、科学计算等，建立有效的指标体系和阈值计算体系，为工程安全水平不断提升提供基础；

（5）数据分析可视化。针对系统收集的数据，对不同监测项目进行不同阶段的分析，了解施工过程中的变化，用以指导施工；

（6）施工现场可视化。平台接入施工现场视频监控系统，满足工程项目对于施工现场实际情况的远程全天候安全监控；

（7）工程资料可视化。工程资料为后期数据储备，从中评估工程建设过程中各个实施环节中的得失，对各事故案例中的信息、数据、心得体会进行提炼，总结经验，更合理、有效、有针对性地指导后续实施。

2. 总体设计

（1）用户权限设计

基坑工程远程可视化监控管理平台系统本质上是企业层面的专项技术协同应用系统，为了实现企业层面多工程项目的多层次立体化高效管理，根据管理技术人员的不同专业分工，在满足各方人员工作开展的实际需求基础上，平台设计应考虑对用户进行层级区分、权限分级，并根据不同层级用户的工作需要分别建立特定的工作环境，从而保证各方人员在统一的组织架构中各司其职，进一步确保项目职责的有效落实，同时在一定程度上也降低了平台维护工作的难度，提高了平台运行的稳

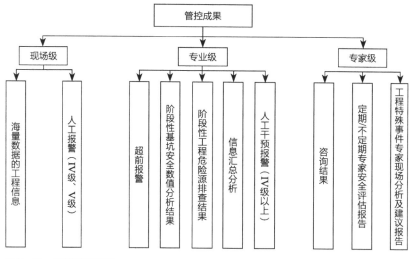

图11-19　系统组织架构

定。系统按用户使用层级分为现场级用户、专业级用户和专家级用户三层，系统组织架构如图11-19所示。

其中，现场级用户负责监测数据采集和工况信息采集，专职人员还负责视频网络传输系统维护、辨别危险工况和施工风险点及对危险工况发起四、五级预警等工作；专业级用户负责监测数据安全分析和工况安全评估，并定期进行数值模拟分析，对施工风险点进行人工报警，针对风险点提出安全措施等工作；专家级用户负责定期对工程安全信息进行分析和阶段性评估，提出险情处理措施，提供在线咨询和网络会诊服务等。

（2）工作模式及流程设计

基坑工程远程可视化监控管理平台可采用PC端Web登录以及移动端APP登录的方式实现项目的远程化管理，系统的工作模式及具体业务流程实现如图11-20所示。

11.7.3　某基坑工程远程可视化监控管理平台介绍

某企业采用基坑工程远程可视化监控管理平台系统，对下辖部分基坑工程进行了示范性应用。系统从现场实际需求出发，集合视频监控、安全巡检、安全评估等功能于一体，对现场施工进行立体化管控。主要功能点阐述如下。

1. 数据采集和存储

平台首先实现了数据采集和存储功能。平台具备最基本的监测数据采集与分析功能。采集上支持多种协议方式，提供了多类型接口，可供硬件厂商实现数据自动

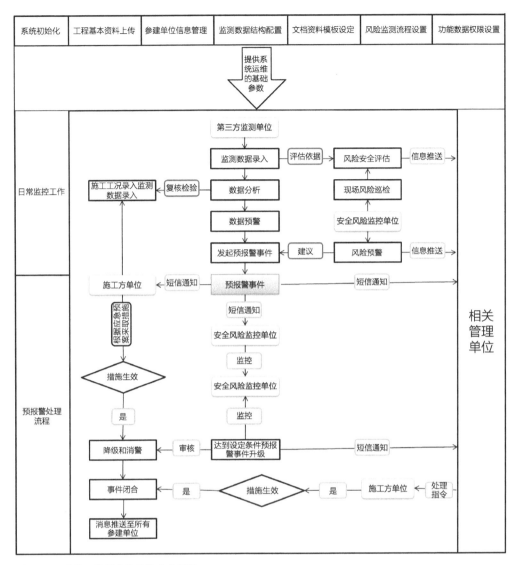

| 系统初始化 | 工程基本资料上传 | 参建单位信息管理 | 监测数据结构配置 | 文档资料模板设定 | 风险监测流程设置 | 功能数据权限设置 |

图11-20　系统工作模式及具体业务流程

上传；同时，系统支持人工监测数据的录入方式，现场技术人员可方便地通过文件接口按照固定格式将监测数据、监测日志等信息直接录入系统数据库中进行存储和分析。在数据采集基础上，系统平台可对数据进行智能汇总，并在前端通过曲线图、柱状图等方式进行有效展示。系统的人工录入界面如图11-21所示。

系统还可以对采集的数据进行预处理和清洗工作。可在平台上自定义数据有效范围以及数据滤除机制，在采集数据存储前和展示前平台均可对数据进行清洗，使平台使用者可以看到真实有效的数据。

系统提供了采集数据的后台配置功能。通过配置，可以实现对监测信息的二次加工处理，并可以实现量测项目的分组、测点参数设定等操作。

2. 数据可视化分析

平台实现了数据可视化分析功能，包括综合数据自动分析汇总、综合图表分析、监测报表输出以及信息可视化查询功能等。

系统集成了各类统计分析算法，可对监测数据进行统计分析，并重点关注基坑墙体变形、基坑周边已有管线的变形以及邻近基坑的建筑物、地铁隧道变形等。系统可自动生成用于工程安全的数据分析报表，报表支持导出、打印、排序等多种功能，还可以和GIS功能模块、图表功能模块紧密结合，如图11-22所示。

系统在统计分析的基础上，具有统计结果图表绘制功能，自动生成统计数据图表；系统还能够对不同来源的同对象监测数据进行对比分析，生成对比一览表以供分析，如图11-23所示。

图11-21　人工数据采集和录入

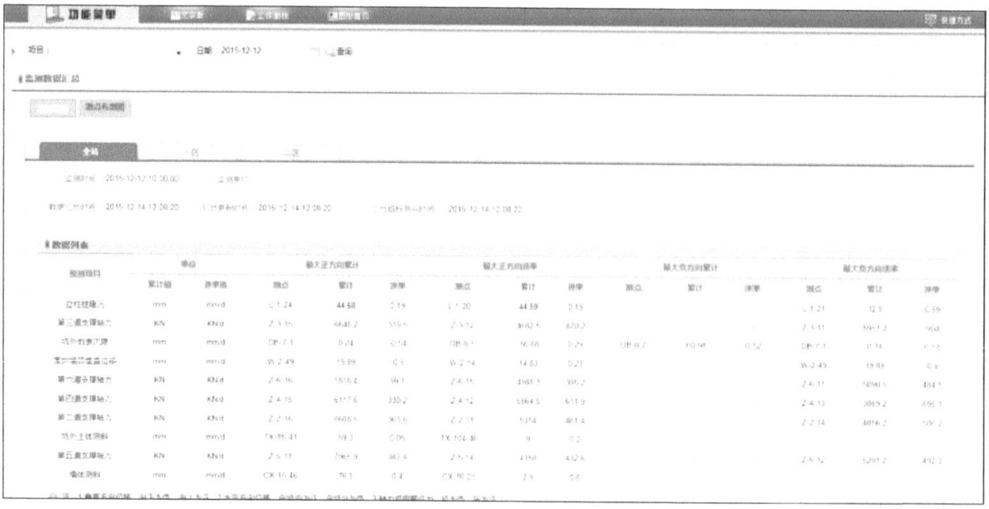

图11-22　综合数据自动分析汇总

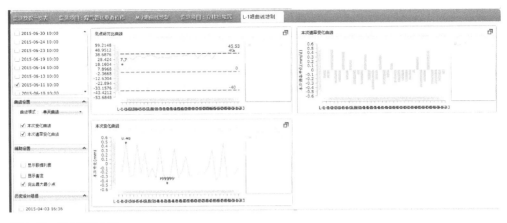

图11-23 综合图表分析

系统能够按要求自动输出打印各种日报、周报、月报、巡查报告、评估诊断报告、警报、项目考核、施工验收等专项报告。

系统能对所有的数据、信息、图形、资料进行分类、分项管理和存储，在界面系统采用菜单管理的方式，对不同的信息采用不同的菜单结构进行分类管理。系统提供综合的信息检索、可视化查询功能，可以根据标题、内容、概要信息、关键字等信息进行快速可视化查询。

3. 预警事件可视化管理

系统提供了预警事件可视化管理功能，其中包括预警标准的设定、触发机制的设定以及自动化报警、人工报警处理分级定义、报警升级处理等功能。

系统提供监测预警参数的配置功能。通过配置页面，可对监测对象的预警指标阈值、预警级别以及预警事件的触发机制进行人为设定，其设定方式包括全局设定、项目全局设定以及测点单独设定等，其中后者的优先级高于前者。系统可根据预警信息和预警结果自动生成汇总性的预警报告，并根据预警配置的要求，对部分预警事件直接触发报警线程，自动通知管理人员。

管理人员在接收到报警信息后，可按照职责权限对报警信息相关对象进行有效处理，并形成处理日志。报警处理过程可全面记录事件处理的过程性信息、相关责任人信息和处理方式以及对于对象安全性管理措施的优化总结等。

如隐患不断增加，或屡次报警无法处理时，系统自动进行报警升级处理，即对其等级进行提升，供更高权限的管理人员进行处理。其业务流程如图11-24所示。

4. GIS地图管理

通过GIS页面功能，平台使用者可方便快捷地查看受管控的基坑项目的地理分布情况和安全状态，并可以通过基坑项目链接项点击直接链接到该基坑项目页面，进一步进行更深入的安全管控工作。GIS页面如图11-25所示。

5. 安全评估

安全评估功能可划分为日安全评估、周/月安全监控分析报告功能。

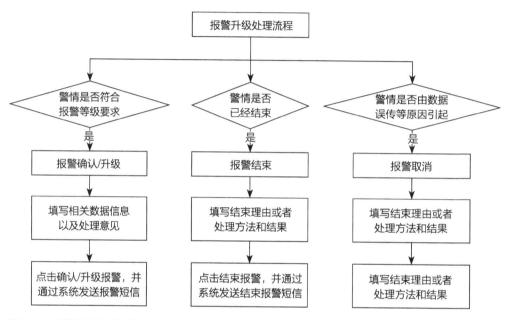

图11-24 报警升级处理流程

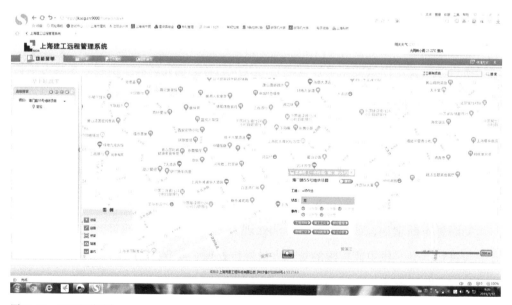

图11-25 GIS页面视图

图11-26　基坑安全评估报告

系统集成了日评估的报告模板，可在模板基础上结合分析结果自动生成各测点安全状态分析报告和全局分析报告，在每日安全评估的基础上，系统可对工程安全评估结果进行汇总，提供给管理者多种形式的每日安全评估信息的展示界面，用户可以通过各种形式直观清晰地了解每日工程的安全情况。系统同样集成了周、月监控分析报告模板，可对基坑工程周、月的安全情况进行汇总分析，形成固定格式报告。系统自动生成的安全评估报告如图11-26所示。

6. 视频监控

视频监控可视化功能可满足工程项目对于施工现场实际情况的远程全天候安全监督。用户对整个项目进行多画面预览，可以实现视频资料的保存、回看、抓拍、语音对讲等功能，并可以通过云台控制对视频焦距、摄像头角度方向实现调节，也可根据现场实际状况完成视频消息推送。视频监控界面如图11-27所示。

7. 工程资料管理可视化

系统提供了工程资料管理的可视化功能，包括文档资料分类管理、关联管理、流转管理以及综合查询、图纸的CAD格式在线展示等功能。

系统具有资料上传、存储、检索等资料管理功能，能够对施工各方的资料进行统一管理，并基于资料之间的关联性，建立相关资料记录。平台使用方一方面可在平台上进行资料检索和查看，另一方面也可以通过查看资料的相关联文档目录，直接链接到相关文档，提高了资料的检索效率。资料管理功能还配备了相应的上传页面，施工各方可将资料进行上传，并自定义资料的流转部分和流转过程，以及自定义资料的关联目录。

为了方便用户查阅文档资料，系统提供了文档查询功能，不仅可以通过标题、关键字、内容等简单的方式进行查询，还提供了根据文档的属性、级别、等级等进行关联查询。

系统录入基坑本体及周边环境的监测图纸，建立互动式的测点及监测信息的连接，图纸的不同位置嵌入了相关的活动按钮，查看监测数据相关的信息。并实现了对工程各建设阶段的工程图纸以CAD格式进行的电子化在线展示功能，方便用户通过系统平台直接调阅测量点的二维点位图，如图11-28所示。

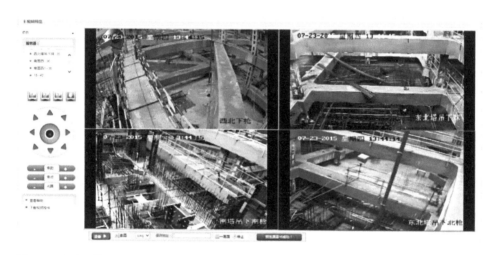

图11-27　视频监控

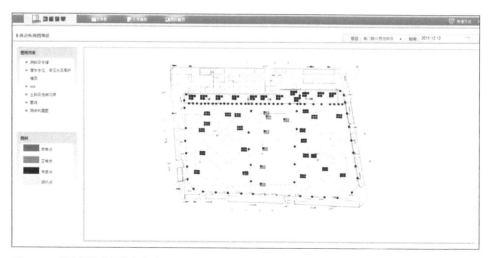

图11-28　测点图及监测信息查看

索　引

参考文献

［1］吴力平，冯杨，李刚．基于层次分析法的施工现场平面布置方案评估［J］．浙江工业大学学报，2010，38（1）：111-113.

［2］刘文涵，宁欣．施工现场平面布置中价值流的确定［J］．沈阳建筑大学学报（社会科学版），2012，14（2）：165-169.

［3］李杨．钢结构数字模拟预拼装方法研究［D］．杭州：浙江大学，2015.

［4］丁烈云，龚剑．BIM应用·施工［M］．上海：同济大学出版社，2015.

［5］Juels A. RFID Security and Privacy: A Research Survey[J]. IEEE Journal on Selected Areas in Communications，2006，24（2）：381-394.

［6］陈新．物联网中的RFID技术及物联网的构建［J］．电脑知识与技术，2015（1）：48-50.

［7］杨生虎．条形码技术在ERP系统中的应用［J］．石油石化物资采购，2015（2）：75-78.

［8］植俊文．基于RFID的MES系统设计［D］．广东工业大学，2006.

［9］褚晓淮，郑小江，钟杨胜．浅谈建筑工程中PC构件安装的施工技术［J］．工程技术：全文版，2016（1）：00119-00119.

［10］Biot MA. General Theory of Three-dimensional Consolidation[J]. Journal of Applied Physics，1941，12（2）：155～164.

［11］李广信．高等土力学（第2版）［M］．北京：清华大学出版社，2016.

［12］冯康．数值计算方法［M］．北京：国防工业出版社，1978.

［13］Smith IM, Griffiths DV, Margetts L. Programming the Finite Element Method[M]. India: John Wiely & Sons Ltd, 2014.

［14］薄理士．工程力学中的近似解方法［M］．北京：高等教育出版社，2005.

［15］龚晓南．工程材料本构方程［M］．北京：中国建筑工业出版社，1995.

［16］王铁梦．工程结构裂缝控制［M］．北京：中国建筑工业出版社，1997.

［17］Beton CE-ID. CEB-FIP Model Code 1990[M]. London: Thomas Telford Services Ltd，1993.

［18］中交公路规划设计院．公路钢筋混凝土及预应力混凝土桥涵设计规范［M］．北京：人民交通出版社，2018.

［19］中华人民共和国住房和城乡建设部．混凝土结构设计规范［M］．北京：中国建筑工业出版

社，2015.

［20］李人宪. 有限体积法基础［M］. 北京：国防工业出版社，2008.

［21］周光泉，刘孝敏. 粘弹性理论［M］. 北京：中国科学技术大学出版社，1996.

［22］顾国明，刘星等. 饱和软土地层逆作钢立柱智能调垂可视化监控技术研究［J］. 建筑施工，
    2017，39（1）：11～13.

［23］王艳娜. 基于无线通信的大体积混凝土温度监测系统［D］. 青岛：中国海洋大学，2007.

［24］林海，倪杰，崔晓强，龚剑，等. 广州新电视塔超高异形核心筒施工技术［J］. 施工技术，
    2009，38（5）：5-8.

［25］龚剑，房霆宸，夏巨伟. 我国超高建筑工程施工关键技术发展［J］. 施工技术，2018，47（6）：
    19-25.

［26］秦鹏飞，王小安，穆荫楠，扶新立. 钢梁与筒架交替支撑式整体爬升钢平台模架的模块化
    设计及应用［J］. 建筑施工，2018，40（6）：919-921+932.

［27］龚剑，朱毅敏，徐磊. 超高层建筑核心筒结构施工中的筒架支撑式液压爬升整体钢平台模
    架技术［J］. 建筑施工，2014，36（1）：33-38.

［28］龚剑，佘逊克，黄玉林. 钢柱筒架交替支撑式液压爬升整体钢平台模架技术［J］. 建筑施
    工，2014，36（1）：47-50.

［29］黄玉林，夏巨伟. 超高结构建造的钢柱筒架交替支撑式液压爬升整体钢平台模架体系计算
    分析［J］. 建筑施工，2016，38（6）：743-746.

［30］龚剑，周涛. 上海环球金融中心核心筒结构施工中的格构柱支撑式整体自升钢平台脚手模
    板系统设计计算方法研究［J］. 建筑施工，2006，28（12）：959-963.

［31］龚剑，赵传凯，崔维久. 风荷载作用下核心筒对整体钢平台的影响分析［J］. 施工技术，
    2015，44（8）：21-24+36.

［32］夏巨伟，黄玉林. 钢柱筒架交替支撑式液压爬升整体钢平台模架体系爬升系统的稳定分析
    与设计［J］. 建筑施工，2017，39（10）：1533-1535.

［33］徐鹏程，黄轶，汪小林，等. 高层建筑剪力钢板层筒架支撑式钢平台施工技术［J］. 建筑施
    工，2018，40（11）：1905-1908.

［34］马静，扶新立. 南京金鹰广场T2塔楼钢柱支撑式整体钢平台桁架层施工技术［J］. 建筑施
    工，2018，40（1）：60-62.

［35］王平，邵宝强. 塔式起重机使用中的安全监管与风险控制［J］. 建筑机械化，2009，30（3）：
    63-65.

［36］余群舟，孙博文，骆汉宾，等. 塔吊事故统计分析［J］. 建筑安全，2015，30（11）：10-
    13.

［37］王宝家，殷晨波. 塔机位置与防摆控制研究［J］. 机械设计与制造，2015（1）：165-168.

［38］郑培，张氢，卢耀祖. 超高层建筑用施工升降机结构的建模与分析［J］. 武汉大学学报
    （工学版），2009，42（3）：353-357.

［39］中华人民共和国国家质量监督检验检疫总局. 施工升降机GB/T 10054-2005［S］. 北京：中
    国标准出版社，2005.

［40］中华人民共和国工业和信息化部. 建筑施工机械与设备 混凝土输送管 型式与尺寸JB/T

11187–2011［S］.北京：机械工业出版社，2011.

［41］戴献军. HBT80C混凝土泵数字化样机开发与仿真研究［D］.长沙：中南大学，2015.

［42］黄秀霞.泵送混凝土施工中输送管堵塞的因素分析及防治［J］.吉林工程技术师范学院学报，2011，27（3）：73～75.

［43］黄立城.混凝土泵输送管堵塞的原因及对策［J］.广东建材，2008（5）：44～47.

［44］戴升山，李田凤.地面三维激光扫描技术的发展与应用前景［J］.现代测绘，2009，32（4）：11–15.

［45］钱海，马小军，包仁标，等.基于三维激光扫描和BIM的构件缺陷检测技术［J］.计算机测量与控制，2016，24（2）：14–17.